自然派ワインを求めて

日本ワインの文化学

福田育弘
Fukuda Ikuhiro

教育評論社

自然派ワインを求めて　日本ワインの文化学

〈装幀〉鳴田小夜子（KOGUMA OFFICE）
〈装画〉mia
〈カバー写真撮影地〉Ro_vineyard（長野県東御市）
〈カバー写真撮影〉福田美紀子

はじめに

なぜ、「日本ワインの文化学」なのか。

ワインを飲用する文化は、すくなくともワインが日本に入ってくる明治期までは、ほぼ皆無だった。だからこそ、ワイン文化の形成を論ずる文化学が成立する。

「ほぼ」というのは、戦国時代にはスペインやポルトガルの宣教師が日本に布教にやってきたさいにお土産品のひとつとしてワインを持参し、それらを布教地の大名や有力者に献上しているからだ。よく、テレビの時代劇や歴史映画などで新しもの好きだったとされる織田信長が赤ワインを飲んでいる場面が描かれている。つまり、ごくかぎられた社会の支配階級の日本人はワインをときに飲用していた。また、江戸時代にも出島のオランダ商館でおもにスペインワインが飲まれていたし、さらにオランダ商館を通して贈答品としてごく一部の日本人に送られ飲まれていた。

しかし、日本でワインが飲まれるようになるのは、明治以降のことである。そして、明治初期には政府主導で日本でのワイン生産がすでにはじまる。「日本ワイン」と特定する理由だ。

こうして日本ワインの生産と飲用というワイン文化が日本に形成されていく。

ただし、本書で細かく検証するように、そうしたワイン文化は欧米のワイン文化とは異なるかたちで形成されていく。生産においては甘口葡萄酒に変容し、受容においても薬用飲料となる。工業的に生産され、薬用として消費された。

それが食中酒としての食卓ワインとなるのは、第二次世界大戦後の高度経済成長期であり、それにつれて日本で作られるワインも甘くない食中酒になっていく。すると、1990年ごろから、ぶどう栽培から始めてワイン作りに取り組む人々が登場し、その動きが広がっていく。生産においてワイン作りは農業となり、消費においてワインは食中酒となったのだ。まさに、ヨーロッパのワイン産国のワイン文化に近づいたといっていい。

さらに、2000年以後、工業的な手法を排したより自然な醸造法によるワイン作りが日本において広がるようになる。いわゆる「自然派ワイン」である。1980年代からフランスやイタリアではじまった自然なワイン作りに、日本のワイン作りも近づいている。

だから、本書のメインのタイトルは、「自然派ワインを求めて」となる。

こうして俯瞰すると、明治以降100年を超える日本的変容のあと、日本ワインが世界的な同時性を獲得しつつあることがわかる。世界の数千年のワイン文化を考えると、なんと急激で加速的なワイン文化の変容であることか。

そんな、ワイン文化の形成と変化を跡づけたのが、本書である。

文化学とは、まだあまり聞きなれない呼称かもしれない。すでに、ヨーロッパの大学では「文化学部」という名称の学部が存在するし、日本の一部の大学でも組織に文化学を冠した部門が立ちあがっている。かつて19世紀に社会学が新たな学問領域とし形成されるさいに、社会学は「社会的事実を固有の研究対象」としたのにならっていえば、文化学は「文化的表象を固有の研究対象」とするといえるだろう。

ここでいう表象とは、日本で表象文化論といわれる場合の表象より広い概念である。表象文化論の表象とは、文学やマンガなどの表象作品の研究という意味で使われるが、文化学でいう表象とは、モノやコトに人間がいやおうなく付加しているイメージや、それにともなう意識されない価値判断である。文化学では文化とは、そうしたイメージと価値づけであり、さらにそうしたイメージや価値づけの行為自体も文化である。

もちろん、ここで問題となる表象は、個人だけのものではなく、ある時代のある社会で共有されたもの、つまり、社会的な表象である。

日本人にとってワインはハレの嗜好品的イメージと価値（表象）をもっているが、フランス人をはじめとしてワイン飲用文化の根づいた国々では、ワインは日常の食卓の飲み物であり、ときにハレに飲む贅沢で高価なものもある、といったらわかりやすいだろうか。

こうした視点に立って、本書は、日本にはなかったワイン文化が、明治以降どのように形成され、どう変容してきたかを、できるかぎり具体的に跡づける試みである。

自然派ワインを求めて

日本ワインの文化学

目次

第二章　自然派ワインとはなにか
―飲食における「再自然化」―

第三章　明治期におけるワインの受容と変容
―葡萄酒と薬用甘味葡萄酒の両義的な関係―

第一章　甘味葡萄酒から自然派ワインへ

——日本的文化変容が世界的独自性になる過程——

一　日本のワインの現在

明治初期にはじまった日本のワイン文化は、いま大きな変化の時期をむかえている。それはたんに生産のレベルだけではなく、消費のレベルにおいてもみることができる。

もちろん、いい意味での変化だ。生産されるワインの品質は上がり、消費も広がりをみせている。いや、生産と消費が変化したというより、生産と消費の関係自体が大きく変化しているというべきだろう。

では、そのような生産と消費の変化の実相とは、どのようなものなのか。そして、その変化の深層にはなにがあるのだろうか。

2022年7月25日、早稲田大学でわたしが所長を務めるヒューマン・ナチュラルリソースマネージメント研究所の主催で「自然派ワインの果て」というタイトルのシンポジウムを開催した。招いたのは、いま日本で注目すべきワイン作りをしている二人の作り手、小山田幸紀と大岡弘武だ。

1975年生まれの小山田幸紀は、中央大学文学部のドイツ文学専攻を卒業したあと、さらにソムリエスクールで学び、1998年に山梨県笛吹市にある明治18年（1885年）創立の老舗ワイナリー「ルミエール」に入社し、その後16年間、栽培・醸造責任者としてワイン作りに携わり、2014年に自身のワイナリー「ドメーヌ・オヤマダ」を設立、みずから栽培するぶどうから魅力的なワインを作っている。価格も手ごろであるため、小山田のワインは人気があり、発売されるとすぐ完売する。

そんな小山田が日本の自然派ワイン作りを代表する一人とすれば、小山田よりひとつ年上の大岡は、フランスを代表してきた自然派の一人だ。明治大学理工学部を卒業したあと、ボルドー大学醸造学部に入学して中退、同じボルドーの醸造栽培上級技術者養成学校で学んで資格を取得し、その後、コート・デュ・ローヌ（フランス南部を南北に流れ地中海にそそぐローヌ川流域の温暖で乾燥したワイン用ぶどう栽培にもっとも適したワイン産地）の優良大手生産者「ギガル社」でエルミタージュ地区栽培長（エルミタージュはコート・デュ・ローヌ北部を代表する高級ワイン村でAOC名でもある）、自然派ながら自然派信奉者以外からも広く評価されてきたコルナス（コート・デュ・ローヌ北部の有名ワイン村でAOC名でもある）の「ドメーヌ・ティエリー・アルマン」で栽培長を務めたあと、2002年にそのコルナスに自身のドメーヌ「ラ・グランド・コリーヌ」（フランス語で「大きな岡」の意）を設立し、フランスにおける日本人ワインメーカーのパイオニアの一人となり、その自然派ワインは高い評価を受けてきた。

そんな大岡が2016年に帰国し、岡山で「ラ・グランド・コリーヌ・ジャポン」を立ちあげ、ぶどう栽培からワイン作りをはじめた。大岡のワインは早くも多くのワイン愛好家を魅了して手に入りにくいものになっている。

このような対照的な経歴の2人をパネラーにむかえた今回のシンポジウムは、たんに日本における自然派ワインについて考えようというのではなく、日本で長年ワイン作りに励み、日本という土地に根づいたかたちで自然派ワインを作る作り手と、ほぼ同じ年月をフランスで暮らし、フランスでぶどう栽培とワイン醸造を学び、その地に残って自然派ワインを作り、いま場所を日本にかえてワイン作りに携わる作り手との対話であり、ワイン用ぶどう栽培に不向きとされる高温多雨な日本という土地で、有機栽培でぶどうを作り、化学物質にたよらない自然な醸造でワインを作ることの意味を、異なる経験と視点を対置させることで探ろうとする試みの最初のささやかな一歩であった。

そうした意味で、わたし自身かなり期待したシンポジウムであった。ただ、コロナ禍からくる教室への入場制限もあり、参加については事前の予約制とした。用意した教室は249名収容の大教室である。事前予約では満席となったが、コロナ関連をはじめとした突然のキャンセルや、予約したのに来場しない方もおり、実際に参加した人数は220名ほどであった。とはいえ、大教室はほぼ満席、日本のワイン、とくに日本人による自然派ワイン作りへの関心がいかに高いか、身にしみてわかる会場の熱気だった。

当日の進行は、農業経済学が専門の広島県立大学教授、吉川成美が司会をおこない、わたしが自然派ワインが世界で関心を集めだした経緯を10分ほどで簡単に説明したあと、小山田と大岡の両氏に「なぜ自然派ワインなのか」というテーマでそれぞれ20分ほど話してもらい、そこからパネルディスカッションをおこなった。15時から17時までの2時間の予定だったが、会場からの質問への回答もふくめ議論が白熱し、終わったのはほぼ18時、3時間近いシンポジウムとなった。

わたしの「なぜ自然派か」という説明の要点は、ワイン作りにおいて栽培と醸造の両面で化学物質の導入や科学テクノロジーの応用が進み、とくに1970年代以降、作られるワインが「自然なぶどう果汁の自然な発酵というワインの自然な姿」とかなりかけ離れたものになってきたという、ワイン作りのいきすぎた「脱自然化」があり、それがワイン作りの現場において自然回帰をうながしたということにある。

しかも、ワインの「脱自然化」が消費者に適切に知らされてこなかったことも大きい。たとえば、EUレベルでワイン生産において数十種類の添加物が認められているが、他の食品には成分表示が義務づけられているにもかかわらず、ワインにはその義務がない(1)。

そのおもな理由は経済的なものである。1980年代以降、アメリカやオーストラリアなどのいわゆる新大陸のワインが世界市場に進出し、手頃な価格の工業的なワインが広まり、対抗するかたちでフランスでも工業的手法が導入されていく。

しかし、ワイン産国を中心にヨーロッパでは、ワインが「自然な農産物」である、あるいは「農産物だから自然なものだ」とみなす文化的思い込みが強い。そのため、こうした工業的手法やそこで使用される添加物については、一般向けに語られることはなかった。生産者としても語りたくなかったにちがいない。こうして、ワインは飲食物の成分表示の義務を免れることになった。

じつは、この「ワインは農産物である」という認知ないし感性は、日本のワイン生産とワイン消費でいま起こりつつある大きな変化の核心にある。

なぜなら、これからみていくように、ワイン作りは日本では長いあいだ工業ないし少なくとも加工業とみなされてきたし、ワインを飲む側も、ワインという飲み物を、大手メーカーによって大量に作られる多様なビールや純米酒から大吟醸まで味わいの異なる多彩な日本酒と同類の、人為的な手法によって作られたアルコール飲料として受容してきたからだ。

しかし、日本のワインの作り手、とりわけ自然派ワインに携わる作り手が変えたのは、このような作り手と受け手の見方だった。いや、作り手や受け手のワインへの思いや価値づけ、つまりワインへの感じ方としての表象が変化したからこそ、日本で自然派ワインを作る作り手が登場し、それを愛好する受け手である飲み手が形成され、より自然なワインが広まりつつあるといったほうがより正確かもしれない。

いずれにしろワインというものの在り方が変化しつつあることはまちがいない。そんな変化を示すシンポジウムであった。

二　風土は不変なのか　小山田幸紀の問題提起

小山田が自然派ワイン作りをめざすきっかけは、ワイン産地ロワール渓谷の中部にあってあまりワイン作りが盛んではないソローニュ地方でワインを作る自然派ワインの代表的な作り手の一人、クロード・クルトワの赤ワインを飲んだことだった。

シンポジウムでは、そのときの印象をつづった『ワイナート』の連載「作り手を変えた1本」の第12回を参照しながら、「青っぽくて薄い赤ワイン」という印象だったカベルネ・フラン（ボルドー地方およびロワール川流域でよく用いられる赤ワイン用の黒品種）の印象を変えたのが、クルトワの「ラシーヌ1999年」だったと語っている。

以下は『ワイナート』の文章だ。

「カベルネ・フランのワインにはイメージがありました。（……）でもクルトワのラシーヌは違った。アタックはガツンと濃い。でもその後はまるくやさしい味わいに変わり、体に沁み入ってくる。初めの印象は強いけれど、最後は静かに消えていく。ほかの自然派のワインは、「自然派でも、これはローヌ地方のワインだな」というように味の構成が理解できるのですが、ラシーヌはロワールのワインの範疇にも入らないどころか、今まで私が赤ワインに抱いていたものとも、かけ離れた味わいでした。でもそれでも、本当にうまい!! 目指すべき赤ワインの味わいはこれだって思えましたね。[2]」

これはとても重要な発言である。というのも、人は旨いワイン、美味しいと思うワインに出会って、そのようなワインを目ざすことになる、つまり消費があって生産が生まれるからだ。いい小説との出会いが人に小説を書かせることになるし、いい絵画との出会いが人に絵を描くよう仕向ける。

これは当たり前のことのようだが、あとでみるように明治期のワイン作りが消費なき生産だったと知ると、いいワインとの出会いがいいワイン作りの原点だということにあらためて気づく。

しかも、それ以前に小山田は自然派のワインを飲んでいたのにあまり琴線に触れなかったという。小山田は「麻井宇介さんを囲む若い作り手たちの会[3]」で、当時、麻井宇介（本名、浅井昭吾、1930-2002）が現地を訪れ関心を寄せていた、ジェームズ・ヴォルティッチの「プロヴィダンス」の赤ワインを試飲していた。ヴォルティッチは1990年代からニュージーランドで昔ながらの伝統的手法にもとづき化学的介入なしで自然なワイン作りをおこなっている。

小山田は「亜硫酸［酸化防止剤］無添加のお酒があるんだ、スゲェなあ」とは思ったものの、「多分理解できていなかった」と振り返っている。しかし、小山田はクロード・クルトワのワインに衝撃を受ける。クルトワのワインはこれまでの小山田が抱いていたワインの常識を覆す魅力をもっていた。

小山田が師とあおぐ麻井は、長年「メルシャン」でワイン作りに携わり、日本のワインの品質向上に多大な貢献をなした人物で、会社の垣根を越えて更新の指導にあたったことで知られる。

そんな麻井は日本のワインの作り手としてつねに一歩も二歩も他の作り手たちの先を行っていたが、飲み手としても自然派を、しかも新世界の当時まだあまり知られていなかった作り手のワインをいち早く評価していた。受け手、飲み手としても先駆者だったのだ。

そうした自然派ワインとの出会いを出発点に小山田がシンポジウムで語った内容の要点は、もともとワインはその土地の風土を表現するものであること、ただし、ワインが表現する風土はけっしてつねに不変ではなく、人間の土地への長年の働きかけで変わりうるものだということだ。

ワインが土地の性格、つまりフランス人のいう「テロワール」を表現するものであること、いや表現しなければならないということを小山田が学んだのは、2000年代前半にフランスの自然派ワインの代表的な作り手たち、ロワール地方のサヴニエール村の最優良畑クレ・ドゥ・セランでビオディナミ(4)によるワイン作りを推進するニコラ・ジョリ(5)をはじめ、同じロワールの作り手マルク・アンジェリ(「ラ・フェルム・ドゥ・ラ・サンソニエール」)やギー・ボサール（「ドメーヌ・ドゥ・レキュ」）らと出会い、指導を受けたことによる。彼らはこぞってワインは土地を表現するものであると強調した。つまり、「いいワインはテロワールの表現でなければならない」ということである。

当時「ルミエール」の栽培責任者で醸造も任されるようになっていていた小山田はニコラ・ジョリの講演を聞いたあと、２００4年から「ルミエール」の畑でビオディナミの試みをはじめる。なるべく土地の自然な性格をワインに反映させるには、まずぶどう栽培での自然尊重が重要になると考えたからだ。

しかし、そもそも温暖乾燥を好むワイン用ぶどうを高温多湿の自然条件の日本で自然に育てていいワインができるのだろうか。今回の小山田の表現を使えば、「日本の風土とはなにか」「日本でなにを表現しなければいけないのか」という問いになる。

じつは小山田の問いの背景には、「日本という風土ではいいワインはできない」という根強い思い込みがある。これこそ麻井がつねに問題にしてきた「宿命的風土論」だった。そんな「宿命的風土論を超えて」日本でいいワインを作るための努力をみずから実践し、さらにそれを若い作り手たちに一生熱く語り続けたのが麻井だった(6)。

麻井の主張に導かれた小山田が風土に関する著作を読み込むなかで到達したのは、風土とはたんなる自然条件や土壌ではなく、人間が長いあいだ時間をかけて土地に働きかけた結果できあがった土地全体の在り方であり、したがって、その意味で風土は変えられるという視点であった。

　小山田は今回の発表で、自分が風土を考えるためにこれまで読んできた風土関連の著作を年代順に紹介している。1935年に刊行された和辻哲郎の『風土』（岩波文庫）を筆頭に、三澤勝衛『風土産業』（信濃毎日新聞社、1941年）、鯖田豊之『肉食の思想』（中公新書、1966年）、中尾佐助『栽培植物と農耕の起源』（岩波新書、1966年）、飯沼二郎『風土と歴史』（岩波新書、1970年）、鈴木秀夫『風土の構造』（大明堂、1975年）、オギュスタン・ベルク（篠田勝英訳）『風土の日本』（筑摩書房、1988年）、ロジェ・ディオン（福田育弘訳）『ワインと風土』（人文書院、1997年）があげられており、いかに小山田が読書家であるかよくわかる。

　しかも、小山田は、わたしのように研究者として読むのではなく、いいワイン作りのために読むのだから、読み取るところも違えば、読む強度も異なる。はるかに強い知性、実践的な知性が働いているにちがいない。

　小山田は、まず和辻の「風土的性格を持たない歴史的形成物もなければ、また歴史的性格を持たない風土的形象もない」[7]という『風土』「第二章」の結論の命題を引用する。これは「風土の三つの類型」としてアジアの「モンスーン」、アラビアとアフリカの「沙漠」、ヨーロッパの「牧場」を検討したあと、和辻が風土の一般的な在り方を概念化した文章である。

　このちょっと難解な哲学者のもの言いについて、小山田は「時間的なものに人間が関わり続けて変わってきたのが風土であって、気候とか地理とかだけで決まってきたものではない。

つねに人間が関わってきたということと、時間が関わっていること、簡単にいうとそういうことになります」と解説している。

和辻の『風土』に小山田が読みとろうとしたのは、「われわれモンスーンのなかに生きる人間として、結局、日本でワインを作っていいのかという話をどうやって自分で克服していくかということ」だった。

小山田は右の文章につづく和辻の「我々は風土的限定を超えて己れを育てて行くこともできるであろう」(8)という文を引いて、それを自身に引きよせ、「風土はあるんだけど、そのなかでやっぱり変えていかなくてはならないということをいかに正当化していくか」ということだと述べる。風土を甘受するのではなく、風土と関わって変えていくことが重要とみるのは、まさにワイン作りを実践する者の和辻解釈だろう。

じつは和辻は『風土』「序言」の冒頭で、「この書の目ざすところは人間存在の構造契機としての風土性を明らかにすることである。だからここでは自然条件がいかに人間生活を規定するかということが問題なのではない」(9)と明言している。にもかかわらず、和辻の風土論は自然環境決定論と一般に解釈されているから、小山田の指摘はなおさら傾聴にあたいする。

いいワインを作るために風土を変えるというのは、人間がその技術をもって自然環境に働きかけるということだ。

ここで、小山田は農業経済学者、飯沼二郎の『風土と歴史』を引用し、人間の「幼稚な技術では手におえなかった湿潤地帯が、生産的に利用されるようになると、そこにおける生産力はめざましく高まってくる[10]」という、農業技術が風土を変えていく要因になるという主張を紹介し、このような見方を飯田が「静態的風土論」にたいして「動態的風土論」と概念化していることに大きく共感を示す。「宿命的風土論」をいかに乗り越えるか、その具体策が示されているからだ。

そして、このような動態的風土論にもとづく自身のワイン作りをさらに裏づけてくれたのが、フランスのワイン作りの歴史を独自の視点で検討したロジェ・ディオン（1896-1981）の『ワインと風土』だったという。

つまり、せんじ詰めれば、風土は「変えられるんだ」ということである。

これは師である麻井がすでに到達した結論であった。麻井は30年近く前に「風土とは、その土地に暮らす人たちが、山野の自然に働きかけて、つくり上げるものなのだ。それは、人間と自然がなじみあった姿、とでもいおうか」と述べている。ただし、麻井は「そこに到る時間は、緩慢にしか進まない」と付言することを忘れない[11]。その緩慢な道を小山田は歩む決心をしたのである。

ただ、どういうふうにいいワインのできる日本の風土を作っていけばいいのか。小山田の答えは「日本というものがなにかを理解し、長いあいだ取り組んでいくこと」、ワイン作りでいえば「いろんな品種を試して、日本のなかでできるものを見つけていく」ことであり、「あとは技術的なものは当然進歩させていくこと」だと述べる。

事実、小山田はジュランソン地方のプチマンサン、ジュラ地方のトゥルソー、ソローニュ地方のロモランタンなど、いまでもあまり他のワイナリーが栽培していない品種を積極的に栽培し、それらの栽培醸造に工夫を凝らしている。

だから、小山田は自然なワイン作りとはたんに自然にまかせてワインを作ることではない、とも述べ、以下のような具体例をあげる。

「わたしが一番嫌いなのは、イタリアとかでアンフォーラ〔素焼きの壺〕に採れたぶどうをぶちこみました。これは自然派ワインです。ずっと寝かしておきました。酢酸もいっぱいで、だからなんなんですか、みたいなワインですね。」

ただ、小山田は「それが自然でしょうという方もいっぱいいる」と認めている。「そこが自分の頭のなかでなかなか整理ができなかったところ」だと小山田はいう。どこまでが自然によりそった手助けであり、どこからが自然を損なう介入なのか。自然に放っておいてワイン用のぶどうが育つこともなければ、ぶどうがそのままワインに変化するわけでもない。小山田の自問はうなずける。

そんな小山田が最後にもどるのも、和辻の『風土』である。小山田は『風土』「第四章」の

「芸術の風土的性格[12]」を参照する。和辻によれば、芸術は風土的性格をもつ。自然と人間の相互作用である風土では、人間が自然をどうとらえ、どう働きかけるか、自然へのアプローチと自然への人間自身の感性も長い相互作用で規定される。

小山田はそうした和辻の芸術風土論を以下のように図式化する。「ヨーロッパ」は「多様の統一・シンメトリー・まとまり・合理性」を重んじ、「自然のまま」を重視し、自然を「切り取る」、それは「ギリシャ芸術の優秀性」が「見ること」にあることによく現れており、結果として「内なるものをあらわにする」。たいして、「日本」は「不規則・気合い・ほどのい い釣り合い」を好み、「自然を看護する」、つまり「世話をして再現する」ことに傾注し、そのため「日本芸術の優秀性」は「感ずること」にあり、結果として「美の醇《じゅん》化・理想化」が起こる。[13]

小山田はこの和辻の芸術風土論を、「日本という土地で自然というものを考えるときは、自然を看護し、自然を再現することも重要だ」と解釈し、「日本人として日本の自然を表現する、それが美しいんじゃないかな」と締めくくっている。要するに、日本の自然条件をよく理解し、日本人の感性に見合った注意を払いながら、日本人が美味しいと感じるワインを作っていく、ということだろう。

最後に和辻の『風土』の「芸術の風土的性格」を引いて終わるのは、ちょっと意外で唐突でもある。しかし、かねてより宮沢賢治の「農業芸術概論綱要[14]」を愛読し、農産物であるワインを芸術作品と考える小山田にとって、(15)農業は芸術なのだ。

芸術とは、人間がなんらかの素材（音、色、言語など）に働きかけて作りだすものである。ワインは土とぶどうという自然な環境と自然な素材に人間が働きかけてできる。しかも、土に働きかけるだけの農産物とは異なり、醸造でも酵母という自然な微生物にたよる。２回人間が自然に関わるという点でワインは二重の意味で芸術作品であり、ワイン作りは二重の意味で芸術なのだ。そんな日本のワインは、日本の風土をもっとも明瞭に示すもの、いや示さねばならないものなのにちがいない。

小山田の農業芸術論は、自然派ワインの作り手のあいつぐ来日を受けるようなかたちで、当時の若い世代の作り手が集まって２００４年の春に設立された「Japan young wine growers association（日本の若いワインの作り手の会）」、通称「テロワールの会」でも支持されていたという。ちなみに、当時まだ栃木の「ココ・ファーム・ワイナリー」にいた曽我貴彦が中心になって作られた「テロワールの会」の設立当初のおもなメンバーは、長野の「ＫｉｄｏワイナリーI」の城戸亜紀人、「小布施ワイナリー」の曽我彰彦（貴彦の兄）、玉村豊男が設立した「ヴィラデスト」の醸造責任者の小西超《とおる》、北海道の「Ｋｏｎｄｏヴィンヤード」の近藤良介や「中澤ヴィンヤード」の中澤一行・由紀子夫妻、自身のドメーヌ「農楽蔵《のらくら》」を立ち上げる前で小山田のもとで「ルミエール」で働いていた佐々木賢など、その後、日本の自然派ワイン作りの中心となる作り手たちである。

日本のワイン作りが自然との関係で新しいフェーズをむかえたことを象徴する会であり、出来事であった。

三　いつからなぜテロワールが語られだしたのか？

日本では、２０００年代ごろから「テロワール」という言葉がさかんに使われだす。

事実、小山田や曽我兄弟が作った日本のワインメーカーたちの集まりも、「テロワールの会」である。ここに当時からよく日本を訪れるようになったフランスの自然派ワインの作り手たちの影響があることは確実だ。

しかし、それ以外にも、ワイン関連の海外情報が、ワインジャーナリストやワインの輸入販売に関わる人たちによって、ネット記事やブログとして発信され、そこでフランスのワイン作りで「テロワール」が重視されている、「テロワール」重視のワイン作りがおこなわれていると頻繁に語られだしたからでもある。

ところで、そもそもこのテロワールという概念は、なにをさしているのだろうか。

とりあえず、フランスや日本のワイン関連の著作にあたってその使用例を調べてみると、土壌を中心に微生物の生態系もふくめた、ある土地の自然条件全体といったニュアンスであるとわかる。しかし、多くの場合、語の説明がなく、概念規定もされずに用いられており、それでいて使用頻度は高い。その使われ方は、ワイン関連のバズワードといってもいいほどである。

『フランス語歴史辞典』によれば、当初はたんに「地方」を意味した「テロワール」という語は、13世紀になって「農地」について使用されるようになり、やがて16世紀中葉になると、「土地の味」として、とくにワインについて用いられるようになったと説明されている。[16]たしかに、「テロワール」という語は、五百年以上前からワインの地方色を示す語だった。筋金入りに古い。

しかし、1990年代まで、フランスのワイン作りで、ことさら「テロワール」が語られることはなかった。なぜなら、それはワイン作りでもワイン評価でも当たり前のことだったからだ。独自の言葉で表現することもないワインを語るときの前提だったのだ。

フランスでは土地のワインの独自性を法的に保証する原産地名称制度、いわゆるAOC制度が20世紀前半に整備されており（いわゆるワイン法）、各地方のワインが地方独自の品質をもつのは、ワインを作るうえでも、ワインを飲むうえでも当たり前の前提だった。

人は当たり前が当たり前でなくなったとき、その失われた当たり前の重要性に気づき、それをあえて言語化する。それが「テロワール」が1980年代後半になって、ワイン関係者のあいだで徐々に使われるようになり、その後10年で急速に広がっていった経緯にほかならない。

なにが起こったのか。

端的にいえば、科学テクノロジーを十二分に活用した南北アメリカやオセアニアなどの新大陸のワインが世界市場を席捲し、大手ワイン生産者を中心に科学技術と化学物質にたよったワイン作りがフランスでも急速に進行したからである。ワイン作りの化学工業化である。多くのワインがきれいで美味しいものになったが、個性の乏しいものになっていった。

そもそも、こうした科学にたよった工業的な作り方は、そこそこの品質でさして高くないワインの大量生産には向いていても、高品質のワイン作りには向いていない。とくに、新大陸とくらべれば、土地も狭く、人件費も高いフランスには不向きである。太刀打ちしようとしても、貿易障壁でもないかぎり対抗できない。

こうして1990年代ぐらいから、伝統的な土地重視の職人的なワイン作りが見直されるようになっていく。とくに、小規模なワイナリーでワインの作り方の伝統回帰が起こった。まず家族経営のワイナリーが多いロワール川流域やブルゴーニュで広がり、やがてそうした地方の大手生産者や他の地域でもおこなわれるようになる。さらに、ボルドーやシャンパーニュなどの大手中心のワイン産地でも一部で伝統的手法の再評価が起こっている。[17]

その旗印になった標語が「テロワール」だ。

2004年ごろには、Terroiriste（テロワリスト）という、テロワールを金科玉条とする「テロワール主義者」という表現が生まれる。*Gastronomiac*（ガストロノミアック）という飲食関連のフランス語のネット辞書には、以下のように説明されている。

「テロリズムの世界的台頭への皮肉な暗示から2004年に現れた新造語。この用語は、なんにでもテロワールを頑固にもちだす愛好家たちのワインの世界をさしている。ワインは品種の表現であったり、醸造法や栽培法の表現であったりする前に、なによりもまずテロワールの表現でなければならない。これは非常にフランス的な（非常にブルゴーニュ的な）概念であり、新大陸の概念と対立する。(18)」

新大陸は伝統の足枷《あしかせ》がないので、躊躇《ちゅうちょ》なく科学技術や化学的コントロールを活用したワイン作りをおこなってきた。さらに伝統がないという弱みを、別の方途でもカヴァーした。品種主義である。

長いワイン生産の歴史をもつヨーロッパでは、この土地にはこの品種という組み合わせが確立しており、それがワイン法によって規定されている。フランスでは、ワインの独自性は、土地を基本に、そこにさらに品種というパラメーターをくわえて学ばねばならない。

しかし、この土地にはこの品種という歴史をもたない新大陸では、この伝統がないという弱みをかえって強みとして、品種を全面に出したワイン作りとワイン販売を展開した。この新大陸の品種主義は素人にもわかりやすく、いまでは世界でも日本でも、ワインを理解する用語として品種が大きな意味をもちはじめている。

かつてフランスではブルゴーニュやボルドーという産地が語られても、専門家をのぞけばピノやカベルネという品種が普通の飲み手の会話で前面に出ることはなかった。出るとすれば、このブルゴーニュの繊細な果実味はピノ種からえられるもので、このボルドーの厚みとしっとりした香りはカベルネやメルロが生みだすのだという具合に、味わいの背景を語るさいに登場したにすぎない。

しかし、いまでは多くの人が、「このピノは」とか、「このメルロは」という言い方をする。つまり、一部の愛好家やプロのワイン関係者だけでなく、ワインを味わうときに広く品種が判断基準になっている。

その傾向にあらがったのがテロワール主義者たちだった。当初は前出のネット辞書が「愛好家たちのワインの世界をさす」と述べるように、飲み手側の反応だったが、それはそのまま作り手における化学工業的ワイン作りから伝統的なワイン作りへの回帰を意味するようになる。

でも、なぜ発信源がブルゴーニュなのか。それはボルドーでは多くの代表的なシャトー（ワイナリー）が不在地主的なオーナーによる数十ヘクタールの大規模経営であるのにたいし、ブルゴーニュのドメーヌ（自身のワイン畑を所有したワイナリー）は家族経営が主体で、所有する畑も数ヘクタール、しかも1ヘクタール未満の畑をあちこちに分有し、それらの土地の違いがワインに反映するからである。

ボルドーのシャトーでは、若い樹齢のぶどうで作るセカンドワインがあっても、基本的にひとつの銘柄しか出さないが、ブルゴーニュでは小さなドメーヌでもあちこちの畑から原産地名称の異なるワインを作ることはよくある。そして、なんといっても高品質のワインを赤はピノだけ、白はシャルドネだけで作り、しかも、土地ごと、畑ごとに味が違うという事実が大きい。

これにたいして、ボルドーはおもな品種だけでも、赤にカベルネ・ソーヴィニョン、メルロ、カベルネ・フランの三種を、白にセミヨンとソーヴィニョン・ブランの二種を使い、品種の配合が変われば、味わいが変わるということは、素人でも想像がつく。ブルゴーニュがテロワール信奉者テロワリストの発生地となるのは当然であった。

事実、*Le terroire & le vigneron*（テロワールとヴィーニュロン）『テロワールとぶどう栽培者』という著作が2006年に刊行され、2010年には邦訳されている。[19]

編者のジャッキー・リゴーが要所で「導入」を書き、ブルゴーニュを中心にフランス各地でテロワール重視でワインを作る多くの生産者のほか、イタリア、カリフォルニア、南アフリカの作り手の文章や、土壌微生物学者として有名なリディア・ブルギニョンとクロード・ブルギニョン夫妻をはじめ、科学者たちの論文も収録されている。かなりの大著で、まさにテロワリストの面目躍如といった著作である。

編著者のジャッキー・リゴーは、パリ第7大学で心理学の博士号をとった研究者で、はじめは心理学者として活動し、心理学に関する著作も3作あるが、1997年に知遇をえた20世紀最高の作り手といわれるヴォーヌ・ロマネ村のアンリ・ジャイエ(1922-2006)のワイン作りを解説した『ブルゴーニュワインへの頌歌』(邦訳『アンリ・ジャイエのワイン造り』[20])を刊行したあたりから、ブルゴーニュワインに入れ込みはじめ、紹介した2冊のほか、すでに10冊のブルゴーニュワインに関する著作を上梓し、いまではブルゴーニュ大学の社会人講座でワインについて教えている。

以上の検証から、テロワールという見方が再登場してきたのは、新大陸のワインにおされて、自身もある程度、化学工業化に傾いたフランスの作り手たちが本来の土地を重視したワイン作りの重要性を自覚し、そこへ立ち返ろうという動きであることがわかる。

四 テロワールってなんなの？

テロワール重視の風潮の発生とテロワール表象の形成はわかったが、ではテロワールとはなんなのか。まだ明確になりきっていないと思われるので、さらに突っ込んで考えておこう。

そもそも「テロワール」の味やほかの「テロワール」との違いは、土地の産物を通してしかわからない。ワイン作りの最前線に立ちながら、日本のワイン作りをつねに広い視野から考察してきた麻井宇介は『ワインづくりの思想』のなかで、最高級白ワインのひとつ「コルトン・シャルルマーニュ」を生むブルゴーニュのコルトンの丘について、次のように述べる。

「コルトンの丘を取り囲むブドウ畑がグラン・クリュ［特級］と格付けされたのは、そこが銘醸畑にふさわしいテロワールであるという科学的データにもとづくものではない。歴史的に良質のワインを産出してきた土地だという経験的事実によるものだ。すでにコルトンを名乗る銘醸ワインの名声は確立していたのである。[21]」

人は「よいテロワールがあるから、よいワインが生まれる」と思いがちだ。しかし、事実は逆である。「よいワインを生んできたから、よいテロワールだと判断される」。人間はすぐに物事に因果関係を認めたがる。しかし、人が見つける因果関係はしばしば転倒している。このことに人は気づきにくい。本来いいテロワールと判断された原因はそのテロワールが生むワインが美味しいからだが、いいテロワールがいいワインを生む原因とみなされてしまう。つまり、本来原因であるワインの見事さが、土地のよさのせいにされてしまう。

麻井は一時品質が落ちたボルドーのメドック地方にある格付けシャトー「ローザン・セグラ」で改革に取り組み成果をあげつつあった新しい醸造責任者ジョン・コラーサの「一六六一年以来、ローザン＝セグラは存在しているが、かつてのワインづくりについて、その時々の決断を批判することはできない」という言葉を聞きながら、それを「テロワールがワインを生むのではない。人がテロワールにワインを生ませるのだ[22]」と解釈している。

しかも、すでに「ローザン・セグラ」でさえ350年以上の歴史があるように、人はテロワールとそのテロワールをつつむ自然環境と長いあいだ対話をし、銘醸地であればあるほど、よりよいワインを生むよう、ときにさまざまな土地改良を施し、品種についても選抜によって優良株を残すようたえず努力してきた。

人間の自然を気づかうそうした営みは、フランスのような旧来のワイン産地ではゆうに数百年はつづいている。蓄積された栽培や醸造のノウハウは計りしれない。いや、そのノウハウによって改良された土壌やその他の環境条件の威力こそ計りしれない。

いまでもかつて湿地帯だったメドックでは暗渠《あんきょ》による排水が欠かせないし、斜面にあるブルゴーニュでは雨によって流れた土をもとにもどす作業はつづけられている。テロワール自体が人間が自然に関与して作られ、維持されているのだ。

「テロワールは、地質の構造や土壌の成分、地勢、気象、生態系など、客観的な諸要素の上に成り立つものである」と麻井もとりあえず認めるが、それにつづけてすぐ麻井は「けれども、それは純粋な自然条件ではない。なぜなら、ブドウ畑はすでに人為の結果であるからだ[23]」と述べている。

わたしが2冊の著作を訳した歴史地理学者ロジェ・ディオンは、このようなテロワールを自然条件に還元してしまうテロワール信仰を徹底して批判的に考察した。[24]そのため、2000年代になって地理学者のあいだで再評価が進んだものの、ワイン関係者のなかでは黙殺されることが多い。ことに現代のように科学が発達し、一定の因果関係が土地とワインの品質のあいだにあることが科学的に解明されている時代では、科学にもとづいた新たなテロワール主義者がいるのでなおさらだ。

じつは麻井は『ワインづくりの思想』でこの2冊のディオンの邦訳を要所で何度か引用している。[25]

ディオンはワインの品質は土地の自然条件だけではけっして説明できないという。たとえば、本来ワイン生産に適した地中海岸が平凡なワインの一大産地になり、その一方で厳しい気候のブルゴーニュや湿気の多いボルドーで良質のワインがなぜできるのか。これは流通や制度という経済的で政治的な条件を考えなければ説明できないと、ディオンはいう。ディオンの説明の概略は以下の通りだ。

古代から中世にあってワインのような重い荷の流通は河川交通にたよらざるをえず、しかも流通が安全でなかった時代、北ヨーロッパのワインが作れない地域の王侯貴族をはじめとした富裕層の需要に応じて人々はなるべくぶどう栽培の北限近くでワインを作ろうとした。そのため比較的北に位置しているブルゴーニュやボルドーは莫大な投資をおこない、多大な努力をはらって高品質なワインを作るようになったのにたいして、長く流通がかぎられており、おもに地元用の並みのワインが作られてきた南の地域は、19世紀になって都市文明が発達し、鉄道によって販路が確保されると、都市大衆のワイン需要に応じて一挙に大量の安いワインをパリをはじめとする大都市に供給するようになる。気候に恵まれた南仏は、まさにこうしたワインの生産にうってつけだった。手間暇をかけずに、そこそこのワインができるからだ。

ミクロな土地だけをいくら精緻に分析しても、テロワールをテロワールにした歴史的社会的経緯の本当の条件はみえてこない。近づけすぎた目は、重要なものを見えなくさせる。このようなマクロな問題は土地の性格だけでは説明できない問題なのだ。

北の非ワイン産国とのうまみのある交易をおこなえるような質の高いワイン作りが古代後期から中世にかけて一貫して領邦国家の名誉であり、それが国家の財政と威信を保証した。そのため、比較的北に位置する地方は惜しむことなく投資と努力を重ねてワインの品質を上げ、価格における輸送費の割り合いを相対的に下げて儲けを大きくしつつ、非ワイン産国の要求にこたえようと努めたのだった。

麻井はまだ刊行されておらずゲラ段階だったディオンの大著『フランスワイン文化史全書』の邦訳を訳者であるわたしの許諾を求めたうえで、編集者からわたされて読み、ある部分をかなり長く自著で引用している。それは、2段組みで80頁を超える長い「序論」の「上質なぶどう畑が成立するために求められる諸条件」という非常に興味をそそられる題の第4

節「土地の改良の必要性」という項の一部である。引用は麻井の著作で3頁、原著で2頁にわたる長いものだ。(26)

要旨は、ワイン作りにおいては「多様な鉱物質を含んだ土壌で最良の結果が得られる」ことが「経験上明らか」になっているが、「自然のなかでこの種の複合土壌が見られる」のは稀で、「多くの場合は、人工的に土を運びこむことによって、ぶどうの植えつけに最適と見なされる混合土壌を作りださねばならなかった」という歴史的事実の確認である。

しかも、ディオンはこの事実を裏づける事例を、もっともテロワール信仰の篤《あつ》いブルゴーニュからあげている。コート・ドールの丘に新たに拓《ひら》かれたぶどう畑の成功のおもな原因に関する県当局の1822年の報告書だ。

そこには「われわれが期待するような土地の良好な自然条件ではなく、純粋に人的な」「土の搬入、品種の選択、それに忍耐強い労働」という「三つの事項」が列挙されている。

ディオンはいう。「自然は、場所によって程度の差はあるものの、これらの基本となる必要不可欠な労働を助けただけにすぎない。自然が人間にこれらの務めを免除した試しなど一度たりともなかったのである」と。

この厳然たる歴史的事実を確認したうえで、さらにディオンは「たしかに、自然条件にほとんど手を加えず、あるがままの条件をほぼそのまま用いるぶどう栽培は存在する」が、それは産物であるワインの質を高めようとはしない「劣ったぶどう栽培にすぎない」と断言する。さらに高い品質のワインを生む「ぶどう畑は自然環境の表現である以上に人間の創造物である」と止めを刺す。

そう、よいワインを生む土地としてテロワールは長年にわたって人間がいいワインを生むように手入れをしてきた土地なのだ。おそらく、その手入れを怠ったたり、手抜きをすれば、それはすぐにワインの品質の劣化として現れる。

フランス革命以前は修道院の占有であったブルゴーニュの多くの特級畑は革命後の払い下げとナポレオン法典による均等相続で分有され、所有者によってワインの品質にバラつきがあることが多い。

この作り手による違いは、ワイン好きなら、とくにブルゴーニュ好きならつとに経験のある事実である。それはとりもなおさず、土地に働きかける人間の、その働きかけ方がいかに重要であるかを示している。

1989年に創立された直後から有機栽培と野生酵母による自然な醸造で質の高いワインを作ってきたブルゴーニュの「ドメーヌ・プリウレ・ロック」で長く醸造長を務め、2001年に独立して自然派ワインの旗手の一人となったフィリップ・パカレはテロワールの定義を次のような一文ではじめている。

「テロワールと呼ばれるものは、13世紀の修道士たち、そしてそれ以降20世紀半ばに至るまでブドウ栽培やワイン醸造に携わってきた人々の作業によって築き上げられました。(27)」

まさに数世紀にわたる人々の土地への働きかけがテロワールの重要な構成要素であることを、パカレは認めている。

このあとパカレは「1、地下」「2、土壌」「3、人間」「4、気候」というテロワールを構成する4つの要素について詳しく論じているが、ここでも「人間」が四大要素のひとつにあげられ、「土壌という要素の変化の度合いは、人間が干渉することによって、肥沃を一定に保つか、あるいは反対に低下させるかに左右されます」(傍点は福田)と述べ、人的な要素の重要性を強調している。

たしかに、フランスで当初不正を取り締まる法制度として19世紀末から制定がはじまった原産地名称制度では土地の区画割りがつねに問題になってきた。つまり、土地の自然条件が重視されたといえるだろう。しかし、法改正を重ねるなかで、次第に土地の慣行(栽培法や醸造法)が考慮されるようになる。これは明らかに人為的な要因である。

フランスで原産地名称制度を管理する国立原産地名称研究所(INAO)は、公式サイトで地域名称を獲得するための要件について以下のように定めている。

「原産地名称(AOC/AOP)ないし地理的保護表示(IGP)をえるため不可避な段

階として、指定域の画定は、地質学、土壌学、農学、歴史学、地理学、社会学、民族誌学などの分野における学術的基礎にもとづいてなされる。[28]」

ここには、指定域確定にさいして考慮される学術分野が列挙されており、最初の地質学と土壌学という2つの分野以外は、すべて人間にかかわる学問領域である。つまり、原産地指定において自然条件以外も大きく考慮されていることがわかる。

さらに2004年にフランス国立農学研究所（INRA）と国立原産地名称研究所の研究グループがユネスコに提案して採択されたテロワールの定義はより精密なものだ。

「テロワールとは、自然環境と人間的なファクターとの間で生じた相互作用のシステムにもとづいた独自の文化的な特徴、知識、慣行の全体を歴史のなかで構成してきたある人間の共同体によって規定される地理的な空間である。そこで用いられている実践的な知識は、そうした空間で作られる産物やサービスにある独自性を明示し、典型性を付与し、その承認を促し、したがって同じことをそこに暮らす人間にもたらす。テロワールとは生きた更新されつづけていく空間であり、ただひとつの伝統に同一視されるべきものではない。[29]」

このユネスコのテロワールの定義のわかりやすい解説ともいうべき文章が、「カルビー株式会社」元社長の松尾雅彦の『スマート・テロワール 農村消滅論からの大転換』にある。松尾は、ポテトチップス作りでジャガイモ農家と提携した自身の経験から、「地域ユニット内の「自給圏」」としての「スマート・テロワール」の確立にこそ、日本の農業のみならず日本社会の可能性があると主張し、そのもととなるテロワールを次のように解説している。

「テロワールとは、自然的な側面と、それを扱う地域の人間の文化や伝統が総合された、まことにユニークな概念です。主にワインづくりにあたって、ブドウ畑の土壌や地形、気候、風土などの生育環境を総称する概念として用いられています。もともとは土地を意味するフランス語から派生した言葉です。(……)しかし、テロワールはそうした自然条件だけで決まるのではありません。そうした条件を、いかに利用して栽培に当たるかという生産者のアイデアや工夫もまたテロワールの重要な要素です。植栽の密度をどのくらいにするか、水はけをよくするために、どのようなコントロールをするか、といったような、その地域の栽培法の特徴がテロワールの表現を大きく左右するのです。つまり、テロワールには土壌や気候条件の生かし方に生産者の個性が重なります。その土地の良さを引き出そうとする地域の人間の個性が合わさってテロワールができるのです。[30]」

ここには、農業プロパーではなく、加工業から農業と連携した著者の幅広い視点が感じられる。

しかし、こうしたユネスコの定義や松尾の解釈にもかかわらず、ワインを語る現場では、すでに確認したように、テロワールは土地の土壌を中心とした自然条件の意味で使用されている。この頑迷なまでの自然主義的な解釈は、和辻が自然と人間の長年にわたる協働の産物と規定した「風土」が、ほとんどの場合、地域の自然条件をさすと理解されていることと似ている。

たしかに、テロワールは狭くとらえれば、その土地の自然な性質とみることもできなくはない。事実、そうした意味で多くは使われている。

ただ、なぜフランス語の特殊用語を使うのかという疑問は残る。だが、それも伝統と威光に輝くワイン産地フランスの付加価値と考えておこう。

しかし、それはミクロな視点、ミクロにみて土地への人間の手入れを無視した場合である。この根強い自然主義的見方をわたしは「土地柄性としてのテロワール」と考える。これにたいして、よりマクロに、人間の手入れ、しかもフランスにみられるように長い時間にわたる継続的な手入れによって作られ維持されている土地の在り方を和辻の「風土」概念にもとづいて「風土性としてのテロワール」と呼びたい。

このようにテロワールの2つのレベルを区別すると、わたしたちが風土性としてのテロワールを問題にすべきところで、土地柄性としてのテロワールだけにこだわっていることが多いことに気づく。

とくに、ワイン作りの場合、土地柄性としてのテロワールだけを問題にした場合、ワイン作りがはじまってせいぜい150年の日本にくらべ、すでに最低でも数百年におよぶ土地整備の歴史を有するフランスに、日本が太刀打ちできるわけはない。

しかも、小山田がシンポジウムで強調したように、日本におけるワインのテロワール作りはワイン作りの基本がぶどう栽培であると気づいた、ここ2、30年にはじまったにすぎない。そんなときに土地柄性だけのテロワールをもちだされても、進むべき方向を見誤りかねない。

小山田はシンポジウムの最後に、さまざまな努力を積み重ね、ワインを通して「日本の風土を語れるようになりたい」と述べた。この結語は、日本らしい上質なワインが生みだされるような風土としてのテロワールを長い努力で作っていくという決意表明と受けとるべきだろう。

しかし、人間はしばしば目の前の上質なぶどう畑とその産物である高い品質のワインに魅了され、風土性から土地柄性にもどりたがる。この点についても、ディオンは鋭い指摘をしている。

「みずからが働きかける土壌そのものから実質を引き出す人間の営為は、結局のところ、自然の延長のようにも思われる。私たちの古く高貴なぶどう畑については、そのような見方が成り立つのである。そのようなぶどう畑はぶどう畑のある土地と非常に内密にしかも調和に満ちたかたちで結びついているために、あたかも自然発生の結果とでもいうように、おのずと形成されたかのように思われるのでる。それが、おそらくぶどう畑に関して自然優位の解釈が、一世紀来、これほど広く受け入れられてきた理由なのだろう。[31]」

わたしたちが味わうワインをあたかも眼前の見事に整備された土地の自然な成果と思わせるほど、長きにわたっておこなわれてきた人間の手入れはみごとに自然と一体化し、その延長となる。一体化して自然の延長となるほど、人間の手入れは長きにわたり、結果として自然と調和しているのだ。それを可能にしたものこそ、緻密で繊細、ときに大胆で画期的な人間の労働にほかならない。

「現代の人々は（……）自然がみずからすすんではけっして人間に与えようとしなかったものを、自然が与えるようにしむけるには、どのような労働と創意工夫をしなければならないか、もはや思い描くことができなくなっている。

私たちにそのような感情を回復させてくれるのが歴史の役割なのである。[32]」

これはディオンの論文の最後の文章だ。ディオンは人間の長い質の高い労働を称え、さらに自然と一体化してしまったそうした「労働と創意工夫」を人に思い起こさせるのが、歴史ないし歴史学の役割だと述べて論文を締めくくっている。

このような気の遠くなるような「労働と創意工夫」を小山田をはじめとした日本のワインの作り手たちはこれからしていかなければならない。

ただし、昔より技術は進み、知識の伝達は早くなっている。だから、風土性としてのテロワールの形成はかつての時代より早くおこなわれるだろう。いや、早くおこなわれてほしいと思う。

五　工業としてのワイン生産、薬用としてのワイン消費

では、こうしたテロワール主義とはいったいなんなのか。ワイン作りにおいて、どういう意義をもっているのだろうか。

これまでの議論を整理しておこう。その利点は、化学工業化したフランスのワイン作りを農業へと押しもどし、さらにようやくぶどう栽培からはじまりだした日本のワイン作りにいっそう鋭く土地との関わり方に意識を向けたことにあるといえるだろう。

フランスでは工業化したとはいえ、ワイン作りはあくまで農業である。フランスのワイン作りは農業関連の省庁が管轄しているし、EUレベルでもワイン作りは農業政策の重要な分野である。[33]

しかし、日本では長いあいだワイン作りは加工業と考えられてきた。広い意味での工業である。しかも、その工業で作りだされる製品は西洋のワインとは似ても似つかぬ日本独自な加工飲料だった。

のちに「サントリー」となる当時の「寿屋洋酒店」(のち「寿屋」と改名)が1917年(大正6年)に発売して大ヒット商品となる「赤玉ポートワイン」(現在は「赤玉スイートワイン」)に代表される甘味葡萄酒である。

明治初期に大久保利通の号令のもと、殖産興業の一環としてはじまった本格的な日本のワイン生産が、このような日本的変容を激しくこうむった疑似ワイン的飲料の生産になっていく歴史的過程には、複数の著作ですでにかなりつっこんだ分析がなされている。[34]

なかでも、麻井宇介の『日本のワイン・誕生と揺籃時代　本邦葡萄酒産業史論攷』には、ワイン生産に携わった者にしかできない指摘があり、その後の日本のワイン作りへの一味違う歴史的洞察が感じられる。

たとえば、麻井はみずから「多分に恣意的な論攷」と考えるがゆえに「余燼《よじん》」と題した最終章で、日本のワイン生産の問題を的確にまとめている。[35]

まず、ぶどう栽培からはじめたはずのワインが似て非なる飲料に変容したことである。麻井はいわゆる甘味葡萄酒は外国のぶどう酒を用いてアルコールや香料をくわえて作られた「模造酒」であり、「国産ワインとは出自を全く異にする」と述べる。多くの論者が甘味葡萄酒全般を一様に国産ワインの源流とみなすのとは異なる見方だ。

しかも、その「模造の原型は、居留地の外国人たちがアペリティーフに飲んでいたデュボネやサン・ラファエルである」と指摘している。ともに明治期に輸入されており、いまもフランスで飲まれている、ぶどうのほかにもいろいろな成分を入れて作った食前酒《アペリティフ》用の甘いリキュールである。

つまり、麻井は甘味葡萄酒のモデルはワインではなくて、食前酒として飲まれるリキュールだったというのだ。甘味葡萄酒が、日本のワインの源流たりえない理由である。

しかも、このような「甘味葡萄酒が人気を博すと、皮肉なことに、国産ワインは一層苦境に立たされ」ることになったと麻井は分析する。しかし、その苦境のなかで「甘味葡萄酒に姿を変えて生きのびた少数の国産ワインがあった」ことを確認すると、こうした国産ワインの意義について、「輸入ワインを使う場合と違って、ここではブドウからワインを醸造する自前の技術が温存された」として、醸造技術の生き残りを評価する。

甘味葡萄酒は国産ワインの源流どころか、かえってそれを圧迫する存在だったが、かろうじて生き残った国産甘味葡萄酒の生産によって醸造技術が生き残ったというのだ。醸造家らしい分析である。

さらに、ワイン用のぶどう栽培についても重要な指摘がある。麻井はワイン用ぶどう栽培が生食用のぶどう栽培に変わるという「構造的変化」が生じたことを確認したうえで、「日本のブドウ農業は、ワインを目的に導入した外来品種が生食市場向けに用途転換したことによって、全国規模で一大飛躍を遂げた」と指摘する。

この指摘から、「日本のワイン生産は生食用を流用するから品質が上がらない」とワイン産地やぶどう産地でよく耳にする説明がじつは事実が逆だとわかる。なぜなら、明治政府が殖産興業として進めたのは、あくまでワイン用ぶどう栽培であったからだ。これは歴史的事実である。

理由は単純明快。明治の日本には山梨や京都の一部をのぞいてぶどうを栽培している地域はあまりなく、ワイン作りはぶどう作りからはじめざるをえなかったからである。

しかし、途中で気候上の不都合や醸造技術の未熟、害虫フィロキセラの災禍や当時の味覚的嗜好の限界もあって、ワイン生産はほぼ頓挫する。ぶどう栽培が生食用に展開するのは、そのあとのことだ。しかも、ワインには向かないものの、栽培のしやすいアメリカのぶどう、ラブルスカ種によって、生食用ぶどう栽培は、次第に日本各地に広がっていく。

さらに、日中戦争による戦時経済となる１９３７年（昭和12年）以後になると、バルクワイン（大容量の容器に入ったワイン）の輸入ができなくなり、甘味葡萄酒各メーカーは原料を国産ぶどうにたよるほかなくなる。こうして生食用に付随して、甘味葡萄酒の原料としてのぶどう栽培も増えていく。

「日本のワイン生産は生食用を流用するから品質が上がらない」という一般に流布した言説は、これ以後、各地で形成されたものと考えられる。一定の真実はふくむが、もともと日本にぶどう栽培が広がった契機は、明治期の官民をあげてのワイン作りにあったことが完全に忘れさられている。

このぶどう栽培について、麻井は「国産ワインが再び脚光をあびる昭和四十年代［1965-1974］、そこにブドウ畑が広がっていたことの意義は大きい」と、ぶどう栽培が生食用とはいえ広く日本に展開していたことの意味を高く評価している。

ぶどうは植えてから3年以上たたないとワインを作れるような実をならすことがない。いいワインを作るには10年の樹齢は必要だともいわれる。そうしたことを考えると、すでにぶどう畑がそこにあったことの意義は小さくない。

たしかに、明治からはじまる日本のワイン生産が本来の在り方から大きく逸脱・変容したとしても、醸造技術が温存され、ぶどう栽培が維持されてきたことは大きな意味をもつ。だが、その意味を認めたうえで、戦後にいたる甘味葡萄酒文化の時代とは、生産から考えてどう総括すればいいのだろうか。

山梨の郷土史家、上野晴朗（1923-2011）の一次資料の引用が豊富な著作『山梨のワイン発達史』を読むと、ワインの作り手があまりワインを飲んでいないことがよくわかる。たまにみなで集まって手に入れた海外のワインを飲んでいる場面を描いた資料は登場するが、そうした場面がかえって印象に残るぐらいである。

では、麻井が「官であれ民であれ、これにかかわった人たちの放出したエネルギーの厖大さは、今日の常識で測れる域をはるかに超えるものであった(36)」と感嘆する、その厖大なエネルギーはどこからきたのだろうか。

いまの時代、安定した地位をなげうって、たとえば大手企業の管理職であったり、医師であったりするのに、ぶどう栽培からはじめるワイン作りに転職する人があとを絶たない。研究上の関心もあって、それらの人々をある程度追っているわたしでも毎年参入する数多い新規参入者のすべてをとてもフォローすることはとてもできない。

ところで、これらの人たちのエネルギーを支えているのは、共通して美味しいワイン体験である。いまワインを作ろうとする人で、ワインはあまり飲んだことがない、たまにしか飲まないという人はまずいないだろう。ワイン消費がワイン生産を支えているのだ。

しかし、明治の時代、ワインは文字通り高嶺の花だった。外国の政治家や外交官をまねいたレセプションをはじめ、政財界の重鎮たちのパーティでは本格的な西洋料理とともに本場のワインが供されたが、一般庶民の口に入るものではなかった。天皇が戦争で負傷した将校以上の軍人を労《ねぎら》うのに賜《たまわ》ったのもワイン（おもにボルドーワイン）だった。庶民のあいだにワインは高級で高価なものというイメージが根づいたのも当然だった。

そんな状況で官民をあげて厖大なエネルギーを発散してワイン作りに狂奔したのは、ワインという飲料に魅了されてというより、動機は経済とナショナリズムにあった。高価な輸入品を国産化して、国の財政を助けようという強い思いである。

そこには、経済先進国であるだけでなく、文化先進国でもある西洋諸国が作り飲む飲料をわれわれの手で作りたいという文化的な憧れも作用していた。いまも残る西洋のブランド品に価値をおく舶来志向だ。ただし、それは二次的な理由にすぎなかった。

ところが、その情熱が結果として生んだのは、麻井が「模造酒」と呼ぶ甘味葡萄酒だった。この模造品も高価で、明治中期で安いものでも四合瓶(720ミリリットル)1本で20銭、高いものだと40銭もした(「赤玉ポートワイン」)。当時、日本酒の安いものが一升(1・8リットル)13銭、上等のものでも21銭だったから、[37] 容量が日本酒の半分以下の甘味葡萄酒がいかに高いかわかる。

ただ、ここで補っておかねばならないのは、三章で詳しく検討するように、これらの甘味葡萄酒の多くが薬用を売りにしていたことだ。

そのため、飲み手の側からみれば、薬用ということでたくさん飲むものではなく(そもそも甘すぎてたくさん飲めない)、作家の内田百閒(1889-1971)が毎朝1杯飲んでいたように、[38] 健康ドリンクとして少量摂取するのが普通だった。だから、多少高くても百閒のようなちょっとハイカラな人は購入して飲んだ。江戸時代からつづくとされる「養命酒」と同じだ。実際、甘味葡萄酒の多くには薬用をうたってキナやコカなどさまざまな薬用植物が配合されていた。

あるいは、健康飲料で、ちょっと高価でもあるので、世話になっている人への盆暮れの付け届けにも利用された。葡萄酒を付け届けに使うのは、臣下に舶来のワインを賜る天皇を倣った行為といってもいいだろう。

ここにはワインとは異なる「模造酒」になったとはいえ、ワインが高級であり、日本の酒とは違う舶来のものだというイメージ、文化学的にいえば高級で高尚という「ワインの表象」(ワインのイメージと暗黙の価値づけ)が強く作用している。

このような国家財政を救うというナショナリスト的義侠心でワイン作りに参入した人たちは、結果として国産ワインを作るのではなく、ちょっとハイカラを志向する庶民向けに、そのハイカラ志向を満足させる、ワインとは異なる健康ハイカラ飲料を提供したのである。

こうして多くの人たちが、明治の西洋文明受容としての文明開化に参加した、いや参加した気分になった。なぜなら、西洋的と飲み手が思ってちょっと気取って飲んでいた飲み物は西洋のワインとは似て非なるものだったのだから。

細かい分析は他の著作に譲るとして、工業的に、というよりは手工業的に――というのも多くの甘味葡萄酒メーカーは一部をのぞいて小規模で少ない設備で製品を作っていたからだが――甘味葡萄酒を作っていた当時の作り手は、まさにワインをさして知らずに作っていたという点で、消費なき生産といっていいだろう。また、だからこそ、専門家の麻井にむげに「模造酒」と呼ばれるものを作ることになったし、またそれほどの変容を施すことができたにちがいない。

しかも、明治初期は、酒といえば日本酒と焼酎しかなかった日本に、ワインだけでなく、ビールやウイスキー、ブランデーやリキュールなどの多種多様な洋酒が一挙に入ってきた時代だった。日本人の多くはぶどう風味の甘口のリキュールとワインの区別もできなかったと考えていい。

そんな時代状況では、麻井が指摘しているように、作り手たちがぶどう風味の甘口のリキュールをもとに独自の甘味葡萄酒を作ったとしても、現在のわたしたちは彼らを責めることはできない。

さらに作り手以上にワインのことを知りえなかった受け手にとって、ぶどう風味の食前酒《アペリティフ》用のリキュールと食中酒としてのワインを区別できるはずもなかった。

飲み手が薬用甘味葡萄酒を本来の葡萄酒、つまりいまでいうワインと思って飲んでいたとしても不思議はない(39)。

しかも、醸造の未熟と保管の不備からワインが酢酸になって酸敗してしまう腐造が多かった当時、傷みやすい本格志向の甘さをひかえた葡萄酒が敬遠され(たとえば「メルシャン」の前身となる宮崎光太郎の「甲斐産葡萄酒」の一部の白ワイン)、かえってその糖度ゆえに傷みにくい甘味葡萄酒が受け手に好まれたのもやむをえなかった。受け手のほうも、一部の上層階級の人々をのぞいて本当のワインを知らず、ワインのもつイメージと価値（表象）先行で消費していたにすぎないからだ。海外の文化の導入期に起こりがちな現象である。

こうして「葡萄酒」と呼ばれたワインは甘味で薬用が当たり前になっていく。作り手がいろいろとワインに手を加えて手工業的に作りだすのが当たり前であるように。

まさに工業としてのワイン生産と薬用としてのワイン消費こそ、明治から戦後の1960年代までを特徴づける日本のワイン文化のコインの両面であり、そのメインストリームなのである。その結果、食中酒であるべきワインは生産においても消費においても食卓外のものになってしまった。[40]

六　農業としてワイン作り、食卓酒としてのワイン飲用

ワイン作りの位置づけがヨーロッパのワイン産国では農業だと、日本のワインの作り手が気づくのは、そう古いことではない。麻井宇介は、日本酒やビールなどの穀物酒作りが、三章で詳しく再検討するように、「工業の発端にあるもの」であるのにたいして、ワインに代表される果実酒作りは「農業の末端にあるもの」と理解すべきだと述べ、[41] 以下のように主張している。

「われわれはワインづくりを工業と思いこんで疑うことがなかったはずだ。けれども、西欧文明におけるワインづくりの位置づけは農業なのであって、この点の理解を欠いたことが、ワインの本質をみる眼を曇らせているのではないだろうか。[42]」

この麻井の文章が発表されたのは、それぞれ1978年と1981年である。当時、日本では1970年の大阪万博後の第一次ワインブームを受けた第二次ワインブームが起き、「サントリー」の「金曜日はワインを買う日」というテレビCMが話題になり、千円台の国産ワインが売れだしていた。

ただし、これらの「国産」ワインは、たしかに国内瓶詰で日本で酒税を納めていたが、ボトルの中身は海外の安いバルクワインか、海外の濃縮果汁を日本で醸造したものがほとんどだった。つまり、原料の農産物を輸入して、日本で工業的に生産したワインだった。

国産ぶどうを使ったワインも一部にはあったものの、それも生食用に回せない健全でなかったり傷んだりしたぶどうを醸造したものだった。

麻井の弟子で、「勝沼シャトー・メルシャン」の元工場長だった上野昇は、「技術者は悪いブドウからいいワインを作るのが自慢だった」とわたしに語ってくれた。[43] つまり、工業技術によるワイン作りである。

かねてよりワイン産国では「いいワインはいいぶどうから」といわれる。これではいくら技術者が頑張っても、本当の意味での高品質なワインが作れるわけがなかった。

穀物酒である日本酒を作ってきた日本では、酒作りは手工業であった。まず米のデンプンを糖化させて麹《こうじ》菌をつけて酒の酛《もと》を作り、それを蒸した米に何度も添えて糖化と同時にアルコール発酵をさせる日本酒作りは、たしかに高度な技術を要し、工業的だ。

一方、ぶどうを育てて実を収穫して潰し、それを壺に入れておけば、とりあえず自然な酵母の作用で発酵してワインになるワイン作りは、シンプルで原始的だ。

しかし、日本人は自分が身につけた酒作りは工業的過程であるという当たり前を反省することはなく、日本酒作りをワイン作りにそのまま当てはめて疑うことがなかった。なぜなら、それが酒作りの当たり前だから。

しかし、なにごとも広い視野で物事を考えた教養人だった麻井は、日本人の深い文化的誤解に気づいたのだ。

麻井が尊敬にあたいするのは、このあと1981年に「メルシャン」が入手した勝沼町（現甲州市）の「城《じょう》の平《ひら》試験農場」で1987年からみずからぶどう畑に立って栽培に携わり、高らかに次のように宣言したことだ。

「ワイン屋として本気でこれからも日本でワインをつくっていこうとするなら、ブドウ畑こそがワインの核心を形づくる真の現場なのだと、堂々と揚言する覚悟が求められる。そうでなければ、よいワインなどつくれるはずはない。(44)」

この自覚が麻井の薫陶を受けた若いワインの作り手を中心にワイン業界に広まるなか、個人規模のワイナリーから大手のワインメーカーまで、次第に契約栽培のぶどう農家や自社管理のぶどう畑をもつようになっていく。

日本のワイン作りがようやくヨーロッパのワイン作りと同じスタートラインに立つことになったのだ。つまり、ワイン作りを農業とみなし、ぶどう栽培から取り組むようになったのである。(45)

もちろん、かねてより自社管理のぶどう畑をもっていたワイナリーもあった。

たとえば、古いところでは1885年（明治18年）に開業し「百姓より販売まで自営なり」をモットー(46)にした「ルミエール(47)」や1929年創立で1970年代から有機栽培をおこなっている山形県の「タケダワイナリー(48)」、土地が広くわりと簡単に畑を拓くことができる北海道の池田町で1963年に創業する「十勝ワイン」（「池田町ブドウ・ブドウ酒研究所(49)」）、比較的新しいところでは1980年創設でやはり有機栽培を実践している栃木県の「ココ・ファーム・ワイナリー(50)」や1992年創業の新潟県の「カーヴドッチ(51)」などだ。

しかし、こうした自社所有の畑をもつワイナリーは多くはなく、自社畑をもつワイナリーでも自社畑のぶどうだけでワインを作るところはほとんどなく、買いぶどうでもワインを作ってきた。

しかし、明治から戦前の日本のワイン作りが消費なき生産で、ワインのイメージと価値だけをたよりに、作り手が甘味葡萄酒による薬用ワインという受容と消費を作りだしていったのとは逆に、この時代は一部の飲み手のほうが進んでいた。

さきほどの「金曜日はワインを買う日」というテレビCMは、食料品がいっぱい入った袋の上にワインボトルがみえる買い物包みを抱えた中年男性の帰宅風景を描いている。家庭で夫婦そろって食卓でワインを楽しむ情景を想像させる映像だ。

もちろん、そうした食卓における夫婦でのワイン消費がいまほど広まっていたわけではない。いや、だからこそ、このCMが作られたのだ。そうしたワインの消費の仕方がすでに広まっていれば、ことさらCMを作って流す必要はない。

広告や宣伝は時代の半歩先を行ってこそ意味がある。このCMには、「ワインは食卓で夫婦で楽しく味わうもの」、ハレの日にレストランでうやうやしくいただくものではなく、「本来日常的に食事とともに味わうもの」という、ある意味まっとうなワインの見方、いわばヨーロッパ流のワイン表象が明確に映像化されている。だから、千円という手ごろな価格で販売された商品を対象として、「週末は家庭でワインを楽しもう」と呼びかけたのだった。

しかし、その食中酒としてのワインは、本来の国産ワインではなかった。相対的に価格の高い国産ぶどうで千円の価格である程度の質のワインを作ることはきわめてむずかしく、中身は南米や東欧からの輸入ワインだった。

だが、その後1980年代になると、あいつぐ貿易の自由化と関税の引き下げがあり、フランスを中心とした輸入ワインが大きく伸び、本場のワインが日本でもわりと簡単に手に入るようになる。なかには手頃な価格のものもあり、1980年代のフランス料理店の広がりや1990年代のイタリ料理のブームで高品質なフランスやイタリアのワインがハレの場面で飲まれる一方で（1990年代にイタリアンやフレンチという言い方が生まれ広まった）、家庭の食事をプチハレ化するアイテムとしてワイン消費が次第に伸びをみせる。

事実、1978年に3万660キロリットルだった日本のワイン消費は1998年には29万7900キロリットルとなり、20年間でなんと9倍を超える増加を示す。この消費の伸びはプチハレ的な家庭での消費を考えなければ説明できない。

つまり、消費者の側では、国産を自称する輸入ワインと本来の輸入ワインによって、ワインは食外消費から確実に食中消費へと変わりつつあった。食中酒としてのワインである。それは飲み手の側のワイン言説の変化に如実に現れている。

たとえば、弁護士でワインの熱烈な愛好者でもあり、1970年代からワイン関連の著作や翻訳を多数刊行している山本博が一貫してそれらの著作で主張してきたのは、ワインは「楽しむものだ」ということである。しかも、日常の食卓で楽しむものだと述べる。だから、山本が1975年に刊行したワインに関する最初の著作のタイトルは『茶の間のワイン』だった。

そこで山本は「ワインは決して一部の特殊な人々のものではなく、高価な飲み物でもない。本来そうあってはならないのだ[52]」と述べる。

こうした主張の背景には、学生時代から義兄弟が営む西洋料理の老舗「小川軒」でアルバイトをしてまだ日本では貴重で高価なワインを知って以来ワインに魅了され[53]、1960年代の海外渡航の自由化によって1969年にはじめて渡仏し本場でワインを存分に体験したのち、ワイン産地巡礼をくりかえしてきた山本のワイン遍歴が大きく影響している。

ただ、ワインについて、世間でよくいわれるような、くだくだしい知識や面倒な儀式はいらず、楽しめばいいと何度も手を変え品を変えて主張する山本の文章からは、かえって当時ワインが、いかに知識のいる、飲み方にうるさい面倒な飲み物だったかという、世間のワイン表象がよく伝わってくる。

ワインの敷居を下げようとする山本だが、それでも著作の後半で世界のワインを概説し、ワインの飲み方やエチケットを説明している。ここがワインというという飲み物のなんとも悩ましいところだ。とくに、ワイン文化のない日本では。

そんな山本が20年後の1995年に最初の著作に呼応するかのように『わいわいワイン』という著作を上梓している。「日常的にワインを楽しむべし」という主張は変わってはいないが、自身の主張をそれまで以上に分析的にとらえていて興味深い。

たとえば、「それ以前はそれほどおいしいと思わなかった素朴な赤ワインが、パンとチーズかバターくらいで飲んで、「本当に、赤ワインって、何でこううまいのだろう」と思うようにもなった(54)」と吐露している。ワイン通の弁護士ということもあって、みずからも認めるように、世界の名だたる高級ワインをたくさん飲んできた山本が、本当に普通のワインを普通に飲んでしみじみ旨いと感じている。

ワインは日常のワインが基本と主張してそれを実践しているうちに、フランスやイタリアに滞在してワインを飲むようになった者と同じように、山本にとって本当にワインが毎日の食卓に欠かせないものになったにちがいない。この日常の食中酒としてのワインへの感性の醸成こそ、1990年代の日本人に広がりはじめたものにほかならなかった。

1995年、日本ワイン業界に大きな事件が起こった。東京で開かれた「第8回 世界最優秀ソムリエコンクール」で、日本人の田崎真也が優勝したのだ。もちろん日本人初、名だたる世界の有名ソムリエをおさえての優勝だった。

1977年に19歳で単身渡仏して3年の修行を積み、帰国後の1983年に国内のワインコンクールで優勝してたとはいえ、みなが驚いた快挙だった。

そんな田崎も、たくさんのワイン本を出しており、そのワインの飲み方もやはり「楽しむ」である。

赤は室温というのはフランスの室温ということで、暖かい日本では冷やしてしかるべきなど、世界一のソムリエが、あやまった知識や儀式を批判しているのだから、たしかに「楽しい」。

たとえば、そんなワイン本のひとつで、世界一になった翌年の1996年に大手出版社の新潮社から刊行された『ワイン生活』では、200の質問に田崎が答える形式になっている。なかでも注目したいのは、「第一部」が「家庭で楽しむ」となっており、つづく「第二部　料理と合わせるコツ」がもっとも長く、最後に「第三部　知っておきたい基礎知識」が少しだけ付加されている構成だ。おもなテーマはいわゆる「ワインと料理のマリアージュ」である。

ワインと料理の相性、これがくわしく問題にされうるほど、当時ワインは食中酒となりつつあったことがわかる。しかも、「肉には赤、魚には白」という通説を批判し、調理とソースに合わせて、ソースがベリー系の赤色なら赤、ホワイト系や柑橘系の白い色なら白と、わかりやすいうえに、適切である。

かくして、受け手側がワインを食中酒として受容し、消費しているのに、麻井の自覚にもかかわらず、作り手側はあいかわらず工業的にワインを作りつづけていた。そんななかで、作り手側が食中酒志向を示した画期的な出来事がある。日本に古くからある甲州種による辛口ワインの製造である。

甲州種は最新のDNA解析で、75%がワイン用ぶどう（ヴィティス・ヴィニフェラ）であり、中央アジアから中国をへて日本に伝わったと考えられるぶどう品種である。その起源には8世紀説と12世紀説があり、いまは後者が有力とされる。しかし、重要な点は日本独自のワイン用品種だとわかったことだ。ただ、ぶどうの糖度が足りず、明治以降、一貫して甘口に仕立てられてきた。

たとえば、明治15年（1882年）創業で、いまは甲州の辛口白をメインの商品のひとつとする勝沼町の「丸藤葡萄酒工業株式会社」（ワイン名は「ルバイヤート」）現社長の大村春夫（当時専務）は、ワイン専門月刊誌『ヴィノテーク』の1980年の第2号に「白ワインの嗜好も辛口に移って行くと思われるので、甲州種から秀逸な辛口ワインを造りたいのが私の夢である」(55)と書いている。

甲州といえば、辛口が当たり前になったいま読むと、隔世の感がある。

そんな甲州の辛口が、発酵後に澱をすぐに除去せず、一定期間発酵果汁と接触させておくシュール・リ手法（フランス語で「澱の上」の意味）を使って1984年に完成し、「メルシャン甲州 東雲《しののめ》シュール・リー」として発売された。シュール・リ（フランス語的には「リー」というより「リ」）は、ロワール河口域のAOCミュスカデ・シュール・リで用いられる手法で、メルシャン技術陣が工夫と苦労をかさね、これを甲州種に活用することで、風味のしっかりした辛口の甲州ができたのだ。

その後、技術陣の反対をおしきって、麻井の主張でその手法が公開されたため、他の作り手たちもこぞって辛口の甲州を作るようになっていく。甘口では食事に合いにくいためだ。まさに作り手が飲み手の変化に導かれてワインを変えていったわかりやすい事例である。

しかも、辛口甲州を作るにはいい甲州ぶどうが必要なため（甘口だと原料であるぶどうの品質をマスキングできる）、品質重視の契約栽培が広がり、やがて作り手が自身の畑を持つようになっていく。(56)

まさに、食中酒としてのワインが農業としてのワインを誘導したといっていいだろう。

七　自然派ワインの登場　飲み手が作り手に

2000年代になるとワイン作りの農業化は加速する。ぶどう栽培からワイン作りに新たに参入する事例が個人を中心にいっきに増えたからだ。こうした人々の共通点は、ワインを飲んで愛好家になり、さらに作ってみたくなったという点だ。そう、まさにここで作り手と受け手が重なるのだ。

その典型で影響力の大きな事例は作家の玉村豊男が長野県東御《とうみ》市にまず農園として立ちあげ、2003年からワイナリーとして創業を開始する「ヴィラデスト・ガーデンファーム・アンド・ファクトリー」（以下ヴィラデスト）である。玉村が妻とともにそれまで住んでいた軽井沢からぶどう畑にうってつけと思える東御市のいまの土地に移り住んだのは1991年(57)、翌年にはワイン用品種のメルロ、シャルドネ、ピノ・ノワールを植えている。

1998年からできたぶどうを同じ長野県の「サンクゼール・ワイナリー」への委託醸造でワインにしてもらっていた玉村は、2003年にみずから酒造免許を取得して、醸造責任者の若い小西超とともに、自身のワイナリーでワインを作るようになる。

玉村は1960年代の海外渡航自由化の流れのなかで、東京大学文学部フランス文学科在学中の1968年から2年間パリ大学に留学し、現地の日常生活でワイン飲用を身につけてきたほぼ戦後最初の世代の一人だ。

そんな玉村がなぜワイナリーを立ちあげたのか。

基本条件として自分の農園の丘の傾斜地がぶどう栽培に向いていたこともあったが、「いったいに、日本各地で作られているワインで、これは、と感心するものは少な」く、「赤はとくにレベルが低いように見受けられる」と感じた玉村が、「自分が毎日飲むのに適当な、それほどひどくない赤のテーブル・ワインがつくれればよい(58)」と思ったのがはじまりだった。

ここにも、日本の赤ワインのレベルの低さという否定的な動機とはいえ、飲み手が作り手を志向した経緯がはっきりとみてとれる。しかも「毎日飲む」こと、つまり毎日の食卓で飲むことが前提になっている。その後、日本では、こうして受け手である飲み手が作り手になるという構図が当たり前になっていく。

玉村も感じたにちがいないように、フランスの日常の食卓には、気楽に飲めてなんにでも合う赤ワインが各地方にある。数多い飲食関連本を書き、毎日の食事を自分で作り、妻と食べることを喜びとしている玉村は、そうした日常の食事に合うワインを作ろうと思ってワイナリーを立ちあげたのだ。

２０００年代以降、それまでの地位をなげうって、ワイン作りに転職する人のほとんどは営利目的ではない。ワインを飲んで魅了され、自然のなかで自身の手で畑を耕し、ぶどうを作ってワインを作りたいと思う人たちだ。彼らは玉村のようにまずぶどう栽培に携わり、当初は委託醸造でワインを作り、いずれ時期をみて醸造免許を取得してワイナリーを立ちあげ、自身でワイン作りをしようと考えている。

そんな人たちが農薬と化学肥料を多用して効率のよいぶどう栽培や、化学薬品にたよる、作る側にとって堅実かつ健全でも、飲み手にはかならずしもそうともいえない、慣行的なワイン作りをめざすということは考えにくい。麻井がかつて見抜いたように、なるべく「人間と自然がなじみあった姿」としてのワイン作りを多かれ少なかれ志す。

そこに、栽培だけでなく、醸造でもなるべく自然な作りをめざす自然派のワインが入ってきた。２０００年代は、日本で「自然派ワイン」という呼称が広がり、若い層を中心に、上手く作られると果実味が柔らかく非常に飲み心地のよいワインとなる自然派ワインが人気を博していく時期だった。

フランスで自然派ワインを作っていた大岡はシンポジウムで「日本が自然派ワイン好きで

なかったら、いまのフランスの自然派ワイン業界は存在していなかった。それくらいずっと支えていてくれた市場が日本だ」とまで断言している。

たしかに、フランスでは慣行的な作りのワインの味の刷り込みが長く深いため、自然派ワインは一部で熱烈な支持をえているものの、その支持は意外と広がりを欠く。しかし、日常的ワイン飲用が飲み手の世代交代とともに少しずつ広がっている日本では、新しくワインを飲みだした20代、30代の層に自然派ワインファンが多い。今回のシンポジウムの聴衆も大学での開催ということもあるが、若い層が半分以上を占めていた。

しかも、2004年以降になると、すでに小山田のワイン作りのところで紹介したように、フランスの自然派のそうそうたる作り手たちが日本を訪れ、講演をしたり、セミナーを開いている。これは日本の作り手に大きなインパクトをあたえ、当時の若手たちが「テロワールの会」を作ったことはすでに述べた通りである。

玉村について「典型で影響力が大きな事例」と書いた。飲む人が作る人になるという点で、玉村の事例は典型的だが、それが大きな影響力をもつのは、玉村がワイン作りは集積して個性を競うことでより発展していくという主張を記事や書物で発信するだけでなく、(59) 2015年に委託醸造用のワイナリー「アルカンヴィーニュ」を設立し、栽培醸造経営講座「千曲川ワインアカデミー」を開講したからだ。1年でぶどう栽培から醸造、ワイナリーの経営までを学ぶこの定員20名の講座には毎年定員を超える応募があり、卒業生のほとんどはぶどう栽培からワイン作りをはじめている。

　ただ、古い世代の玉村自身は自然派ワインに距離を取り、自然派ワインをあまり好んではいなかった。(60)とはいえ、ヴィラデストでは2006年から田沢の畑で有機栽培をおこない、翌年からは野生酵母を用いて醸造し、亜硫酸添加も瓶詰時のみの最小限におさえた自然派ワインといっていい「田沢メルロ」を作っている。他のヴィラデストのワインとは一味違う、自然派らしいふくよかな味わいが印象的だ。醸造責任者小西の判断だ。

「周りに林などがなく、もともと虫が少ないこと。ヴィラデストで栽培している品種の中ではメルロが一番、病気の発生が少なく、成功する可能性が高いと思ったから」と小西はわたし宛のメールに書いている。小西は「テロワールの会」の設立時のメンバーであり、麻井から具体的に醸造の手ほどきを受けた最後の弟子だった。ヴィラデストを預かる身ですべてのワインを自然派にするリスクは負えないが（湿度の高い日本では病虫害が多いため有機栽培が難しく、野生酵母にたよるため醸造も安定しない）、可能と判断した畑では自然派ワインを作っている。

　ここで先駆的な試みをひとつ紹介しておこう。それは長野県の小布施町にある「小布施ワイナリー」の現当主、曽我彰彦のワイン作りである。

　小布施ワイナリーは1942年（昭和17年）創業の老舗ワイナリーで、曽我彰彦は4代目だ。1997年から2年間ブルゴーニュの2つの有名ドメーヌで修行をし、修行中休みの日にはあちこちの有名生産者を回ったという。当時フィリップ・パカレが醸造責任者を務めていたニュイ・サン・ジョルジュの「プリウレ・ロック」も見学・試飲しているし、二章で言及する自然派ワイン作りの父とされるボージョレのマルセル・ラピエールも訪れている。マルセルのロゼのマグナムには感動して、いまだにボトルが取ってあるという。

そんな本場のワイン作りを体験した曽我は、1999年に帰国してすぐにヨーロッパ系品種を植え、さらに2000年から栽培を有機にして有機認証を取得し、醸造でも野生酵母による化学物質を極力使わない作りで、適切な価格で何種類もの高品質なワインを作っている。

曽我が有機認証を取ったのは、フランスの自然派として有名なマルク・アンジェリとギー・ボサールに「フランスでも「ビオだけど認証を取らない」という人が多いが、彼らのほとんどはビオではない。なにかしら認証で認められないものを使っている。日本がそうならないために、あなたが有機認証をとる必要がある」といわれたのがきっかけだったという。有機認証取得には「ぶどう栽培の場合、農薬や除草剤など、畑に撒くものすべてを有機にする必要があり大変だった」とわたしに語ってくれた[61]。

有機認証を取得したワイン用ぶどう畑は、いまでこそ他にもいくつか事例があるが[62]、曽我の事例が日本初であった。

こうしたワイン作りの経験が2000年代初頭にすでにあったことは、新規に参入し、自然なワイン作りをめざす人を大いに勇気づけたにちがいない。

もちろん、高品質のワイン作りには、経済的政治的状況が関係すると歴史地理学者ロジェ・ディオンが強調するように、制度改革も日本のワイン生産の農業化をうながした。

2002年に構造改革特別区域として醸造免許の要件を緩和した「ワイン特区」が設けられた。特区に指定されると、醸造すべき果実酒の最低量が6000リットルから2000リットルに緩和される。1年間に最低生産すべき量が750ミリリットル入りの瓶で8000本から2660本ほどに減るため、個人がワイン作りに参入しやすくなった。事実、各地でワイン特区の指定が相次ぎ、新しいワイナリーが立ちあがっている。

さらに、2018年にはワインを管轄する国税庁が国産ぶどう百パーセントで作ったワインだけに「日本ワイン」の呼称を認め、輸入ワインを使った場合はその表示義務があると定めたことも、ワイン作りはぶどう栽培からという意識を作り手のあいだで当たり前の感性にしていった。[63] 多くの大手ワインメーカーも自社畑の拡大に励むようになる。ぶどう栽培から取り組む新規参入者は自身のワインを大手をふって「日本ワイン」と名乗ることができる。大きなメリットである。

このような日本のワインの作り手と受け手の変化は、大きく作り手と受け手の重なりとしてまとめることができる。明治期に作り手先行の受け手追随ではじまった日本のワイン作りは、受け手先導のワインの食中酒化によるワイン作りの農業化をへて、より自然な作りをめざすという点で、いま世界との同時性を獲得するとともに、作り手と受け手が交流し、さらに交錯さえする時代に入ったといえるだろう。

八　もうひとつの可能性　大岡弘武の挑戦

これまでの議論と考察はあくまで日本のワインを日本で日本人がみてきたものである。じつはシンポジウムのもう一人の参加者、大岡弘武の視点はまったく違う日本ワインの可能性を示すものだった。

大岡は途中ユーモアを交えてごく当たり前のように話していたが、彼のやっていること、やろうとしていることは、これまでの日本の高品質なワイン作りの歴史では画期的だ。というのも、他の作り手のように、ヨーロッパ系のワイン用品種ヴィニフェラにこだわることなく、基本的に日本の自然条件に合った日本に自生するヤマブドウをもとにしたハイブリット品種をメインにしようと考え、すでに実践しているからだ(64)。

日本のワイン作りは、日本の高温多湿というワイン用ぶどう栽培に不利な自然条件に適合するような品種を求めて、日本で栽培しにくいワイン用のヴィニフェラ種と、比較的栽培しやすいワイン用ではない生食用のアメリカ産のラブルスカ種や日本に自生するヤマブドウと掛けわせたハイブリッド種をたくさん開発してきた。

こうした新たなワイン用ぶどう品種の開発で有名なのは川上善兵衛（1868-1944）だ。気候の厳しい新潟県のいまの上越市に1890年（明治23年）に「岩の原葡萄園」を開園し、ワイン作りを試みるなかで数々の辛酸をなめた川上は大地主だった家産をすべて蕩尽《とうじん》し、最後は「寿屋」（のちの「サントリー」）の創業者、鳥居信治郎に助けられている。そんな川上が晩年傾注したのが、日本の自然条件に適したワイン用品種の開発だった(65)。ヴィニフェラ種にラブルスカ種を掛け合わせて、なんと1万を超える品種交配をおこない、1940年（昭和15年）そこから22種の優良品種を選んで関連学会で発表した(66)。

現在も赤ワイン用品種として日本各地で栽培されているマスカット・ベーリーAやブラック・クイーンは川上が開発した品種である。しかし、ヴィニフェラによるワインにくらべてどう工夫してもこれらの品種によるワインは洗練に欠ける(67)。美味しいワインにはなりえても、偉大なワインにはなりえない。事実、川上が選んだ優良22品種でいまも栽培されているのは、ほぼ上記2種のみという事実が多くを物語っている。

その背景には、日本におけるヴィニフェラ種の栽培技術がいちじるしく向上したという現実もある。小山田をはじめとする日本の自然派志向の作り手だけでなく、大手メーカーも、ヴィニフェラ種による高品質なワイン作りをおこなって確実に成果をあげている。

ヤマブドウによるワイン作りはこれまでも各地でおこなわれてきた。しかし、ワインの飲み手から作り手になった玉村豊男は、ヤマブドウからのワインについて、次のように書いている。

「ヤマブドウからおいしいワインをつくるのは、きわめて難しい仕事です。糖度が低いため大量の補糖をしなくてはならないとか、酸味が強烈だというほかにも、西欧系品種のワインを飲み慣れた人にはあの独特の香り［いわゆるフォクシー香あるいはキャンディー香］が鼻について、よい評価が得られないのがふつうです。醸造法を工夫したり、他の品種とブレンドしたりしてその癖を和らげようとする努力にも、限界があるように思われます」(68)（［ ］は福田による）

わたしも各地でヤマブドウ系のワインを飲んで、その品質についてはこれまで懐疑的だった。

先に登場した山本博も、ヤマブドウ系の品種からの高品質なワイン作りには否定的だ。他の巻と違い山本みずからが執筆した「日本のワインを造る人々」シリーズの第1巻『北海道のワイン』では、通常よくヤマブドウからのワインで成功したとされる池田町の「十勝ワイン」（「ブドウ・ブドウ酒研究所」）が作った最初の赤ワインはじつはフランス人育種家アルベール・セイベル（1844-1936）が19世紀末にフィロキセラに耐性のあるラブルスカ種とワイン用のヴィニフェラ種を交配してつくった一連のセイベル種のひとつであったと強調し（つまりヤマブドウからのワインではないとあえて強調し）、ヤマブドウ系品種について「土産物的な、変わったワインを造ろうというなら、話は別である。しかし、国際的味覚水準に達したワインを造り上げるには、どうも絶対限界がありそうである」[69]と述べている。

たしかに、十勝ワインが1972年（昭和47年）に自信をもって商品化した「清見《きよみ》」はセイベルの優良株を根気よく時間をかけて選別しながら交配して作ったワインだった（オリジナル交配種は3万本もある）[70]。

しかし、その後、寒冷地により適したぶどうとして作られた「清舞《きよまい》」と「山幸《やまさち》」はセイベルと地元のヤマブドウとの交配品種であり、同時にそれはそれらの品種から作られた赤ワインの商品名でもある[71]。

わたしはあらためて「清見」「清舞」「山幸」の3種の同じヴィンテージを取り寄せて飲みくらべてみたが、どれも価格のわりには美味しく、とくにヤマブドウと交配した「清舞」は悪くない。しかし、それでも品質に限界があるという印象は拭えなかった。

そんななか、大岡は基本的に自生ぶどうの交配種でワインを作ろうというのである。なぜなら、高温多雨でぶどうにカビ系の病気が出やすい日本で、有機栽培と自然醸造による自然派ワインを作るには、そうした気候条件に強い自生系のぶどう品種が不可欠と考えるからだ。

このような大胆ともいえる判断の背後には、大岡がフランスのワイン用ぶどう栽培の最適地のひとつ北ローヌ地方ですでに完成度の高い自然派ワインを作ってきたという彼自身の経歴が大きく作用していると思われる。ヴィニフェラ種を使ってやれることはやりきったということだろう。

その大岡が選んだのが、ヤマブドウ系の交配品種「小公子」だった。この品種は、「農業科学化研究所」の創立者で、「日本有機農業研究会」の代表幹事を長年務めた澤登《さわのぼり》晴雄（1916-2001）が開発した品種のひとつである。澤登は生涯にわたってヤマブドウ（と欧米系品種との交配）にこだわったが、それは日本で有機栽培をするには、日本の気候条件に適応してきた品種が最適と判断したためだ。(72) 大岡はこの苗を会員になって購入し、有機栽培で育て、自然醸造でワインに仕立てている。

小公子はこれまでにも島根県の「奥出雲ワイナリー」や大分県の「安心院《あじむ》ワイナリー」などで栽培されており、かなり上質なワインが作られている。大岡の小公子は、大岡があと10年は寝かせてほしいというように、パワフルだが洗練された酒質を感じさせる。大岡が北ローヌのコルナスでシラーとグルナッシュから作ってきた黒い果実を思わせる濃厚な味わいでスパイスの風味のあるワインに少し似ている。たしかに、大きな可能性を感じさせるワインだ。

地品種なのでフィロキセラ耐性のあるアメリカ系の台木に接ぎ木する必要もなく、自根で育ち、栽培にも手間がかからない。だが問題は、小公子の場合、苗木1本が高く、自家増殖も禁止されているという点だ。

そこで大岡が考えているのは、ヤマブドウ系の新たな交配種を作るという解決策だ。さいわい近くには、ぶどうをこよなく愛し、ぶどうの交配に情熱をかたむける育種家の林慎悟がいる。すでに、大岡によると、うまくいきそうな黒品種2つが品種登録申請中だという。

フランスで自然派ワイン作りで成果を上げ、上質なワイン作りの実績のある大岡がヤマブドウ系の交配品種でワインを作っていくというのは、これまでのように他の日本の作り手がヤマブドウ系の品種で地域興しのために地元の特産品としてワインを作るというのとは根本的に異なっている。ボルドー大学で醸造学を学び、学部は中退したものの、その後、より実践に重きをおいたボルドーの醸造栽培上級技術者養成学校で資格をえたあと、「ギガル」と「ドメーヌ・ティエリー・アルマン」のもとで栽培を担当した大岡がめざすのは、明らかに世界に通用するワインである。

じつは、大岡のワイン作りは、さらに自由で破天荒だ。

岡山は高級な生食用ぶどうマスカット・オブ・アレキサンドリアの栽培で有名だ。このぶどうはもともとワイン用のヴィニフェラ種である。明治期に日本へ導入され、他のワイン用品種とともに、兵庫県にあった官立の「播州葡萄園」で明治初期に短い期間だけ栽培されていた（明治13年開園、明治29年閉園）[73]。しかし、その後、日本でもフィロキセラが発見され、すべてのぶどうが引き抜かれてしまう。もちろん、「播州葡萄園」のマスカット・オブ・アレキサンドリアも引き抜かれてしまった。

ところが、引き抜き前に旧岡山藩士が故郷へ持ち帰り、日本の気候でも育つようにとガラスの温室で栽培しだす。これが成功して、岡山の高級贈答品となったのが、マスカット・オブ・アレキサンドリアなのだ。

しかし、いまでは栽培農家の高齢化と、より簡単に作れて単価の高いシャイン・マスカットに押されて生産量は急速に減っている。大岡は、いまもマスカット・オブ・アレキサンドリアを栽培する農家にいっさい手をかけない有機栽培を呼びかけ、それらのぶどうを買い入れて、愛らしい白ワインに仕立てている。生食用のぶどうがワイン用ぶどうとして復活したのだ。画期的な出来事といっていい。

そんな大岡がシンポジウムで「醸造はどうするのか」と聞かれて、「わたしたちのところに来れば、醸造は三日でわかります」と答えた。小山田も、ぶどうをしっかり育てたら、「醸造は見守るだけ」という。自然派のワイン作りが農業の突きつめたかたちだとわかる。

健全なぶどうをなるべく自然にまかせて作ること、自然が最大限にその力を発揮するようにしっかりと見守り、病気には先回りして対処すること、これが自然派ワイン作りの要諦だと二人はいう。「病気がみつかってから対処したのでは遅い」と小山田は強調した。

その自然を見る目、これが重要なのだ。それがないと、あれこれとテクノロジーや化学物質にたよることになる。自然派ワイン作りは人間が自然のなかにうまく溶け込む、ひとつの見事な在り方なのだ。

□注

（1）本書「第二章　自然派ワインとはなにか—飲食における「再自然化」—」、参照。
（2）「造り手を変えた1本」（文：鹿取みゆき）、『ワイナート』、68号、美術出版社、２０１２年10月号、137頁。
（3）２００２年1月12日に「藤沢グランドホテル」で当時の若い作り手とワイン関係者49名を集めて開催された。
（4）ビオディナミは英語ではバイオダイナミック。ルドルフ・シュタイナー（1861-1925）の人智学を応用し、月の運行を中心に地球に作用する宇宙の諸力を活用する農法で、現在世界で実践者を増やしつつある。シュタイナーが晩年におこなった連続講演（新田義之他訳、『農業講座』、イザラ書房、２０００年）がもとになっている。
（5）ニコラ・ジョリはフランスにおけるビオディナミワイン作りの伝道者としていくつかの著作があり、以下のものが邦訳されている。伊藤與志男訳、『ワイン 天から地まで 生力学によるワイン醸造栽培』、飛鳥出版、２００４年。日本語で読めるビオディナミのワイン作りについては、ブルゴーニュの有名ドメーヌでビオディナミによるワイン作りを進める「ドメーヌ・ルフレーヴ」で醸造責任者を務めた著者の以下の著作がわかりやすい。アントワーヌ・ルプティ・ド・ラ・ビーニュ著、星野聡美訳、『ビオディナミ・ワイン 35のQ&A』、白水社、２０１５（原著２０１２）年。
（6）麻井の最初の著作『比較ワイン文化考 教養としての酒学』（中公新書、１９８１年）とそれから20年後の生前最後に刊行された著作『ワインづくりの思想 銘醸地神話を超えて』（中公新書、２００１年）には「宿命的風土論を超えて」という一節がある（前者104-106頁、後者12-17頁）。
（7）和辻哲郎、『風土 人間学的考察』、岩波文庫、１９７９年（初刊行１９３５年）、142頁。
（8）同書、143頁。
（9）同書、3頁。
（10）飯田二郎、『風土と歴史』、岩波新書、１９７０年、6頁。

(11) 麻井宇介、『ワインづくりの四季 勝沼ブドウ郷通信』、東京書籍、東書選書、1992年、10頁。
(12) 和辻哲郎、前掲書、203-244頁。
(13) ここでのカギ括弧は、小山田が使用したプレゼンテーション資料のパワーポイントにある表現であることを示す。
(14) 『【新】校本 宮澤賢治全集 第十三巻（上）覚書・手帳本文篇』、筑摩書房、1997年。
(15) 『サライ.jp.』、2020年1月24日、取材・文・鳥飼美奈子、「ワインの生産者の肖像 8 小山田幸紀さん（ドメーヌ・オヤマダ）自分の人生や思想をワインに表現、その高い到達点を目指して」、https://serai.jp/gourmet/385117。
(16) Dir. : Alain Ray, *Dictionnaire historique de la langue française*, Dictionnaire Le Robert, 1992, p.2018.
(17) 麻井宇介は『ワインづくりの思想』の「エピローグ」で、現地取材をもとにブルゴーニュの大手「ルイ・ジャド」やボルドーの一部シャトーでも伝統的醸造法への回帰が実際に起こっていると伝えている。
(18) « Gastronomiac », terroiriste : https://www.gastronomiac.com/chefs_metiers_bouche/terroiriste/。
(19) Jacky Rigaux, *Le terroir & le vigneron*, Terre en vues, 2006. ジャッキー・リゴー編著、野澤玲子訳、『テロワールとワインの造り手たち ヴィーニュロンが語るワインへの愛』、作品社、2010年。
(20) Jacky Rigaux, *Ode aux grands vins de Bourgogne*, Éditions de L'Armançon, 1997. 邦訳は、ジャッキー・リゴー著、立花洋太訳、立花峰夫監修、『アンリ・ジャイエのワイン造り』、理想社、2005年。
(21) 麻井宇介、『ワインづくりの思想』（前掲）、193頁。
(22) 同書、216-217頁。
(23) 同書、193頁。
(24) 福田育弘訳、『ワインと風土 歴史地理学的考察』、人文書院、1997年〔原著の諸論文 1950年代〕。福田育弘、三宅京子、小倉博行訳、『フランスワイン文化史全書 ぶどう畑とワインの歴史』、国書刊行会、2001年〔原著 1959年〕。
(25) 麻井宇介、前掲書、171-172頁、177-179頁、255頁、269-272頁。
(26) 『フランスワイン文化史全書』（前掲）、43-44頁。麻井宇介、前掲書、269-272頁。
(27) 大橋健一、『自然派ワイン』、柴田書店、2004年、266頁。著者は家業の酒販店を継いで、自然派ワインを中心に高品質のフランスワインの輸入業に携わっており、渡仏機会も多く、フィリップ・パカレとも知己のため、著作の末尾に「付記」として、パカレのワイン作りに関する資料が載っている。

（28）ＩＮＡＯ公式サイトより。https://www.inao.gouv.fr/。

（29）Rédaction des actes : Marine Teissier du Cros, Anne-Laure Vincent, *Rencontres internatinales planète terroir*, UNESCO 2005 Actes, p.66. https://unesdoc.unesco.org/ark:/48223/pf0000154388

（30）松尾雅彦、『スマート・テロワール　農村消滅論からの大転換』、学芸出版社、２０１４年、221頁。

（31）「ワインの品質の決定要因をめぐる新旧論争」、『ワインと風土』（前掲）、66‐67頁。

（32）同書、67頁。

（33）蛯原健介、『ワイン法』、講談社選書メチエ、２０１９年、117‐118頁。

（34）とくに以下の５つの著作。上野晴朗の『山梨のワイン発達史』（山梨県東山梨郡勝沼町役場、１９７７年）と『日本ワイン文化の源流　ライン、ボルドーをめざす夢』サントリー博物館文庫、１９８２年、麻井宇介の『日本のワイン・誕生と揺籃時代　本邦葡萄酒産業史論攷』（日本経済評論社、１９９２年）、仲田道弘の『日本ワイン誕生考　知られざる明治期ワイン造りの全貌』（山梨日日新聞社、２０１８年）と『日本ワインの夜明け　葡萄酒造りを拓く』（創森社、２０２０年）。

（35）以下の麻井の引用はすべて『日本のワイン・誕生と揺籃時代』（前掲）の「五　余燼」の「勧農政策の遺産」の項（277‐281頁）による。

（36）麻井宇介、前掲書、278頁。

（37）甘味葡萄酒については、当時の新聞広告による。日本酒については、週刊朝日編、『値段の明治大正昭和風俗史　上』（朝日文庫、１９８７年）の大宅昌、「日本酒」から援用（230‐235頁）。

（38）本書「第三章　明治期におけるワインの受容と変容 ― 葡萄酒と薬用甘味葡萄酒との両義的な関係 ―」参照。

（39）本書「第三章」参照。

（40）明治期に大挙して日本に入ってきた洋酒のなかでワインに代わって食中酒となったのは、本来あまり食中酒とはいえないビールであった。本書「第四章　ワインの日本化とビールの国産化 ― 表象は表象空間をかたち作る──」参照。たとえば、明治後期に日本のワイン作りの主流が甘口葡萄酒になったにもかかわらず、甘口でないワインにこだわり、「菊水純正葡萄酒」を作りつづけた新潟県の川上善兵衛は自身のワインを毎日飲むことが日課だったが、評伝に「善兵衛は朝晩葡萄酒を湯呑に五勺［約50ミリリットル］ほど注いで飲むのが日課だったと」とあるように、その飲み方はけっして食中酒としての飲用ではなかった（木島章、『川上善兵衛伝』、TBSブリタニカ、サントリー博物館文庫、1991年、190頁）。当時、甘口でないワインを飲用していたとしても、それはワイン本来の意味での食中酒ではなかった。それを可能にする洋食系の料理が家庭で供されることもなく、野菜の煮物や魚の干物と味噌汁といった伝統的な和食では、たとえ甘口でない本格志向のワインでも、家庭の食卓で飲まれる可能性はほぼなく、薬用甘味葡萄酒と同じく食〈外〉酒としての飲用にならざるをえなかった。

(41) 麻井宇介、『ブドウ畑と食卓のあいだ ワイン文化のエコロジー』中公文庫、1995年、110頁。

(42) 同書、253頁。

(43) 2009年10月23日、「勝沼シャトー・メルシャン資料館」での筆者によるインタヴュー。

(44) 麻井宇介、『ワインづくりの四季 勝沼ブドウ郷通信』（前掲）、7頁。

(45) 農業としてのワイン作りという点で、税務署の資料にあたり、国産ぶどうだけでワイン作りをしている日本のワイナリーを紹介して解説した、ワインジャーナリスト、鹿取みゆきの以下の労作は、日本のワイン作りが農業であること、農業でなければいいワインができないことを示した点で画期的な著作であった。『日本ワインガイド 純国産ワイナリーと語り手たち』、虹有社、2011年。

(46) 福田育弘、「みずから新聞を発行してワイン情報を発信『東京洋酒新聞』の歴史的先駆性」、塚本俊彦、『ルミエール・ワインの香り 甲州のテロワールと職人の133年』、求龍堂、2018年、200-205頁。

(47) 山本博、『日本ワインを造る人々 3 山梨県のワイン』、ワイン王国、2008年、277-281頁。

(48) 山本博監修、『日本ワインを造る人々 4 東日本のワイン』、「タケダワイナリー 自然農法で更なる高みを目指す」（文：遠藤誠）、ワイン王国、2010年、69-76頁。

(49) 山本博、『日本ワインを造る人々 北海道のワイン』、ワイン王国、2006年、97-132頁。「十勝ワイン」創設を思い立ち実行にうつしたのは、池田町町長を1957年から5期20年間務めた丸谷金保（1919-

2014）だった。丸谷金保の『ワイン町長奮戦記』（読売新聞社、1972年）で語られている「十勝ワイン」誕生の経緯はおおむね以下の通りである（同書、「2章 第一号三年間の模索」、「3章 ブラボー、世界の「十勝ワイン」」、55-125頁）。池田町生まれの丸谷は、幼年時代に近くの山に分け入り食べたヤマブドウの活用で町を活性化させようとしてぶどう栽培を思いつく。その後、現地指導に来ていた、農業科学化研究所の創立者で有機農業に適したヤマブドウの交配種を作りだしていた澤登晴雄（1916-2001）に池田町のヤマブドウは本州のものとは異なる北方に自生するアムレンシス系で、ワイン用の欧州系のヴィティス・ヴィニフェラに近く、ロシア（当時はソビエト連邦）ではワイン作りの原料となっていると指摘され（これはのちのロシアへの視察のさいに確認される）、早速、丸谷町長の号令のもと、1962年に試験製造免許を取って、このヤマブドウによるワイン作りを試みる。最初の二度の醸造では酢ができただけだったが、1964年に三度目の醸造でワインらしいワインができる。そのワインを、たまたま札幌での学会の帰途、池田町を訪れた当時国税庁醸造試験場第三部長の職にあった農学博士の大塚謙一（1924-2012）が試飲して、「本格ワインとして恥ずかしくない。ことしハンガリーで行なわれる国際ワイン・コンクールに出品してみては」という助言のもと、そのはじめて成功したワインをブダペストで開かれた「第四回 国際ワイン・コンクール」に出品すると、なんと「思いもかけぬ場外ホーマー」と丸谷が形容する「銅賞」を獲得、ここから「十勝ワイン」の快進撃がはじまる。その受賞ワインを村の有力者に味わってもらうと、こぞって「酸っぱい」と不評だった。これはワインは甘いものという、赤玉ポートワインに代表される薬用甘味葡萄酒こそが日本における主流のワインのイメージ（表象）だったことをよく示すエピソードである。しかし、生まれて間もない「十勝ワイン」が国際ワイン・コンクールで評価されたのは、ワインを生まれてはじめて味わった池田町の人々が酷評したまさにその酸味だった。丸谷の著書には、国際ワイン・コンクールの審査員の言葉が紹介されているが、そのひとつは以下のようなものだ。「一年ものでこれだけの芳香高い酸味の強いラインタイプのワインに、お目にかかったことはない。まったくすばらしいものだ。これで日本も各国なみのワインの国にはいったといえそうだ」（丸谷金保、前掲書、90頁）当時のワインをめぐる味覚と表象の日本とヨーロッパとの落差をよく示すエピソードであると同時に、いったん広まり多くの人に共有された表象がいかに根深いものであるかがよくわかる。

(50) 山本博監修、『日本ワインを造る人々 4 東日本のワイン』、「ココ・ファーム・ワイナリー 日本唯一の「学園付属」ワイナリー」（文：遠藤充朗・弘康）、ワイン王国、2010年、137-149頁。

(51) 1976年から2年間、ドイツの国立ワイン学校に学んで本場のワイン作りをいち早く体験した「カーブドッチ」の創業者、落《おち》希一郎は『僕がワイナリーをつくった理由』（ダイヤモンド社、2009年）で、「欧州系のブドウだけを、自家栽培、自家醸造してワインを作る」（同書22頁）という「本物」のワイナリーを設立しようとした経緯を次のように熱っぽく語っている。「日本のワインの8割以上はいまだに輸入のブドウ果汁や輸入ワインそのものを使って作られているし、日本のブドウを使っているものだって、その9割が食用の品種というのが現状です。近年、欧州系のワイン用ブドウの畑を立ち上げ、自家栽培、醸造している人たちが出てきつつあります。しかし、30年前の日本［1980年代の日本］にはそんなワイナリーは皆無。当時は食用ブドウの売れ残りでワイン作りをするのが主流だったし、ましてや欧州系のワイン用ブドウの苗を日本に持ち込んで育て、自家醸造でワイン作りを成功させようと発想する人もいなかったのです。」（同書、23頁）そんな落も、「ワイン作りはブドウ作り、つまり農業」（81頁）と断言している。

(52) 山本博、『茶の間のワイン』、柴田書店、味覚選書、1975年、19頁。

(53) 山本博、『快楽ワイン道 それでも飲まずにはいられない』、講談社、2016年、3-4頁。

(54) 山本博、『わいわいワイン』、柴田書店、1995年、113頁。

(55) 『Vinotèque』、No.2、1980年5月、「特集 甲州ワイン物語」、9頁。ちなみに、「丸藤葡萄酒工業」は、次の注に登場する「中央葡萄酒」（大正12年［1923年］創業）とならんで、山梨県を代表する伝統のある家族経営の中規模ワイナリーで、質の高いワイン（「ルバイヤート」、「グレイスワイン」）を作っている。両ワイナリーの伝統は、社名にある「葡萄酒」という漢字表記が物語っている。とくに、明治中期創業の「丸藤葡萄酒工業」が「工業」であるのは非常に示唆的である。

(56) それまで日本における生食用ぶどう栽培で普通におこなわれてきたのは棚仕立てで、それはしばしばワイン用ぶどうにも適用されてきた。この時代から、ワイン用品種は、欧州のワイン産地同様、垣根仕立てにするのが当たり前になっていく。伝統の棚仕立てだと養分が樹木の幹や枝にいき、果実に回りにくく、ワインに仕立てて美味しくなる凝縮感のある実が育たないからだ。さらに、1990年代になると、山梨県の「中央葡萄酒」(「グレイスワイン」)のように、甲州種を垣根仕立てで栽培し、見事な白ワインをつくるワイナリーも出てきた。三澤茂計《しげかず》、三澤彩奈《あやな》著、堀香織構成、『日本のワインで奇跡を起こす』、ダイヤモンド社、2018年。

(57) 玉村豊男、『種まく人 ヴィラデスト物語』、新潮文庫、1998年(初刊行 1995年)、71-77頁。

(58) 玉村豊男、『私のワイン畑』、中公文庫、1999年(初刊行 1994年)、13-14頁。

(59) 玉村豊男、『千曲川ワインバレー 新しい農業への視点』、集英社新書、2013年。

(60) 玉村豊男、『ワインバレーを見渡して』、虹有社、2016年、164-165頁。

(61) 曽我彰彦の発言は、わたしとの長年のやりとりでわたしがメモした内容による。

(62) 2023年2月現在、小布施ワイナリーをふくめてワイン用ぶどう畑で有機認証を取得したのは9例にすぎない。

(63) ワイン法の専門家、蛯原健介によれば、この国税庁の規定は「日本のワイン法」といってもいい内容だという。蛯原健介、『日本のワイン法』、虹有社、2020年、49-73頁。

(64) 大岡は自身のワイン作りを以下の著作で解説している。大岡弘武、『大岡弘武のワインづくり 自然派ワインと風土と農業と』、エクスナレッジ、2021年。ここで紹介した内容と重なる。

(65) 木島章、『川上善兵衛伝』(前掲)、TBSブリタニカ、サントリー博物館文庫、1991年。小関智弘、『越後えびかずら 維新日本ワインブドウの父 川上善兵衛異聞』、小学館、2010年。

(66) 川上善兵衛、「交配に依る葡萄品種の育成」、『園芸会雑誌』、第11巻4号、1940年。22種は生食用もふくみ、ワイン用は12種(うち食用との兼用が4種)。翌年、川上善兵衛はこの論文によって学会の最高栄誉である「日本農学賞」を授与される。民間人としては初の受賞であった。

(67) マスカット・ベーリーAは、甲州種と山幸(十勝の「池田町ブドウ・ブドウ酒研究所」の開発種)とともに、OIV(Office International de la vigne et du vin 国際ぶどうワイン機構)のワイン用品種に登録されている(甲州 2010年、マスカット・ベーリーA 2013年、山幸 2020年)。つまり、世界レベルでワイン作りにふさわしい品種として認定されているということである。事実、マスカット・ベーリーAについては、山形県の「タケダワイナリー」の樹齢70年におよぶぶどうによる「ドメーヌ・タケダ ベリーA 古木」はかねてより熟成して美味しくなる見事なワインである。また、最近、新たにワイン作りに参入する作り手で、見事なマスカット・ベーリーAのワインを作る生産者も出てきている。たとえば、2015年に山梨県南アルプス市に創設された「ドメーヌ ヒデ」のトップキュヴェ「ラピュータ 2018」を味わったが（2022年4月）、マスカット・ベーリーAをはじめとしたラブルスカ種に特有のキャンディー香（フォクシー香ともいわれる）がまったくなく、バランスがよく、飲み心地の見事な素晴らしいワインだった。「ドメーヌ ヒデ」の渋谷英雄によると、「マスカット・ベーリーAにキャンディー香が出るのは、完熟前に収穫するから」だという（2023年2月17日、東京恵比寿における「Wa-Shu」の角打ちイベントでのインタヴュー）。栽培の手間を省き、効率よくワインを作るためだ。この「ラピュータ 2018」は、イギリスの国際ワインコンクール（デキャンター・ワールド・ワイン・アワード）で銀賞を受賞している。他の優良生産者によるいくつかのマスカット・ベーリーAのワインも、近年、複数の国際コンクールで受賞しており、この品種にもまだまだ高品質のワインを生む可能性があることをうかがわせる。注目したいのは、それら高品質なマスカット・ベーリーAのワインを作っているのが、おもに新たに参入した作り手であることだ。これまでの常識や思い込みにとらわれず、栽培と醸造で工夫をすれば、在来のハイブリッド種からも見事なワインが生まれる余地はまだまだありそうだ。このあと述べる大岡の試みとも通じるものがある。

(68) 玉村豊男、『ワインバレーを見渡して』（前掲）、192頁。
(69) 山本博、『日本ワインを造る人々 北海道のワイン』（前掲）、116頁。
(70) 山本博、『新・日本のワイン』、早川書房、2013年、167頁。
(71) 同書、同頁。山本博、『日本ワインを造る人々 北海道のワイン』（前掲）、119-121頁。
(72) ヤマブドウとその交配については、澤登晴雄の以下の著作を参照、『土にまなぶ』、双葉社、1996年（1998年に『ワイン&山ブドウ源流考』として新書化）。『[遊び尽くし] 国産&手作りワイン教本』、創森社、2000年。なお、有機農法の普及者でヤマブドウの栽培にこだわった澤登晴雄と弟の澤登芳《かおる》（1928-2014）の足跡とヤマブドウ系品種からのワイン作りの意義については、濱野吉秀の以下の2つの著作を参照。『ワインの〝鬼〟「有機葡萄」六十年の軌跡』、築波書房、2016年。『見えてくる日本のワインの未来 真説日本のワインの源流』、旭屋出版、2018年。

(73) 播州葡萄園については麻井宇介が『日本のワイン・誕生と揺籃時代』で論じているほか、山本博監修の『日本ワインを造る人々5 西日本のワイン』(ワイン王国、2011年)に播州葡萄園の歴史を簡潔にまとめた山本自身の論攷がある(224-233頁)。

コラム　栽培家と醸造家

古くからのワイン産国を構成メンバーにふくむEUでは、ワイン作りは農業関連の委員会と各国の農業関連の省庁で政策が議論され、決定される。これはすでに一章で述べた。つまり、ワイン作りは農業なのだ。

しかし、日本では、ワイン作りは農業ではなく、工業とみられている。だから、地方公共団体の担当窓口も農政課ではなく、別の産業関連の部署であることが多い。

水戸市内で代々酒店を営み、2016年に「ドメーヌMITO」を立ち上げた宮本紘太郎は、自社畑も確保し、いくつかの農家とワイン用ぶどうの契約栽培をむすびつつ、とりあえず買いぶどうでワイン作りをおこなっている。まだまだ品質には改善の余地があるが、それは生食用ぶどうからのワインだからで、今後、自社畑や契約栽培農家のワイン用ぶどうからの本格的醸造がはじまるので、期待できそうだ。

宮本は家業を継ぐまえに、総合商社「トーメン」（2006年に「豊田通商」と合併）に勤め、高級フランスワインを中心に自然派ワインの輸入に携わっていた。つまり、美味しいワインとはどういうワインかよく知っており、それは自身のワイン作りにかならずプラスに作用するにちがいない。

いいワインを知らずして、いいワインは作れない。これはワイン作りだけでなく、もの作りの要諦だ。つまり、いいものを知らずしていいものは作れないのだ。

そんな宮本が、地元にワイナリーを立ち上げるために市の農政課に相談に行くと、「ワイン作りはうちの課の管轄ではない」といわれたという。農政課がおもに担当するのは米作りだともいわれたそうだ。

それは、日本で農業といえば、いくら消費が減り、減反政策が採られてきたとはいえ、「米作りこそ農業」という思い（社会的表象）がいかに深く刷り込まれているかを示している。結局、窓口となったのは、商工課だった。

宮本によると、同じ茨城県でも２０１７年にワイン特区に指定されたつくば市では、ワイン用ぶどう栽培への理解もあり、農業部門も協力的だという（２０１７年に「つくばワイナリー」が創設された）。

これは国レベルでも同じだと、宮本はいう。

「国内で農水省がワインを担当していないわけではないのですが、醸造は経産省と財務省に譲ってしまうので、どうしても、弱いですよね。醸造設備に投資したり、補助金が付いたりするのは、経産省の担当です。ここは明確に線が引かれているようで、ＪＡバンクや、日本政策金融公庫の農林水産部は、醸造設備向けには融資をしてくれません。ぶどうを仕入れる費用にも使えず、苗木を買うとか、栽培の資材を調達するとか、ぶどう栽培部分にしか、使っちゃダメだと言われました。」

このような2つに分かれた行政の窓口の存在が、ワイン作りが明確に農業であり、ワインに関する政策を農業食料省が担当するフランスや、農業関連委員会がワイン政策を決定するEUとの大きな違いであり、日本のワイン作りにプラスに作用していないことは明らかだ。

明治時代のワイン生産の勃興期には、日本初のワイン留学生だった高野正誠《まさなり》と土屋助次郎（のちの龍憲《りゅうけん》）も、「日本ワインの父」とされる川上善兵衛も、ぶどう栽培からワイン作りをはじめている。そもそも、ぶどう自体が日本では限られた地域（山梨県勝沼や京都近郊など）の特産物だったため、ぶどう作りからはじめざるをえなかった。

ところが、こうしたワイン用ぶどう栽培が、高温多雨の気候条件による洪水や台風被害と、ぶどう栽培技術の未熟、さらに害虫フィロキセラの発生によって、ほぼすべて失敗すると、あとはアメリカ系で食用のラブルスカ種の栽培に転換し、生食用の余りの品質のよくないぶどうを用いた甘味葡萄酒の生産が広まっていく。一章で述べた「工業としてのワイン作り」である。

この工業としてのワイン作りの主体は、醸造家であった。つまり、あまり質のよくないぶどうをなんとかワインに仕立てる術《すべ》を身につけた技術者だ。

このような工業的性格を強くもつワイン作りにおいては、栽培家が原料のぶどうを育て、技術者である醸造家がワインを作るという、分業体制が確立する。

醸造家の多くは専門学校や大学を出て知識や技術を習得したインテリであり、栽培家は一般的に義務教育を終えると若くして農業に携わることを余儀なくされた小作農だった。こうして、百姓が原料を提供し、インテリがそれをワインに仕立てるという構図、いわば栽培家が醸造家に従属する関係ができあがる。

　これがくつがえるようになるのは、１９８０年代にワイン作りの基本が農業であり、「いいワインはいいぶどうから」というヨーロッパのワイン産国では、かねてより当たり前だったことが、ようやく切実な原理として認識されだしてからだ。その先頭に立ったのが、一章で紹介したように、「メルシャン」の醸造技術者だった麻井宇介だった。

　しかし、この「ワイン作りは農業」という見方は、水戸市役所の対応からもわかるように、日本ではまだまだ当たり前ではない。

　たとえば、麻井と同じ「メルシャン」の醸造技術者の小坂田嘉昭《よしあき》は、滞仏生活を語った『ワイン醸造士のパリ滞在記』（出窓社、２００１年）で、「オスピス・ド・ボーヌ」でのワイン作りの実地体験を語っている。

　小坂田は「メルシャン」の社員だった１９７７年から１９７８年にかけて１年間フランス政府給費留学生としてブルゴーニュのディジョン大学の醸造学科と醸造試験場に留学した経験をもち、さらに１９８５年にふたたび渡仏して「メルシャン」のパリ駐在員事務所の開設に携わり、１９９０年まで駐在員としてフランスに滞在している。

　ちなみに、ワイン通にはつとに有名な「オスピス・ド・ボーヌ」とは、15世紀にブルゴーニュ公国の高官だったニコラ・ロランとその妻ギゴーヌ・ド・サランが設立した貧しい人のための施療院を起源として、現在までつづく医療施設だ。この施療院に多くの人が自身の優良ぶどう畑の一部を寄進し、それらの畑から作られるワインが19世紀中葉から競売されるようになり、その収入で施療院（現在は地域の医療センター）が運営されている。現在までつづくこの競売は、毎年11月の第3日曜におこなわれており、世界中からバイヤーが集まり、1985年からは「メルシャン」も競売に買い手として参加している。「オスピス・ド・ボーヌ」のワインは、その世界的知名度から割高だが、品質の高さで定評がある。

前置きが長くなったが、その「オスピス・ド・ボーヌ」の醸造に1978年の最初の留学時にかかわった小坂田の当時を回顧した記述は、以下のとおりだ。

「日本的ワイン造りの感覚では、醸造場内の仕事は蔵人《くらびと》の持ち場であり、栽培者の仕事ではない。しかし、ここでは仕込み前後の桶の洗浄だけでなく、ぶどうの破砕、ぶどうの皮を果汁に漬けこんで発酵させる。この時に桶の上部に押し上げられたぶどうの皮の層を棒で突き崩して、皮をワインに沈める作業のかい突きもすべて栽培者の仕事である。ワイン造りは、「本来良いワインになる素質を持ったぶどうを、蔵人は醸造という過程をとおし、その素質を最大限に出すように導いてやる」ことであり、ぶどう栽培と一体でなければならない。これは技術者でもある私自身の思想でもある。ここの蔵人の仕事は破砕機、圧搾機の操作、かもし後のワインの引き抜き、発酵中のモロミの温度管理などである。日本では体験しなかったが、ワイン造りがぶどう栽培者との共同作業であるという原型をここで初めて見たのである。」

ブルゴーニュの、しかもその心臓部ともいえる「オスピス・ド・ボーヌ」で、「メルシャン」の醸造技術者は、栽培から醸造が一貫しておこなわれるのをはじめて目の当たりにして驚いている。無理もない。日本では栽培と醸造は別で、技術と知識がより必要と思われてきた醸造が、栽培をおこなう農家より上位にあるからだ。

しかし、ボルドーの大手シャトーをはじめとした一部のワイナリーをのぞき、ブルゴーニュだけでなく、フランス全土、さらにはヨーロッパのワイン産国では、栽培と醸造は一貫しており、同じ人がそれにあたるのが当たり前なのだ。しかも、小坂田は「ワイン造りがぶどう栽培者との共同作業であるという原型」と述べているが、これは醸造技術者目線の発言である。本来の在り方にそくしていえば、ぶどうを栽培した人が、その最後の工程である醸造も管理するということ、つまり栽培者が醸造者でもあるということにほかならない。

小坂田がこの栽培と醸造の不可分な過程を体験したのは1970年代後半で、この時代、日本のワイン造りは栽培より醸造重視だった。

しかし、この著作が書かれた2000年代前半には、1992年に麻井が「ブドウ畑こそがワインの核心を形づくる現場なのだ」と高らかに宣言して、すでに10年に近い月日がたっている。それにしては後輩の小坂田の記述は、相変わらずワイン作りが農業ではなく、加工業であることを感じさせる。いかにワイン作りは醸造家の仕事だという思いが日本では強いかがよくわかる。

この背景には、日本のワイン業界が、長年ボルドーと関係が深かったこととも無関係ではない。ボルドーの多くのシャトーでは、オーナーは企業の経営者で、栽培と醸造が分業体制を取り、それぞれ栽培責任者と醸造責任者がいることが多い。

「サントリー」も「メルシャン」も1980年代にボルドーの有名シャトーを購入している（「サントリー」は1983年に3級格付けのサン・ジュリアン地区の「シャトー・ラグランジュ」を、「メルシャン」は1988年にクリュ・ブルジョワ〔格付けワインの次にくるワイン〕のオ・メドック地区の「シャトー・レイソン」を買収）。そこでワイン作りに直に携わった両社の技術者たちは、ボルドーのワイン作りをフランスのワイン作りの典型と思ったにちがいない。しかし、大規模経営が主体の新大陸のワイン作りはいざ知らず、ヨーロッパでは、ぶどう栽培家が醸造家でもあるという、栽培中心のワイン作りがむしろ一般的なのだ。

そして、農業としてのワイン作りを徹底したのが、栽培を有機でおこない、醸造も培養酵母や酸化防止剤を使わず極力自然におこなう自然派の作り手たちなのである。栽培にこだわり、健全で品質のよいぶどうを育てれば、あとはぶどうの皮と醸造場に棲息する野生の酵母で自然と発酵は進む。だからこそ、一章で書いたように、大岡弘武は「わたしたちのところに来れば、醸造は三日でわかります」と述べ、小山田幸紀も「醸造は見守るだけ」と語る。

フランスをはじめとする旧大陸のワイン作りでは、栽培と醸造の関係は日本人が考えるのとは逆で、農業である栽培が加工業としての醸造より重要なのだ。

そんなことを考えるうえで興味深いのは、大岡の経歴だ。1997年にボルドー大学醸造学部（醸造士コース）に入学したものの、卒業試験を前に、ボルドー在住の食のジャーナリストで、『フランスワインの12ヵ月』（講談社新書、1999年）の著書のある大谷浩己《ひろみ》に誘われて、当時10人ほどにすぎなかったフランス全土の自然派の作り手をめぐる取材旅行に同行し、そのため醸造学部を中退している（ちなみにフランスの大学の学部は3年で修了となる。日本でよく「ボルドー大学醸造学部卒」とされる学歴の多くはボルドー大学醸造学部の社会人講座の受講であり、こちらは1年で受講証明が出る）。

そのあと、同じボルドーの醸造栽培上級技術者養成学校に入り、1年の過程を経て醸造栽培上級技術者の資格を取得している。そのことを大岡に質《ただ》すと、こちらは同じボルドーでも実地研修主体の実践的カリキュラムで、多くのワイン生産者のもとで研修できるからだ、と話してくれた。

大岡はその後、一章で述べたように、ローヌ地方の大手ワイン生産者「ギガル社」のエルミタージュ地区の栽培責任者を務めたあと、コルナスで評価の高い自然派「ドメーヌ・ティエリー・アルマン」の栽培長を務めている。栽培が大岡のキャリアの軸であるとわかる。ティエリー・アルマンのところでは、いいワインを作るためには、一にも二にも「栽培では収量を制限して果実味を凝縮させること」を学んだという。

栽培されたぶどうを醸造技術でよいワインにするのが工業としてのワイン作りだとすれば、農業としてのワイン作りはぶどう栽培にこだわってワインを醸造する。自然派はさらに進んで、ぶどう栽培を最重要視して、そこでえたぶどうの力を損なわないように醸造する。自然派のワイン作りが農業としてのワイン作りのより進んだ形態だとわかる。

大岡に醸造技術とそれをおもに研究する醸造学のことを問うと、「醸造学は最近になってからのこと。それ以前からずっとワイン作りがあり、いいワインを作ってきた」との答え。たしかに、醸造学は19世紀後半のパストゥールによる発酵メカニズムの発見にはじまり、20世紀に発展した学問だが、上質なワイン作りはそれ以前のはるか昔からあった。醸造学部で3年間学び、その後、複数の生産者のもとでワイン作りの栽培の現場にかかわった者の発言として、重い響きをもつ言葉だ。

醸造学はいいワイン作りを助けるが、醸造学がいいワイン作るわけではない。わたしは大岡の言葉をそのように理解した。

第二章　自然派ワインとはなにか

――飲食における「再自然化」――

一　ワインって自然じゃないの？

日本のワイン作りは、農業ととらえられるようになり、さらにより自然に寄り添うものになりつつある。そんなワイン作りの潮流はワイン作りの本場フランスからはじまった。この章では、フランスにおける自然なワイン作りの流れを追い、自然派ワインとはなにかを考えてみよう。

自然派ワインないしヴァン・ナチュールという表現を日本でもよく聞くようになった。東京をはじめとした大都市には、自然派ワインだけに特化したワインショップが複数あり、インターネット上でも自然派ワインが販売されている。自然派ワインをうたったワインバーも増えており、フレンチやイタリアンのレストランにも、自然派ワインがおかれている。

1980年代なかごろには数えるほどしかいなかった自然派ワインの作り手は、オランダ人のビオワイン（有機ワイン）愛好家で最良のワインを求めて世界のぶどう畑を訪ね歩いているジェローム・ヴァン・デル・ピュットが2008年に刊行した『ビオワイン使用法 ビオワインから自然派ワインへ』の新版には、厳密な意味で自然派といえる作り手はフランスで百から二百人だろうと記されている。[1] しかし、その10年後の2018年に刊行された、自然派ワインを専門とする女性ジャーナリストのエヴリーヌ・マルニックの『自然な偉大さ』では、

「公式な統計や調査はないが、その数は五百から千の間だろう(2)」と推定されている。単純に考えて10年で5倍になっていることがわかる。

さらに、こうした自然を標榜するワイン作りは、フランス以外にも、広がりをみせている。イタリアでは、1990年代の早い時期に何人かの作り手が自然な手法でワインを作るようになる。通常、果汁だけを発酵させて作る白ワインをあえて赤ワインのように果皮を漬け込んでオレンジ色のワインにする、2010年代後半以降日本でも話題になる「オレンジワイン」で有名な、イタリア北東部ヴェネト州のサシャ・ラディコンは、その代表例だ。

このようななかで、2013年にはワインの原産国とされる中央アジアのジョージアでおこなわれている、クヴェヴリと呼ばれる大きな素焼きの壺にぶどう果汁を入れ、それを土に埋めて発酵させワインにする、八千年前からつづくとされる原始的なワイン作りが、ユネスコの「世界無形文化遺産」に登録された。ジョージアのワインがすべて自然な作り方というわけではなく、またすべてのワインが品質のよいワインということでもないが、自然な作りのワインを古来の伝統につながるワインとして、世間に認知させることに貢献したことはいなめない(3)。

こうして、2010年代後半になると自然なワイン作りはスペインや東ヨーロッパのワイン産国にも広がりをみせるようになる。

ちなみに、多くの自然派ワインの関連本で、日本人が自然派ワインの試飲会や生産現場に顔をみせていることからわかるように、[4] じつは日本は自然派ワインの有数の輸入国である。マスター・オブ・ワイン[5]の称号をもつフランス人の女性ワイン評論家イザベル・レジュロンは「意外に思われるかもしれないが、日本は有数の自然派ワインの輸入大国だ[6]」と述べている。日本に自然派ワイン専門のワインショップがいくつもあり、多くのワインバーやレストランが自然派ワインを売りにしているのもうなずける。

このように、自然な手法で作られたワインは世界で大きな広がりをみせつつある。しかし、単純に考えて、ワインとはそもそも自然なぶどう果汁を自然に発酵させた飲み物ではないのだろうか。

EUのワイン法ではワインを「破砕された、あるいは破砕されていない新鮮なぶどう、もしくはぶどう果汁を部分的あるいは完全にアルコール発酵させて生産されたもの」と定義している。

これは、日本における数少ないワイン法の専門家であり、世界のワイン法の第一人者である蛯原健介が『ワイン法』というそのままズバリの題名の著作で説明しているように、1970年にEU加盟国間で合意された「共通市場規則」のワインの定義であり、その後、ワイン政策の面でいろいろと議論がなされ、ワイン関連の規則が制定されているが、「こんにちのEUワイン法においても、その定義自体に変更はない[7]」というワインの大原則である。

もちろん、この定義に「自然なぶどう」とか「自然な発酵」とかは書かれていない。しかし、このEUの規定が、他のヨーロッパのワイン産国に先駆けて20世紀初頭からワイン法制定に国家をあげて取り組み、1935年に「原産地名称制度」、いわゆるAOC法を完成させたフランスをモデルにしていることを思い出しておこう。フランスのAOC法は、19世紀の後半にアメリカから輸入したぶどう苗木についてやってきた害虫フィロキセラの災禍のためワイン用ぶどう栽培が壊滅的打撃を蒙《こうむ》り、混ぜものをした模造ワインやぶどう果汁を使ってさえいない偽造ワインが横行したための不正対策を起点として徐々に整備されてきた[8]。

つまり、前述のEUのワインの定義は、ワインの模造や偽造をふせぎ、ワインとは「自然なぶどう果汁を自然に発酵させたものである」ということを前提に成立していることがわかる。

ところが、1980年代なかばごろから[9]、いろいろな場所で、「自然なワイン」vin naturel「ヴァン・ナチュレル」と呼ばれるワインが話題になり、やがて2000年代になると、「自然なワイン」という呼称のほかに、「自然派ワイン」vin nature「ヴァン・ナチュール」という表現や「自然素材のワイン」vin au naturel「ヴァン・オ・ナチュレル」といった呼び方もみられるようになる。

日本でこうした自然な作りのワインが、他のワインと区別されるようになったのは、2000年代初頭である[10]。当初「自然派ワイン」という呼称が一般的だったが、やがてフランス語をカタカナ表記した「ヴァン・ナチュール」という名称が広まり、その直訳と思われる

「自然ワイン」という表現も一部で使われたが、現在では国際語である英語をもちいた「ナチュラルワイン」という呼び方が広まりつつある。

なぜ、このように名称がフランスでも日本でも多様なのか。

それには、このワインの成立過程とこのワインに関する法的規定の不在が大きく関与している。

ただし、これらの議論はあとにゆずるとして、ここではとりあえず自然な作りのワインについて、これ以後、世間一般でも認められている日本語表記である「自然派ワイン」という呼称で統一して論を進めることを確認しておく。ワインの作り方をさす用語としては、なんだか派閥のようで適切でないかもしれないが、ここでは極力自然な作りにこだわるワインと考えてほしい。

こうした名称の揺れもふくめ、以下では、なぜ自然派ワインが1990年代以降、フランスで話題になったのか、それをワイン製造の歴史的背景や社会情勢、環境問題というより広い文脈で考えてみたい。

二　自然から離れるワイン作り

なぜ、1980年代なかばになって、本来自然の産物であったワインの自然性を強調する呼称が生まれ、それが次第に話題になり、やがて生産と消費の両面で多くの人を引きつけるようになったのか。

それは、端的にいってワイン作りが自然から離れ、工業化するとともに、化学だよりになったからにほかならない。20世紀における科学の長足な進歩は農業に役立つ多様な化学物質と多彩なテクノロジーを生み、それがワイン生産にも活用されだすのが、1970年代である。

これは、多くの自然派ワイン関連の著作が語る自然派ワイン誕生の背景であり、共通認識でもある。

たとえば、さきほどのイザベル・レジュロンは自然派ワインを擁護する『自然派ワイン入門』で現代のワイン作りについて、以下のように明言している。

「科学を利用してできる限り自然にワインを生産するのではなく、ブドウの栽培から実際にワインを造るところまで、全ての生産プロセスが完璧に人工的にコントロールされている。自然にまかされる部分はほとんどない。現在のワインのほとんどは、高額で「特別」とされるものも含め、化学薬品を用いた大量生産製品だ。そして恐るべきことに、こうした変化のほとんどが過去50年あまりに起きている(11)」。

ワイン作りには大きく分けて２つの部分がある。ぶどうの木を育てる耕作という面と、ぶどう果汁を発酵させてワインを作る醸造という面だ。現代の科学テクノロジーはこの両面に大きく介入してきた。

耕作レベルでは、殺菌剤・殺虫剤や除草剤が大量にまかれ、さらにそこに化学肥料が投入された。

ぶどう栽培は、古代より植物に発生するカビが原因のべと病やうどんこ病などの細菌性の病気に悩まされつづけてきた。さらに、ガやハダニなどの昆虫によるぶどう果実の被害もぶどう生産者を苦しめてきた。一方で、土中で栄養摂取においてぶどう樹と競合する多様な植物、雑草の繁茂にたいしては、畑を耕して適度に除草するという手間が必要になる。これらを一気に解決したのが、化学的に合成され、強い殺菌殺虫効果をもつ除草剤・殺虫剤であり、効率的な栄養補給となる人為的に製造された化学肥料だった。

第二次大戦後の１９４０年代後半から１９６０年代にかけて、こうした科学テクノロジーを導入して、農業の効率を大きく高め、生産性を飛躍的に増大させたいわゆる「緑の革命」が、少し遅れてワイン作りの現場にも導入された。

化学物質のぶどう畑への大量投入は、土地の植物相や微生物相を徹底的に破壊する。こうして植物に共生して植物に栄養をあたえていた菌根菌《きんこんきん》も死滅する。

菌根菌とは、おもにリン酸や窒素を吸収して宿主である植物に栄養として供給し、代わりに共生主となる植物が光合成により生産した炭素化合物をエネルギー源としてえることで、自身も成長する菌である。

これらの菌類は植物の根のまわりに共生する活動領域としての根圏をかたち作り、そこではたんに菌と植物の共生だけでなく、養分、水分の吸収や炭酸ガスの生成、微生物の活動など、植物が生体を維持するための多様な活動がくりひろげられている。いわば、生命循環を保証する生物多様性の縮図である[12]。

すべての生き物は窒素を必要とする。タンパク質を構成するアミノ酸は多くの窒素をふくむ化合物であるからだ。動物はそれを植物からえるが、植物のなかでも、空気中の窒素をアンモニアに変え、動植物に利用できる形態にする窒素固定の能力はある種の豆科の植物にしかない（根粒菌）。

この活動がまさに根圏でおこなわれているのだ。つまり、人間もふくめた生き物の栄養となる窒素固定の鍵は、地中の植物の根のまわりの微生物相にあることになる。

殺菌殺虫剤や除草剤などのいわゆる農薬は、細菌や害虫を効率的に消滅させるいっぽうで、この生命循環の原点ともいうべき根圏を破壊する。しかし、心配する必要はない。植物に吸収可能なかたちに化学合成された窒素肥料があるからだ。

その手法を１９０９年に完成させたのがドイツ人の化学者フリッツ・ハーバーとカール・ボッシュであったことから、この手法はフリッツ・ハーバー法と呼ばれている。空気中の不安定な窒素分子をアンモニアなど他の窒素化合物に変える窒素固定する効率的な手法であり、現代でも使われている科学テクノロジーだ。空気中の窒素はほぼ無限にあるので、肥料が不足するという心配もない。

ワイン農家にとってみれば、これで細菌によるぶどうの病気や害虫の被害がなくなると同時に、地中の微生物相に空気を送り活性化させるための畑の耕作という労苦も不要になり、しかも必要に応じて栄養分を畑にまけばいいので、一石三鳥の大助かりだ。

こうして耕作レベルで、ワイン作りは自然から離れはじめる。しかし、醸造レベルの自然離れはさらに劇的だった。

現在、EUのワイン製造の規定では、なんと70を超える化学物質や添加物の使用と科学的手法が認可されている。おもだったものをあげると、酒石酸、リンゴ酸、乳酸、クエン酸、亜硫酸塩といった化学物質のほか、砂糖、ショ糖、オークチップ、濃縮果汁、タンニン、アラビアゴム、ゼラチン、乾燥酵母などが添加可能で、手法としては、マイクロ濾過《ろか》、逆浸透圧利用の果汁濃縮などの先端的なテクノロジーの使用が許可されている。その完全なリストを前にすると、いかにワインが化学物質やテクノロジーだのみであるかよくわかる(13)。

このリストを完全に理解するには有機化学と醸造学の専門的な知識が必要だが、ワインの甘味や酸味ばかりか、そのボディや香りまでもが人工的にコントロール可能であり、おそらく多くの工業的手法で作られたワインではこれらのいくつかが実際に使われていると想像できる。

では、これだけ多様な化学物質が投入され、科学的手法が駆使されているにもかかわらず、それが一般に意識されず、なぜワインがあいかわらず「自然なもの」として認知されているのだろうか。

第一の理由は、法的な表示義務がないからだ。

わたしの友人の長年日本で暮らすフランス人女性が、かつていっしょに食事をしているときに、「日本で飲むフランスのワインが美味しくないのは亜硫酸塩が入っているからだ」といったので驚いた。フランスでは入っていないと勘違いしていたのだ。

この背景には、酸化防止剤として広く使われている亜硫酸塩の一種、二酸化硫黄SO^2は、日本では表示義務があっても、フランスをはじめとしたEU諸国では表示義務がないという事実がある。無添加志向の自然派ワインでないかぎり、亜硫酸塩は現代のワインにはほぼまちがいなく入っている。

ただ、ようやく自然派ワインの台頭に配慮するかのように、2005年にEUでも硫黄化合物の表示が法的に義務づけられた(14)。しかし、その他の60を超える添加可能な物質については、いまも表示義務はない。

表示義務がないため、こうした事情を知らないほとんどの消費者は、ワインが化学的に加工されたものであるにもかかわらず、あいかわらず「自然なぶどう果汁を自然に発酵させたナチュラルな飲み物」というイメージと暗黙の価値づけ（つまり表象）を抱くことができるのだ。

たしかに、日本と比べて飲料水の汚染に悩まされてきたヨーロッパでは、一度発酵したワインは細菌に汚染される可能性の高い水より安全だった。この点を考慮しないと、古代よりワインが水代わりに飲まれ、子どもにも食卓でワインを飲ませてきたヨーロッパのワイン産国の文化はみえてこない。さらに、ブランデーをはじめとする強いアルコールの弊害が叫ばれだす19世紀以後、れっきとした医師がアルコール中毒の対応策として「ワイン療法」を提唱したという事実の意味も理解できないだろう(15)。

こうして、ぶどう栽培のレベルでも、ワイン醸造のレベルでも、ワインは自然から遠い存在となっていく。2000年代からさまざまな著者によって自然派ワインに関する著作がいくつも刊行されているが、多くの著作が農産物であるワインにふくまれる材料の表示義務がないことを問題にしている。

たとえば、すでにこの章の冒頭で援用した『ビオワイン使用法　ビオワインから自然派ワインへ』でジェローム・ヴァン・デル・ピュットは、「奇妙なことに、食品の大部分に成分の記載規定があるのに反して、ワインはその成分を記載する必要がない(16)」と述べている。もちろん、EUレベルでは添加物もふくめ、食品には成分の表示義務がある。しかし、ワインにはそれが免除されているのだ。

ワインについて添加物の表示義務があれば、どのワインがより自然に作られているか、消費者にも一目瞭然だろう。しかし、そうはいかない事情がある。

こうしたワイン表示の現状について、ロワール地方のアンジュ近郊で自然派ワインを作り、ちょっと変わった風貌と率直な物言いで知られているオリヴィエ・クザンは、以下のように明快に断じている。

「なぜワインは使用された製品が表示されない唯一の暴走製品なのか？　なぜワインが食品関連の法に従うことがなかったのか？　なぜなら、きみがそんなことをしたら、世界のワインの全体をダメにしてしまうからさ。」(17)［日本語訳は福田による。以下、邦訳のない著作については同じ。］

なぜ、こんな特別な例外がワインに許されてしまったのか。

それは工業的で化学的な手法のほうが効率よく一定の品質のワインを生産できるからだ。

1980年代になると、アメリカやオーストラリアなどのいわゆる新大陸のワイン、工業的に作られ、安いわりにそれなりの品質を有するワインが世界市場に出回りだす。これらの新しいワイン産国には、フランスをはじめとする旧大陸のワイン産国のようなワイン法による縛りもあまりない。科学的手法を使うことにためらいがないどころか、むしろそうした技術で農業を発展させてきた国々だから、科学の恩恵を十二分に活用したワイン作りに積極的に取り組んだ。

フランスの大手メーカーも、それに対抗するため、同じような工業的手法を使い、化学的な添加物も用いるようになる。しかし、それらは政府レベルでも経済上の必要から、黙認されてきた。これが、ワインが「使用された製品が表示されない唯一の暴走食品」となった大きな理由である。

表示義務がないので、消費者は、ワインはあいかわらず「自然なぶどう果汁を自然に発酵させた自然な飲み物」という思いを抱きつづけることができる。

しかも、フランスでもEUでも「自然（な）」というラベルでの表記は、ワイン法によって、シャンパーニュの砂糖入りリキュール添加ゼロの完全辛口を意味する「brut nature」「ブリュット・ナチュール」とブランデー添加で発酵を止めて果汁の自然な糖度を残した「vin doux naturel」「ヴァン・ドゥー・ナチュレル」にしか認められていない。だから、自然派ワインの生産者が自分のワインのラベルに「自然」という語を用いることはできない。

『自然なワインのための口頭弁論』の著者で弁護士のエッリク・モランによると、ワインショップが「自然なワイン」と表示したり、「自然なワイン」という文句をふくむワイン生産者の文書（じつはこのあと述べるマルセル・ラピールの文書）を掲げたりしただけで、「競争・消費・詐欺防止総局」（Direction générale de la Concurrence, de la Consommation et de la Répression des fraudes）に

摘発されたという。(18)

EUでは、「自然」という言葉への規制は、これほどまでに厳しい。あらためていうが、自然派ワインの法的規定がないためだ。

三　ワイン作りは農業、それとも工業？

ワインが自然なものと思う背景には、さらに深い文化的土壌がある。

それは、ワインは農産物だという、ヨーロッパのワイン産国の人々、とくにワインにかかわる人々のあいだにある、ある種、当たり前の思いである。つまり、フランスに代表されるヨーロッパのワイン産国の、とりわけワインにかかわる人々は、ワインを農産物であると感じ、ワイン作りを農業としてイメージし価値づけているのだ。

ワインをどうとらえるか。これは理屈より感性の問題である。ワインをどうイメージし暗黙のうちに価値づけるのか。それは、社会レベルでの人々の思い、つまり社会的表象の問題である。そして、そうした思いは人の心に沈潜し、文化の基層となる当たり前の感性を形成し、社会のワインへの態度や取り組み方を暗黙のうちに規定する。文化学が解明すべき課題がここにあるといえるだろう。

明治に多様な西洋の酒類のひとつとして日本に導入され、逼迫《ひっぱく》していた当時の国家財政ゆえに輸入品の削減と国内産業の育成という観点から明治政府が奨励したワインとビールの国産化については、三章と四章で詳しく検討するように、明治20年代になると、はっきりと明暗が分かれるようになる。ビールは国産化に成功し、外国のビールに劣らない品質の国産ビールが広まる。いっぽうワインは当初の本格的なワイン作りの試みはほぼすべて頓挫し、薬用の甘味葡萄酒という特殊な飲料としてかろうじて命脈をつなぐ。

この対照的な結果をまねいたおもな要因は、ビールが技術重視の穀物酒であり、ワインが技術より自然の要素が大きな果実酒だった点にある。

ビールでは「麦芽が命」といわれるように、蒸した麦を糖化する過程が重要となる。これは「一、麹《こうじ》、二、酛《もと》、三、造り」といわれる日本酒の醸造に近い。

「麹」とは麹菌のことで、長年にわたってよいものだけを人間が選んで培養してきたものを使う。「酛」とは、「酒母《しゅぼ》」とも呼ばれ、基本的に蒸米に麹を添加したものだ。この麹と酛を仕込水とともに蒸米に何度かに分けて添加し、次第に日本酒が作られていく。これらの過程のすべてが「造り」である。

いずれにしろ、ジョージアでのワイン作りのように、ぶどうを足で潰《つぶ》し、その果汁を壺にいれて土中に保存すれば基本的にできあがる原理的にシンプルなワイン作りとは大きく異なり、米を蒸してそのまま放っておいても酒にはならない日本酒作りでは人の介入が甚大であることがわかる。

もちろん、シンプルだから簡単で、複雑だから高度だということではない。シンプルだからこそ、上質なぶどうが必要で、微妙な技術の差が結果を大きく左右する一方で、介入が複雑だと原料の米や水の質の悪さをある程度、技術で補うことができる。一章で述べたように、ワイン作りの本質が農業で、日本酒作りは工業なのだ。

だからこそ、日本酒作りの感性と技術を生かして、維新後20年余でビールは産業として成功し、国産化で価格が下がったため食卓で飲まれ、日本人に親しまれていく。これに反して、本来、西洋でもっとも重要な食中酒だったワインは、甘味葡萄酒という似て非なる甘い果実のリキュールの一種へと変貌を遂げ、食中ではなく、健康ドリンクとして食外で飲まれるようになる。

この成功と失敗の背景には、工業的手法になじむ穀物酒と自然優位の果実酒の相違があり、さらにそれに気づくことなく、果実酒であるワインをも工業的に生産しようとした日本人の酒への感性と、酒への社会的表象が作用している。「いいぶどうこそがいいワインの原点である」ことに気づけず、薬草や甘味を添加して甘味葡萄酒を作った過程には、酒作りの感性を日本酒という技術のまさった酒で育んできた、文化的（あるいは文化学的）な相違が深いところに横たわっている。

2000年代にはじまる日本のワインの品質向上に大きく貢献をした麻井宇介は、すでに第一章でみたように、1978年と1981年に発表され、のちに『ブドウ畑と食卓のあいだ』に収められた2つの論攷で、穀物酒づくりを「工業の発端にあるもの」、果実酒づくりを「農業の末端にあるもの」と位置づけ[20]、「西欧文明におけるワインづくりの位置づけは農業」だと看破した[21]。こうした見方にたって、麻井はメルシャンがもっていた「城の平試験農場」でぶどう栽培からワイン作りに取り組んだのだった[22]。

麻井の「ワインは農業の末端にあるもの」という言葉は正鵠《せいこく》を射《い》た指摘である。このワイン表象とワイン感性の根本的転換が麻井だけでなく、日本の若いワインの作り手たちをぶどう栽培へと向かわせ、その結果よいぶどうができ、日本のワインの品質が向上しだす。

それまで生食《せいしょく》用にまわせないあまり品質のよくないぶどうを素材にあれこれ醸造で手を加えていた日本のワイン作りは、ワインが農業の末端にあるものと気づくことで、本来の姿に近づきつつあるといえるだろう。

これとまったく逆の過程をたどったのが、フランスのワイン作りだった。その基層にあるのも、同じくワインへの思い、つまりワインを農産物ととらえる感性と、農産物としてあつかうよう促すワイン表象だった。

ヨーロッパにおける現代のワインと政治の問題を多角的に考察した三人の政治学者による共著『ワインと政治』では、アメリカやオーストラリアなどの新大陸で工業的手法によって大量に作られた安価なワインのヨーロッパ市場への流入以前のワイン表象について、「かつては、ワインの農業産品としてのヴィジョンにもとづきつつ、制度的な秩序をも基礎づけていた、ヨーロパのワイン産国に支持されたワインの定義が存在した」[23]（傍点は福田による）と記されている。

蛯原健介は『ワイン法』で、その点を法制的枠組みの視点から、「ワイン産業は農業の問題として捉えられ、欧州共同体の共通農業政策の一環として、ワインにも共通市場制度が導入されることになる」[24]と指摘している。このように、EUではワイン政策はあくまでも農業政策であり、EUの農業部門（「農業農村開発総局」）と各国の農業関連の省庁が政策決定をおこなってきた。

『ワインと政治』の著者たちが確認しているように、新大陸の工業的なワインの進出によって、EUのワイン醸造規定は原則的に緩和の方向にむかった。しかし、それでも農産物としてのワインという基層にある感性は、基本的に変わらなかった。ワインは農産物という思い（表象）は、ヨーロッパではそれほど根深いものなのだ。

それをもっともよく示す出来事が、スペインが2003年に「ワインとぶどう畑」に関する法律を策定し、そこでワインがはじめて明確に「食品」として法的に規定されたことだ。つまり、ワインは加工品であるどころか、アルコール飲料でさえなく、トマトやオレンジ、カブや洋ナシと同じような農産物として法的に認知されたのだ。

この影響はフランスにもおよぶ。ワインをアルコール飲料と認めるだけでなく、さらに中毒性の薬物とみなしてその広告をきびしく規制する1991年制定のエヴァン法が、2005

年に規定を緩める方向で修正されたからだ。[25]

そもそも、このエヴァン法は、ヨーロッパのなかでももっとも厳しいアルコール規制の法律だった。このエヴァン法の修正は、ワインが健康にいいとし、その適度な恒常的摂取をよしとするフランスに中世以来根強く残る感性[26]を一定程度肯定するものだった。

それに呼応するかのように、EUレベルでも、それまでワインを健康阻害飲料としてその消費の抑制を主導してきた「健康と食品安全総局」の政策に対抗して、「農業農村開発総局」は2006年に「農産物としてワインをプロモーションするための」行動を起こしている。[27]

ただ、このEUの政策上の変遷を自然から離れていくワインのテクノロジー化という文脈でみると、新大陸のワインとの競合のために、1990年代にワインへのテクノロジーの介入を緩和する政策がとられ、ワインの「脱自然化」をより促進したことがみえてくる。ワインは農産物という思い込みがかえって仇になり、ワインの工業化を許してしまったのだ。そして、この「脱自然化」の進行が自然派ワイン作りが社会的で文化的な運動となる土壌を準備したといっていいだろう。

そんな状況のなかで、自然な手法を実践するワインの作り手たちは、農業としてのワインという点について、どう思っているのだろうか。

注目すべき点は、自然派ワインを紹介する著作で、取材を受けた自然派ワインの作り手たちの多くは、ワインが農産物であることを前提にそれぞれの考えを語っていることだ。そのうえで、ワインに必須といわれてきた酸化防止剤である亜硫酸塩もふくめた化学物質を極力添加せず、テクノロジカルな醸造にたよらないことで土地の性格としてのテロワール（土地柄性としてのテロワール）を表現することが重要であり、そのための工夫や方途を述べている。

そんななか、フランスでの10年の修業のあと、ジュラの厳しい自然条件の土地に2011年に「ドメーヌ・デ・ミロワール」（「ミロワール」はフランス語で鏡の意）を立ちあげ、きわめて純度の高い見事なワインを作ってフランスでも評価の高い鏡健二郎が「ワイン造りは農業です。それは自然の一部を人が借りて行うもの。私もこの畑で仕事を始めて以来、除草剤、肥料、農薬は一切撒いていません[28]」と答えているのが印象的だ。

フランス人の自然派ワインの作り手が、当たり前に思っている「ワインは農産物」という前提を日本人の場合、まず確認する必要があったのだろう。麻井宇介が20年余のワイン醸造家としての経験のあとに、ようやくワインが農産物であることに気づき、ぶどう畑からワイン作りを再出発させたように。

蛯原健介は、こうした日本人のワイン表象の変化を、『はじめてのワイン法』で「日本でも最近になって、ワイン造りが「農業」として意識されるようになってきましたが、ヨーロッパでは古来以来、それは当然の前提でした[29]」と明快に述べている。

四　有機《ビオ》ワインの誕生とその問題

まず変化が起こったのは、農業だった。ワイン作りでいえば、ぶどう栽培である。フランスはヨーロッパ諸国でもっとも早く、１９８０年に有機農産物の認証制度を制定し、認定された農産物や農産加工品には、フランス語で有機農業を意味するAgriculture Biologique［アグリキュルチュール・ビオロジック］の頭文字をとった図１のようなロゴが貼られている。

有機認証制度の発足当初、耕地面積においても、農家軒数においても全体の１％にも満たなかった有機農業は、慣行農業から有機農業への転換をうながす国レベルの政策や補助金が功を奏して、その後、着実に増加をつづけ、２０１５年以降は５年で約２倍という急速な伸びをみせ、２０２１年には有機農業の耕地面積は転換中もふくめ約２７８万ヘクタールにおよんでいる[30]。これは全有効耕地面積の10・3％にあたる。有機農家も５万８４１３軒を数え、総農家数の13・4％に達している。

ただし、ヨーロッパレベルでみると、これでも有機先進国とはいえない。２０２０年の統計をみてみると[31]、EU最大

図１　アグリキュルチュール・ビオロジックのマーク

の有機大国はオーストリアで、耕地面積の26％が有機、スウェーデンは20％、フランスとならぶ農業国イタリアとスペインはそれぞれ17％と10％である。EUの平均が8・1％なので、2020年当時9・5％のフランスはEUレベルでは平均を少し上回っている程度にすぎない。

といっても、日本の有機耕地面積は2020年時点で約2万5000ヘクタール、全体の0・6％だから、フランスの有機農業がいかに広がりをみせているかわかる。

もちろん、フランスでは農産物（農産加工品）で「食品」であるワインのためのぶどう栽培でも有機は一貫して増えている。

2021年の統計では、有機栽培のワイン用ぶどう畑は15万9868ヘクタールで、なんと全体の17％におよんでいる。有機農業全体の平均が10・3％だから、ぶどう栽培で有機がいかに多いかよくわかる。2016年以後の伸びはつねに前年比で15％を超え、2019年からの伸びは22％である。有機ぶどう農家の軒数も1万1336軒、前年比の伸び率は16％で、これは他の農作物に比べてもトップという高い数字である。有機がワイン用ぶどう栽培で大きな潮流となりつつあることがわかる。

この数字だけをみると、有機ワインが増えてまことに結構なことのように思われるが、簡単にそうともいえないところに問題がある。

それは、ビオ認証を受けたビオワイン（有機ウィン）は、耕作レベルでは化学物質を使っていなくても、醸造段階ではワイン一般の規定しかなく、化学物質の添加や新しい醸造テクノ

ワインの種類	EUの規定	Nature & Progrès	FNIVAB	DEMETER
赤ワイン	160	70	120	70
辛口白・辛口ロゼワイン	210	90	120	90
発泡性ワイン	210	60	100	60
甘口ワイン	400	200+10 熟成年による	250	200+10 熟成年による

表１　１リットル当たりの亜硫酸塩添加の上限（単位はミリグラム）

ロジーを普通のワインのように使うことができるからだ。

とくに自然派ワインの作り手が問題にするのが亜硫酸塩だ。酸化を防止し、ワインを安定させる半面、ワインの風味を重たくし、科学的根拠はないとされるものの、不純物ゆえに二日酔いの原因になるとよくいわれる。そのため、自然派ワインの作り手はこの添加を極力さけようとする。

１９９９年のＥＵ理事会で決定された規定と代表的な各種有機認証団体の添加の上限を示したのが表１である。

赤ワインに比べて白ワインで上限が高いのは、白ワインには赤ワインにふくまれる酸化防止効果のあるタンニン分が少なく、雑菌による劣化が起こりやすいためだ。さらに、白に多い甘口ワインの場合、ぶどうに内在する高い糖度によって雑菌の活動を抑止する酸度が低くなるため、多めの亜硫酸塩添加が必要となる。

この一覧表からわかるように、有機ワインの場合、どの認証団体も一般の慣行栽培と通常の醸造によるワインよりも酸化防止剤の上限は低く抑えられている。

とくに、一般の有機農法よりもさらに厳しい制約のもと、植物の生育に影響をあたえるとされる月の満ち欠けに応じて自然の力を最大限に引き出そうとする、20世紀初頭に人智学を唱えたルドルフ・シュタイナーが考案したビオディナミ農法の認証機関であるドイツのDEMETER「デメター」では、フランスでもっとも古い認証団体であるNature & Progrès［ナチュール・エ・プログレ］（自然と進歩）とともに、上限がもっとも低く設定されている。

しかし、なるべく化学や技術を排した自然に寄り添うワイン作りをめざす自然派ワインの作り手たちにとっては、これでも添加量が多い。量が多いだけでなく、安全で安定した醸造のために普通おこなわれている醸造中の添加は、ワインの風味に影響をあたえるため、彼らには許しがたい。

ここから明らかになるのは、ビオワインとは農業段階でぶどうが有機栽培で育成されたものという意味であり、かならずしも醸造まで有機で（つまり自然なかたちで）作られているとはかぎらないということだ。

そのため、2005年1月、フランス政府は、有機栽培のぶどうから作られたワインについて、農業漁業省（現在の名称は農業食糧省）の管轄する図1（一一八頁）の有機ロゴの使用を許可したものの、そこには「有機農業のぶどうから作られたワイン」という文言がつけくわえられることになった。２０１２年には、この文言がＥＵレベルでの有機ワインの表示でも付加されることが決まった。

この文言は、ビオワインとは、あくまで原料のぶどうが有機栽培によるものであること、そのことだけを意味している。つまり、一般にはわかりにくいかもしれないが、醸造が有機（自然派）かどうかはわからないということでもある。

こうして有機ワインないしビオワインという概念がそれなりに確立され、それは有機農業のプラスのイメージと結びつき、環境にも健康にもよいワインという表象が広がっていく。ワイン輸入業「ラシーヌ」の代表を勤める合田《ごうだ》泰子が『ヴァン・ナチュール 自然なワインがおいしい理由』に収録された対談で、「その頃［２０００年代初頭］までは、（……）ビオ・ワインと呼んでたりしていたわね(32)」と語っている背景には、こうした事情があった。

つまり、ビオワインと呼ばれ、有機認証を受けているものでも、自然な作りとはいえないワインがあるし、逆にビオワインという認定を受けていなくても、自然な作りのワインがあるということである。

これは現在にまでつづく自然派ワインの問題点である。だから本当の自然派ワインに出会うには、自然派ワインの事情に詳しいワインショップで購入することが重要になる。

フランスや日本で出されている自然派ワインの著作に、多くの場合、巻末に本来の自然な作りのワインが飲めたり買えたりする店舗のアドレスが載っているのはそのためだ。スーパーや量販店にも有機ワインや自然派ワインと称されるワインは売られている。ただし、その多くはぶどう栽培は有機でも、醸造段階で化学物質や新しいテクノロジーを使用したものである可能性が高い。

これには2つの理由がある。1つめは、もともと栽培から醸造まで自然にワインを作るには手間暇がかかり、多くの自然派ワインの作り手が少量生産だからである。とてもスーパーや量販店にまわす量はない。

2つめは、本来の自然派ワインの多くの作り手が嘆くように、ビオワインの認定制度の確立以後、そのいいイメージを活用しようと、多くの生産者が栽培だけ有機にして醸造で化学物質や科学テクノロジーを使うワインを作りはじめ、いくつかの大手ワインメーカーさえ有機認証を取った有機ワインを作りだしたからだ。

こうした問題は、ワインが栽培と醸造、つまり農業と加工という2つの側面をもっていることに起因する。農業レベルで自然なものにしても、加工段階で化学的手法を使えば、結果としてできるワインは自然から離れてしまう。ここが、トマトやナスといった農産品とワインが大きく異なる点だ。

このあとマルセル・ラピエールの事例にそくして検討するように、栽培が有機でも、醸造が化学だのみだと、ワインはきわめて化学的《ケミカル》なものになりえる。なぜなら、それほど近代の醸造テクノロジーは原料のぶどうの質を変化させうるからだ。

五　自然派ワインの団体の登場

こうした点が、誠実に有機栽培をおこない、醸造でもより自然な方法をめざす自然派ワインの作り手から問題視されたのは当然だった。

そんな作り手側も、若い作り手が自然派ワインに転向したり、自然派ワインに魅了されて別業種から新たに自然派ワイン作りに参入するなど、影響力が強まるなか、結束するようになる。

2005年には、1999年からおこなわれていた自然派ワインのフェスティバル「ラ・ディヴ・ブテーユ」(33)が「セーヴ」(34)という恒常的な自然派ワインの組織となり、一種の綱領ともいうべき規則が公にされる。そこでは栽培でも醸造でもなるべく自然に近いワイン作りが主張されている。

さらに影響力のある作り手の団体が、やはり2005年に創設された「自然派ワイン協会」(35) l'Association des vins naturels である。自然派ワインの父ともいうべきマルセル・ラピエールのもとに集まった作り手を中心に、もうひとりの自然派の父ともういうべきジュラのピエール・オヴェルノワ(36)やアルザスのクリスチャン・ビネールといった古くから自然なワインを作ってきた第一世代の作り手たちが集まって作られた団体である。こちらもみなが共有する理念を公表しており、そこでも自然な栽培と自然な醸造がうたわれている。

このような作り手の団体ができたことで、政府関連の団体との対話や交渉が可能となり、やがてEUレベルでの議論もおこなわれるようになる。新大陸の工業的製法の手頃な価格のワインがヨーロッパの市場に大量に流入し、一定の顧客を獲得していたため、EUとしても古くからの産物であり、重要な輸出品目でもあるワイン、なかでも人気を獲得しつつあった有機ワインの独自性を保護する必要があったためだ。

こうして2015年にEUレベルで有機ワインの新しい規定が策定される。改革の対象は、栽培ではなく醸造であった。一見すると素人目には許容される化学物質の種類が減り、使える醸造テクノロジーもかぎられているようにみえる。

しかし、1983年から広告が一切なく関連業界から自立した季刊誌『赤と白』(*Le Rouge & le Blanc*)を発行し、ワイン生産者やワインの専門家の記事だけでなく科学者や研究者の論文を掲載することで自然派ワインを擁護してきたフランソワ・モレルは、きわめて視野の広い充実した自然派ワインの解説書『自然素材のワイン テロワールにもっとも近いワイン作り』で、以下のように2015年の規定の不十分さを批判している。

「〈透明性〉や〈消費者サイドのよりよき認知〉、〈国際レベルでのEUの有機ワインの地位〉の強化が話題になっているが、しかし収穫の様式についてはなにも新しいものはなく（手摘みか機械か）、酵母についてもなにも新しいものはなく（自生酵母か外部酵母か）、〈高温醸造法〉（70度が上限）についても、〈逆浸透圧による果汁濃縮〉についても、〈イオン交換膜〉についても、なにも新しいものがない[37]……」

モレルはこう断罪したあと、「独立ワイン農家連盟」（La Confédération des Vignerons indépendants）の元会長のミシェル・イサリがこの規定を「このような品質条件でワインが作られれば、有機ワインと慣行ワインの差はほとんどない」と評した言葉を紹介している。

一見すると添加できる化学物質と化学的物理的手法が削減されているようにみえて、じつのところもっとも重要な物質や手法が温存されている。

この規定の緩さを指摘するミシェル・イサリが自立した小規模ワイン農家の連盟の会長だったことを考えると、背後にすでに有機ワインを大量に生産していた大手メーカーのロビー活動の影響がみえてくる。

たとえば、〈高温醸造法〉は酵母の活動を活発にさせて、醸造を短期に切り上げるのに用いられる手法であり、これは質より量に特化した醸造法である。多くの自然派ワインの作り手は、雑菌の繁殖を抑える低温での醸造をおこなっている。この場合、醸造に数週間、作り手によっては数カ月かけることもある。量をめざした醸造には適していない。

ただし、こうした批判、とくにワインに関して科学的な知識をもつモレルの指摘からは、数多い化学物質のなかで、栽培レベルではなく、醸造もより自然におこなうために重要な要素とはなにかがみえてくる。これは化学的知識をもたず、ワインの専門家でないわたしたちにとって重要である。

添加できる化学物質や醸造テクノロジーの数が削減されたとはいえ、2015年の規定は8項目あり、そこで許容されている物質は20種以上におよんでいる。

なかでも問題はワインの味わいと香りを決定する要因であることが、近年の研究で次第に明らかになりつつある酵母について[38]、工業的に作られ、おもに真空パックでワイン関連の業務スーパーで売られている培養酵母が許容されていることだ。モレルが〈自生酵母か外部酵母か〉が規定されていないとした〈外部酵母〉である。

この外部酵母の弊害については、マルセル・ラピエールのワイン作りの実践とその意義を検討するさいに詳しく考えてみたいと思う。

ただその前に、自然派ワイン作りにおけるマルセル・ラピエールの影響力の大きさを確認しておいたほうがいいだろう。

六　マルセル・ラピエールのワインの衝撃

ボージョレ地方のヴィリエ゠モルゴン村で活動したマルセル・ラピエールのワイン作りは

自然派ワインに大きな影響をあたえてきた。
　多くの人がラピエールのワインを飲んで感銘を受け、その人がワイン生産者ならより自然なワイン作りに転換し、その人がワインの飲み手なら自然派ワインの愛好家となり、さらにワイン関連の仕事についていれば自然派ワインに積極的に関わるようになる。
　数多い自然派ワインの関連著作で、多くの人がそのような証言を残している。
　ロワール地方で1990年代初頭から自然派ワインを作り、この地域の自然派を代表する一人、「ル・クロ・デュ・チュ＝ブッフ」(Le Clos du Tue-Bœuf) のティエリ・ピュズラは、自然派ワイン作りのきっかけについて「91年に飲んだ、マルセル・ラピエールの〈モルゴン〉だと即答し、そのときの印象を「まるで聖母に出会ったようだった」と語っている。[39]
　さまざまな試行錯誤をへて、1996年から酸化防止剤無添加で満足のいくワインができるようになったと語るジュラ地方の作り手フランソワ・グリナンも理想のワインを教えてくれたのは、「醸造学校在学中の1992年に飲んだマルセル・ラピエールの〈モルゴン〉だ」と述べ、「ピュアで生命力にあふれたワインを自分も造ってみたい」と思ったと、20年前を振り返っている。[40]
　マルセル・ラピエールのワインが衝撃をあたえたのは、作り手だけではない。日本でワインの輸入業にかかわっていた勝山晋作はマルセル・ラピエールのワインとの出会いを『アウトローのワイン論』で以下のように語っている。

「ヴァン・ナチュールを意識し始めたのは「大橋企画」にいた頃だから1990年代かな。一緒にワインの輸入業を始めようとしていたジョン・ビー（ビサザ）という友人がパリの「ウィリーズワインバー」で買ったマルセル・ラピエールの「モルゴン」を持ってきて「どうだ?」って聞くんだよ。かなり衝撃だった。これまで飲んできたのはなんなんだ? と思った。脳にも体にもスーッと入ってきて、純粋にうまいと思ったし、興味を持った、そして輸入することになったんだ。50箱を入れた。(41)」

この出会いのあと、勝山は自然派ワインにハマり、自然派ワインのインポーターから飲食業に転じ、自然派ワインのバー「祥瑞《しょんずい》」や自然派ワインを売りにした広東料理レストラン「楽記《らっき》」を立ち上げて自然派ワインを日本に広めていく先駆者となる。(42)

さらに2010年には、他の自然派ワイン愛好家たちとともに自然派ワインを味わうお祭り「フェスティヴァン」を立ちあげ、毎年秋に内外の関係者を集め、一般の入場者とともに多様な自然派ワインを楽しんでいる。また、2015年には自然派ワインが飲める店を紹介した『ヴァンナチュール　自然派ワインが飲める店51』(43)という著作も出している。まさにマルセル・ラピエールのワインとの出会いが人生を変えたひとりだ。

フランスでもマルセル・ラピエールの影響で自然派ワインに深くかかわりだした飲み手が

いる。作家のセバスティアン・ラパックだ。

勝山と同じく、1990年代にパリで料理人のイヴ・カントゥボルドが経営するレストラン「レ・レガラード」でマルセル・ラピエールのワインを飲んで魅了され、ラピエールのもとをしばしば訪れて取材を重ね、2004年に『マルセル・ラピエールのところで』というマルセル・ラピエールの人生とワイン作りの歴史を語った著作を上梓している。(44)

ラピエールのワインとの出会いが人生を変えたと語る人はフランスでも日本でも少なくない。

ある意味で、マルセル・ラピエールのワインとの出会いから、自然派ワインに興味をもち、こうして自然派ワインに関する論攷をしたためているわたしもそのひとりだろう。

1997年に刊行した拙著『ワインと書物でフランスめぐり』のなかの「ビオ・ディナミックの試み」というコラムで、ワイン醸造家ジャック・ネオポールやマルセル・ラピエール、ギー・ブルトンをはじめとした作り手たちによってボージョレでおこなわれている、より自然な栽培と醸造によるワイン作りを、ネオポールやラピエールの師にあたるジュール・ショーヴェ（後述）の探求とともに紹介しているからだ。(45)

その後、自然なワイン作りに興味をもったわたしは、マルセル・ラピエールと親しい、リヨンでレストランを営む日本人料理人の仲介で2003年と2007年の夏に本人を自宅のドメーヌで取材している。初回の取材は畑の見学からはじまり、仲介者夫妻をまじえたインタヴューは6時間を超える長いものになった。2回目の取材のさいは、すでに収穫がはじまっていたため、マルセルに取材に応じる暇はなく、ラピエール夫人マリーのすすめで収穫を二日ほど手伝うことになった。

この収穫体験は、言葉での説明以上に、マルセルのワイン作りについて学ぶことが多かった。なによりも収穫レベルで3段階（摘み手、樹列単位、全体）の選果がおこなわれていることが印象的だった。無添加でワインを作るには、最新の注意をはらった衛生管理が必要とよくいわれるが、それは畑ではじまることを実感した。

そんなマルセル・ラピエールのワイン作りについて、次節では、わたし自身の2回の取材と収穫体験をもとに、ラパックの著作のほか、ジュール・ショーヴェの弟子であったジャック・ネオポールの4冊の著作(46)とによりつつ考えてみたい。

七　科学技術多用のボージョレでの模索

1950年生まれのマルセル・ラピエールはボージョレのワイン農家の3代目で、1973年に父親が急逝したため、23歳の若さで家業を継ぐことになった。1965年から1968年までの3年間、ベルヴィル・シュル・ソーヌの農業高校で学んで、まだわずか5年後のことだ。

マルセルが家業を継いだ1970年代は、除草剤や化学肥料がワイン用ぶどう栽培でも広がりはじめ、醸造でもアルコール度を上げる補糖や酸味を演出する補酸といった伝統的な技術にくわえて、果実濃縮や高温醸造をはじめとした新しい醸造テクノロジーがその効率性から次第に使用されるようになった時代だった。

この傾向を助長したのがボージョレ・ヌーヴォーだ。

1960年代以降、新酒のできたてを楽しむボージョレ・ヌーヴォーがパリを中心にフランス全土で飲まれるようになり、やがてイギリスやアメリカ、日本へと広がっていく。ボージョレ・ヌーヴォーの解禁日は11月半ば過ぎのため、瓶詰と輸送の時間を考えると、なるべく早く醸造を終えること、しかも次第に高まる需要に応じて生産量をあげることが急務だった。このため他の産地以上にボージョレでは化学物質が多投され、新しい醸造テクノロジーが多用された。

1953年の法律によって新たな植えつけが許可されたため、[47]フランス各地で新たにワイン用ぶどうが植えられていく。[48]ボージョレはその典型事例だった。

1953年に1万2000ヘクタールだったぶどう畑は、1970年代の半ばには2万ヘクタールにまで増える。驚異的な伸びだ。1953年までは1ヘクタール当たりの収量の上限は4500リットルに規定されていたが、1970年代にはなんと1ヘクタール当たり1万リットルを収穫するワイン生産者も現れる。平均値でも1953年の1ヘクタール当たり

3800リットルから5800リットルに増えている。

どのような農産物もおおむね量と質は反比例するが、ワインではそれが顕著である。しかし、それでもこれだけ収量が増加したのは、作れば作るだけ売れたからだ。売上は2倍になり、輸出が飛躍的に伸びた。大規模スーパーでボージョレワインが売られ、とくに11月になるとヌーヴォーが溢れかえった。

そんな化学だのみのワイン作りが横行するなか、マルセルはこれでいいのかと悩み、比較的有機ワインの多いアルザスやロワールのぶどう畑やワイン生産者を見てまわった。栽培での除草剤の使用、醸造での酸化防止剤の添加やアルコール度を上げるための補糖に疑問を抱いていたものの、それでも除草剤を用い、酸化防止剤を添加し、ときに補糖もおこなった。

もともとボージョレで使う品種のガメは他の品種とくらべて糖度の高い品種ではなく、日照が少ない雨がちな年には、糖度が足りず、アルコール度を上げて上ワインに厚みを出すため、ぶどう果汁への事前の補糖の必要が生じる。

しかも、フランス全土で醸造テクノロジーの使用が広まったため、ワインの消費者の多くは人工的な手法で厚みをつけられ、補糖によってアルコール度のあがったパワフルなワインを好むようになっていた。

こうして、人々は本来さして濃くなく気軽に飲めるボージョレワインにも濃さとパワーを求めるようになる。化学調味料の添加された料理に慣れると、しっかり天然の出汁を取って作った料理が物足りなく感じるのと同じだ。

演劇人であり、ワイン醸造にも詳しいフランソワ・カリバサは『飲むとはどういうことか? ワインの試飲法批判』のなかで、1970年代に登場するエノローグといわれる醸造技術者たちがワインコンサルタントとして酸を削減し補糖によってアルコール度を上げた厚みととろみのある肉厚なワインを作るようワイン生産者にうながし、それらのエノローグもふくめたプロの試飲家たちがそうしたボディービルのように筋肉もりもりのワインを積極的に評価したと分析し、生産と消費の2つの次元で同時にワインである種の画一化が進行したと手厳しく批判している。(49)

マルセルは当初からそうしたワインに疑問を抱いていたものの、農業高校で習った現代的な手法でワインを作っていた。化学物質を使った栽培と醸造で品質が安定し、同時に手間も省ける。コストダウンもでき、安全だ。「安全といっても、これは作り手にとっての話で、飲み手にとっての話ではない」と、マルセルはつけくわえた。

さらに、農業高校ではぶどうを完熟させずに収穫するようにと教わったという。いいワインを作るにはぶどうを完熟させるというのが常識だが、それだと醸造段階で問題が生じやすい。

では、完熟していないぶどうから作った風味が薄く、酸度の高いワインをどうするか。補糖でアルコール度を上げればいいのだ。

しかも、醸造段階での雑菌による酸敗をふせぐため、醸造の早い段階で亜硫酸塩を投入しろともいわれている。亜硫酸塩は雑菌の増殖を防ぎ、ワインを安定させ、酸化も抑制する魔法の妙薬だからだ。

そもそも栽培段階で除草剤をまくと、土地に自生している酵母、とくにぶどう果実の果皮のブルームないし果粉と呼ばれる白い粉に多く生息している酵母はその大半が死滅する。そうなると発酵がスムーズに進まなくなる。

しかし、大丈夫、工業的に精製された培養酵母がある。しかも、1980年代にはアロマ酵母が発明され思い通りの香りが演出できるようになった。

多くのボージョレ・ヌーヴォーにある甘いバナナの香りは、「71B」という培養酵母によるものだ。本来の自生酵母で醸造すれば、ボージョレはフランボワーズやグリオット（酸味ある小さなサクランボ）や、スミレの香りがする。最近は自生酵母でのボージョレワインも増えているが、バナナの香りには用心したほうがいい。それ以外の繊細な香りならまともなボージョレとみていい。

ほかにも、「56」はコート・デュ・ローヌ用というように、地方性を演出する酵母はたくさんある。

こうして、完熟してないぶどうを醸造しても、補糖で厚みをつけ、人工的な培養酵母で一般受けするわかりやすい香りまでつけることができる。しかも、自生酵母は種類が30から40

種あり、土地によっても年によっても組み合わせが変化して醸造が安定しないが、人工酵母ならいつも同じ結果をもたらしてくれるから安心で安全だ。

マルセルはそうした作り方に疑問をもちながらも、農業高校で教わった方法でワインを作りながら、頭にあったのは子どもときから親しんでいた昔の製法で作られた、厚みはなくとも軽やかで香り高いボージョレだった。

八　ジュール・ショーヴェとの出会いとマルセル・ラピエールの試み

ワイン作りに悩んでいたマルセルは、1980年にヴィリエ-モルゴン村の北東10キロほどのラ・シャペル・ドゥ・ガンシェに住んでいたジュール・ショーヴェ（1907-1989）に出会う。

マルセルが「ショーヴェがいなかったらいまのわたしはない」と強調した出会いである。1907年生まれのショーヴェはすでに70代で、ワイン作りに関する微生物学研究の長年の成果をワイン作りに応用して、自然なワイン作りを実践していた。

ショーヴェは高校を卒業して高校卒業資格のバカロレアを取得すると、ぶどう畑を所有しながら、もっぱらぶどう果汁やワインをぶどう農家やワイン農家から買いつけ、それを醸造したり製品化したりして販売するネゴシアンの家業をすぐに継いでいる。

「当時、ワイン農家の長男はみんなそうだった」とマルセルは怪訝《けげん》そうな顔のわたしに説明し、「弟のリュシアンは理系で超難関の国立理工科学校《ポリテクニック》を出て数学者になっている」と補足した。

ショーヴェが聡明で明晰、理系の学問に秀でていたことは、リヨン大学の研究施設である「リヨン化学研究所」に週一回通い、生物学とくにワイン醸造における微生物の働きについて専門家なみの知識を身につけて実験をおこない、その後、生涯にわたって単著や共著で数々の論文を専門誌に発表していることからもわかる。

出会った日にショーヴェはいきなりマルセルに「ボージョレの乳房は砂糖と亜硫酸塩です」と断言したという。「ボージョレワインを作っているのは砂糖と酸化防止剤だ」というのだ。

ジュール・ショーヴェとのパートナーシップは1980年から1989年のショーヴェの死までつづく。

「土地への働きかけ」を強調し、「可能なかぎり純粋なワイン」を求めるショーヴェの影響を受け、マルセルは1980年には畑で除草剤と殺虫剤を、醸造で亜硫酸塩を使うのをやめる。土地に自生する酵母による自然な醸造をおこなうためだ。

除草剤をやめる一方で、ぶどう畑を人の手で耕し、場合によっては手で雑草を取り除くことにした。耕作によって土壌を柔らかくして空気をふくませ、土壌内の微生物の活動を活性化させるよう努めた。

農薬だけでなく、同時に化学肥料の使用もやめた。有機農業への転換である。

当時、除草剤や殺虫剤をぶどう畑にまき、自生酵母が減少すれば、人工酵母にたよるのが当たり前だった。もちろん、だれも畑を耕してなどいない。だから、まわりからは「馬鹿だ」といわれたという。有機の畑から虫が飛んできて困ると隣の生産者から苦情をいわれたこともあった。さらに、人工酵母だけでなく、酸化防止剤も使わないのだから、いよいよ「大馬鹿」である。

その後、多くの若い世代の自然派ワインの作り手がまわりのワイン生産者からあびせられることになる非難である。

さらに、14度以下ではワインを変質させる雑菌が繁殖しないとショーヴェから教わり、醸造タンクのある醸造所に冷水を回して温度を冷やす装置を設置する。費用がかかるが、量ではなく質を求め、美味しいワインを作るためだから仕方ない。

「ジュール・ショーヴェは、合理的な伝統そのものだった。ショーヴェは、わたしのいくつもの直感に科学的基礎をもたらしてくれたことで、何年も前からわたしが作ろうとしていたワインの作りかたの鍵をわたしにあたえてくれた」とマルセルは語っている。

そんな、マルセルの頭と舌にあったのは、父親の世代が普通に作って飲んでいたかつてのボージョレだった。まわりのワイン生産者はマルセルのワイン作りを冷ややかにみていたが、マルセルのワインを村の収穫祭で味わった古老たちは、「これだ、これがボージョレの味だと」喜んでくれたそうだ。

マルセルは、死の3年前の2007年に「キュヴェ・ジュール」という普通のボージョレ・ヌーヴォーとは異なる特別なヌーヴォーをリリースしている。マルセルがわたしに「最高のヌーヴォーになるだろう」と語ったワインである。もちろん、ジュール・ショーヴェにちなんだワインである。

日本円で当時5千円台後半と普通のマルセルのヌーヴォーの二倍に近い価格だったが、味と香りに深みとコクがあり、それでいて軽やかさを失わないワインだった。2本購入して1年後に再度味わうと、早飲みのヌーヴォーなのに、熟成して深みを増していた。

なぜ、よりレベルの高い原産地名称（AOC）であるモルゴンでジュール・ショーヴェを称えるワインを作らず、あえてヌーヴォーを選んだのか。

それは化学だのみだったボージョレのなかでも、化学だのみの最たるものであるヌーヴォーでこそ、ショーヴェの教えを活かし見事なワインを作ることでショーヴェの偉大さを伝えたかったからにちがいない。

九　マルセルのワインが作る人の輪

次第にマルセルのワイン作りは地域で注目を集め、マルセルの隣人でマルセルより一回り若いジャン・フォワイヤールや同じモルゴン村のギー・ブルトン、ジュヌヴィエーヴ・シャモナール、ジャン＝ポール・テヴネといったマルセルのワイン作りに共感する作り手たちが集まり、いわゆる「モルゴンの5人組」、あるいはその当時の慣行に逆らうワイン作りから「モルゴンのギャング」といわれるグループがかたち作られる。

この集まりは生産者だけにかぎられておらず、今日の言葉でいえば醸造コンサルタントであるジャック・ネオポールもマルセルと袂を分かつ前はそのメンバーだったし、ヘーゲル研究者であり建築家でもあった反体制運動家のアラン・ブライクもこの集まりに参加していた。

アラン・ブライクは、1957年に「シチュアシオニスト・インターナショナル」という革命組織を結成し、1968年のパリの五月革命で学生と若い労働者のこの運動を主導した思想家ギー・ドゥボールの友人であり同伴者だった。マルセルのまわりに人がつどった1980年当時、すでに「シチュアシオニスト・インターナショナル」は解散し、世の中は保守的傾向を強めていた。科学テクノロジー化するワイン業界も同じだった。

ブライクはそんな世の中の潮流に抗して質の高いワインを生みだすマルセルのワイン作りに、商品としての表面的な価値だけで判断される情報化した資本主義社会への反骨を見出していたように思われる。

マルセルがネオポールをブライクに引き合わせたことで、ネオポールの最初の著作『あるワイン愛好家の考察』(50)がアラン・ブライクの編集で1983年に刊行されることになる。

当時編集者として商業主義から独立した内実のある著作の刊行を考えていたブライクと、

フランス各地でぶどうの収穫とワイン醸造の経験を積みその経験を原稿にしたためていたネオポールの出会いが、その後、自然派ワインを世に認知させるきっかけとなった著作の刊行となり、各地で自然派ワインの醸造を指導したネオポールの存在を多くの人に知らしめることになった。

実際、ネオポールの指導によって自然派ワイン作りに目覚めた作り手も少なくなく、彼らは多くの自然派ワインの紹介本で、ネオポールをワイン作りの師としてあげている。

ネオポールは1983年刊行の最初の著作で、すでに亜硫酸塩の味覚にあたえる悪影響を分析し、亜硫酸塩過多のワインの風味を批判している。

さらに、ネオポールが1996年に刊行した2冊目の著作『あるワイン愛好家の足取りにそって』は、いま読み返すと、フランス全土のワインの作り手をめぐり、各地で収穫と醸造に携わったネオポール自身の経験をもとに、有機栽培やビオディナミを実践しているフランス全土の作り手とそのワインを推奨し、さらに数人の亜硫酸塩無添加の作り手まで紹介している点で、画期的であったといえる。

この2作目の著作にワイン産地別に紹介されている優良ワイン生産者は800軒余におよび、そのうち有機ないしビオディナミでぶどうを栽培しているとされる生産者は28軒、さらに亜硫酸塩無添加の醸造をおこなっていると明記されている生産者も8軒ふくまれている。

このネオポールの著作から、伝統的な作りにこだわり、のちの自然派に近いワイン作りをおこなっている生産者が1990年代のフランスのあちこちにいたことがわかる。そして、こうした人々の実践がフランス各地で自然派ワインの作り手を生む土壌となっていったと考えていいだろう。

しかも、この著作には、「ガメによる美味しいアンジュ」の生産者としてアンジュ地方のマルク・アンジェリや、自然派の旗手のひとりフィリップ・パカレが醸造責任者を務め、のちに「プリウレ・ロック」となるブルゴーニュ地方のアンリ・ロック、酸化防止剤を使わない作り手としてジュラ地方のピーエル・オヴェルノワやボージョレ地方のマルセル・ラピエールといった自然派の第一世代も紹介されている。

ショーヴェやマルセルが自然派の始祖や父といわれがちだが、それはショーヴェが研究者として論文や著作を残したからだ。しかし、ネオポールの著作は、フランス各地に自然派のもとになった作り手がいたことをわたしたちに教えてくれる。

その後も、ネオポールは自伝的評論『あるワイン愛好家の試練』とワインの試飲に関する著作『試飲小概論』を刊行している。ともに普通のワイン関連本と違い、ネオポールの個人的なワイン体験にねざした内容になっている点で非常に個性的、ワインの現代史を考えるうえでも貴重な資料である。

そんなネオポールのワイン作りとワイン遍歴を著作として残すきっかけとなった点でも、ブライクの功績には大きなものがある。

1990年に53歳で早逝するブライク自身の著作も、1998年に交友のあったマルセル・ラピエールの序文を付して、ブライクの理念を受けついだジャン＝ポール・ロシェの編集で刊行されている。

タイトルは『理性のぶどう』[51]。冒頭の簡単な自伝的自己紹介のあとには、おもにネオポールの処女作の編集と刊行をめぐって書かれたネオポールとラピエール宛の書簡が多数収録されている。

ブライクは、本とワインという2つのものを人が本来入念に手間暇かけて作るものとして同等なものとみなしている。資本主義社会においてみかけだおしの商品が高い価格で取り引きされ、そのことによって内容のない空疎な価値を生み出していることへの反逆である。そこにはパリの5月革命を闘った反逆者の精神が息づいている。

ブライクと親交のあった5月革命の指導者ギー・ドゥボールには『スペクタクルの社会』[52]という著作がある。そこでドゥボールは見かけだおしの商品が量産され、流通し、価値づけられる社会のありかたを「スペクタクルの社会」として徹底的に批判している。

ブライクを通してドゥボールと親交があったネオポールも自身の著作でドゥボールをしばしば引用している。そんなドゥボールは次のように述べている。

「わたしがここで想起したワインの大多数は（……）今日それが備えている味わいを完

全に喪失した。まず世界市場において、ついで地方の市場において。工業の進歩にともない、長いあいだ大規模な工業生産から自立していた社会階級［もの作りに携わる職人階級］が消失に向かったり、経済的な再教育がおこなわれたのと同じだ。また、だからこそ、以後工業にもとづいていないほとんどすべてのものは国家的なさまざまな規定の作用によって喪失を余儀なくされる。」（［］は福田による）

これは自然派ワインの新しい擁護者のひとり、すでに紹介したセバスティアン・ラパックが、自身の自然派ワインガイドで引用している一節だ[53]。ところで、ネオポールは最初の著作『あるワイン愛好家の考察』で、現代のエノロジー（ワイン醸造学）がワインの欠点を探してそれを技術で補正することに躍起になり、口中での味わいの持続だけを重視する態度を批判したあと、次のように記述している。

「非常に偉大なワインはだんだんと少なくなっている。現代のエノロジーも、経済のテクノクラート［専門家］化のために醸造を歪曲して粉砕し、型に嵌めようとするワイン関連の数多い役人たちに支えられて、欠点を補正する醸造法によってそれに貢献している。もっとも生き生きとしたものが殺菌をほどこされ、もっとも多様であるものが画一化される。すべてを調整し、体系化しようとするこのような規格化の世界が、知識を有していると信じる愚か者や自惚《うぬぼ》れ屋たちのだした解答である。ワインを計算可能な対象とすることで、無知と感性と教養の欠如を誤魔化しているのだ。(54)」

この分析はドゥボールのさきほどの文章とくっきりと呼応していないだろうか。ドゥボールが工業化によって失われた職人的な手づくりの産品を評価し、ネオポールが工業的なテクノロジーの進展によって画一化される個人の感性を問題にしているという違いはあるが。

ここからは、マルセル・ラピエールのワイン作りとそのワインが時代にあらがう価値観を内包し、それがその後の自然派ワインの作り手に引き継がれ、現代社会を内側から、つまり人々の感性から変えていく力を秘めている、と考えるのはわたしの思い過ぎだろうか。

いずれにしろマルセルのワインが人を惹きつける力をもっているのは事実である。

わたしが最初に取材した2003年には日本でソムリエとして働いたあとにワイン作りの現場を経験したいと渡仏した飯野瑞樹《みずき》がマルセルのところで住み込みで働いていた。また、2007年の2度目の訪問のさいには、岡田宏が飯野のあとを引き継ぐようにやはり住み込みで働いていた。二人とも帰国して、フレンチのレストランを開いている。とくに、飯野瑞樹は現地での栽培と醸造の経験をふまえ、自然派ワインを日本に広めた先駆者のひとりだ。

さらに、マルセルの収穫には多くの老若男女のボランティアが参加している。なかには、10年来、毎年ヴァカンスをかねて家族や友人とともにやってくるというオランダ人のグループもいた。

こうしてマルセルの自然なワイン作りは人の輪を作ってきた。このような人を集める力をもつのが自然派ワインの特徴のひとつのようだ。

フランスだけでなく、日本や他の国々で、自然派ワインの愛好家の呼びかけで、商業ベースではないかたちで自然派ワインのフェスティバルが毎年開催されている。その事実がこの自然派ワインの特徴をよく示している。

スペクタクルの社会ではない、もうひとつの別な社会、人と人をつなげ、人と人を自然につなぐ社会のかたちの萌芽がそこには示されていないだろうか。

一〇 マルセルのワイン作りからみえてくるもの

ワインは二度人間が自然とかかわってできる。ぶどう栽培という農業のレベルと、醸造という加工のレベルだ。

すでにみたように、穀物酒で無意識のうちに酒への感性を育んできた日本人は加工にフォーカスしてワインを工業品とみなすが、フランス人は栽培を重視して農産物とみなす。それはたんに栽培が農業であるだけでなく、ぶどう果汁が本来、自然な酵母によって自然に発酵するためでもある。

つまり、ワイン作りにおいては、醸造も自然の営みであり、人間は農業同様、発酵を手助けするにすぎない。これはマルセルが思い浮かべるかつてのボージョレワインや自然派のワインを考えれば納得できる。

ここで重要なのは、マルセルがかつてのような愛らしいワイン、美味しいワインを求めていたという原点である。それにはなるべく化学物質や科学テクノロジーを排して、昔のように自然に作る必要がある。

まず、風味を人工的に決めてしまう人工酵母と、味と香りを変質させる亜硫酸塩を使用しないことが肝要となる。そのためには、土地とそこで育つぶどうに付着している自生の酵母をしっかりと保護しなければならない。そして、それを実現するには、除草剤や殺虫剤を使用しない有機農業が必要になる。

こうして有機栽培で有機醸造（自然醸造）のワインができあがる。

マルセルは酵母の重要性を強調し、次のように語っている。

「私たちは発酵桶に入れるときに、酵母の数を数えました。ちゃんと耕されたぶどう畑の場合、1ミリリットルあたり2400万の酵母がみつかりました。これに対して、除草剤をまいた畑では、自然な酵母は400万しかみつかりません。2400万の酵母のなかには、50種類もの種類の異なる酵母があって、これらが発酵のさいに活動して、それそれ違った風味をもたらすのです。(55)」

ここでマルセルの発想が醸造から栽培へと遡っていることに注目したい。通常、栽培があり醸造があると思いがちだ。それがワインを作る手順だからだ。しかし、マルセルの発想は逆の道をたどる。醸造を自然なものにするには、栽培を自然なものにする必要がある、マルセルはそう考える。

こうしてより自然なワインは、化学合成した不純物をふくんでいないため、人間に優しく、さらに農薬を使っていないため、環境にも優しいことになる。

けっして環境や健康を考えて有機栽培や自然醸造をめざしたわけではない。あくまでワインの質へのこだわりが、人間の暮らす環境と人間の身体環境によいワインを生んでいる。

わたしたちの感覚（味覚）にとって心地よいものを追求することで、わたしたちはわたしたちの内外の環境によいワイン作りができるのだ。

ワイン作りは二重に自然に働きかける。だからこそ、栽培と醸造という2つの次元で人が科学にもとづいた介入も可能となり、その二重の介入でワインは自然とはかけ離れた産物になる。しかし、それは裏を返せば、二重の意味で、自然の賜物《たまもの》ともなるということでもある。つまり、二重に自然を凝縮した自然の精華ともなりうるのだ。

マルセルのワイン作りと純度の高い多くの人々を魅了してきた彼のワインは、そんなことをわたしたちに教えてくれる。

二　ショーヴェのワイン哲学

マルセルのワイン作りの中心には自生酵母を軸とした微生物の働きがあった。じつはこれこそ、マルセルの師であったジュール・ショーヴェの生涯の研究課題でもあった。

ここでは、これまで刊行され復刊もされてきたショーヴェの著作や対談をもとに、(56) ショーヴェのワイン哲学の要点とその意義を確認しておきたい。

もっとも重要な点は、ショーヴェがワインの作り手でありつつ、当時の最先端の知見を身につけた微生物学者であったことだ。

それはショーヴェが当時パリのパストゥール研究所の発酵部門の責任者だったポール・ブレショや、1931年にノーベル生理学賞を受賞したドイツのオットー・ワールブルクと研究上の友好関係があったことからもわかる。

ブレショとは複数の共著論文があり、ワールブルクとはショーヴェの質問状で親交がはじまり、ワールブルクが所長を務めていたカイザー・ヴィルヘルム生物学研究所に短期の招聘研究員として招待され、生涯にわたって研究をめぐって書簡をかわしていた。ショーヴェの探究はワイン醸造家の実践的研究というレベルをはるかに超えている。

ショーヴェの業績は、優れた試飲家としてワインの試飲法に関するものと、醸造に関するものとに分かれるというのが大方の見解だ。しかし、ワインの香りが化学的にどのように編成され感得されるかを解明する化学者の目をもったショーヴェの関心は、実際のワインの繊細で微妙な香りと味わいにあった。そして、醸造についても、品質の高いワイン、なにより繊細なアロマに富み陰影のあるワイン作りのために、微生物の研究を生涯にわたっておこなった。

そう、ショーヴェにとってワインこそがすべてであった。だからショーヴェは科学還元主義でも科学絶対主義でもない。

「わたしたちは2つの化学的に異なる物資が同じ香りを示しうること、いっぽうで集中度の異なる同じ物質が異なる香りを喚起することがあるのを知っている。(57)」

ここに化学物質と知覚との一対一対応という科学還元主義はない。さらに、以下のようにも述べている。

「わたしたちにとって、ある感覚とその原因とのあいだの揺るぎないな関係を確定することは不可能である。[58]」

科学絶対主義でもないのだ。

それはワインという、栽培レベルで土壌細菌もふくめた植物相と天候に大きく左右され、醸造レベルでもおもに微生物に大きく依存して、二重に自然にかかわりあって千変万化する、人間と自然との協同の産物を相手にすれば当然のことだった。

ここから再三引用される「わたしは80歳でやがて死ぬだろうが、結局のところワインついてなにも知らない[59]」という謙虚さが生まれる。

そんな「ワイン作りこそすべて」というショーヴェのワイン哲学の核心にあるのが、人間と自然との関係である。

彼は「ワインとは、太陽と土と植物により生きている有機体の、人間の助けによる変容です。（……）ワインは人間の存在を自然と一体となるように仕向け、人間の存在を精神的世界の境界にまで連れていきます。ワインの魂とは、自然の魂なのです[60]」と語っている。

人間が自然を上からコントロールするのではなく、自然の一部となって自然の働きを助け、それによって自然の生命循環を破壊せずに、むしろ活性化することで、人間の自然な感覚に心地よいワインを作る。これがショーヴェの基本的なワイン作りの態度だ。

だから、彼は近代の科学技術が導入される以前の1940年代の軽やかなボージョレを再三賞讃している。当時のボージョレはアルコール度が10度から11度で繊細なアロマが人を魅了し、しかも飲んでも酔うことなく、飲んだあとに仕事をすることができたという。

しかし、それが現代のように13度を超えてはそうはいかない。「アルコール飲料になってしまう」とショーヴェはいう。ショーヴェにとって食卓で水代わりに飲め、それでいて香りの高さが心地よい飲み物、それがワインだった。

そんなショーヴェは「わたしはいつか化学なしですませるために、化学に大変打ち込まねばなりませんでした[61]」と述べている。

ショーヴェの生きた時代から半世紀以上の時がたち、多種多様な化学物質をふくむ科学テクノロジー全般の弊害が、人間の生存さえ脅かしはじめている現代にあって深い思索を誘う言葉、いや深く考えるべき言葉ではないだろうか。

科学テクノロジーが環境を人間のために大幅に改変する前の18世紀までは、人間は自然のなかで自然のリズムに従って生きてきた。あえていえば「自然化」の時代である。

その後、19世紀になると科学が発達し、さらに科学的知見を活用した多様なテクノロジーが開発された20世紀以降、環境は人間によって大幅に改変されていく。ワイン作りでいえば、耕作でも醸造でも自然から離れ、畑を耕す人はいなくなり、醸造は化学薬品と科学技術に依拠しておこなわれるようになる。「脱自然化」の進行である。人間はあたかも自然の外にたって、その自然を人間の利益のために自由に変形できると思っていたのだ。

しかし、そのツケが回って環境汚染や健康被害に苦しむようになったのが21世紀だ。わたしはこれからの時代は人間が再度自然と折り合っていかざるをえないという意味で「再自然化」の時代であると考えている。

「再自然化」とは「自然化」の昔にもどることではない。そもそもそれは無理だろう。そうではなくて、科学的に自然のメカニズムを研究し、そのうえで科学的な手法を選択して使用するなり、なるべく使わずに済ますのが、わたしのいう「再自然化」だ。まだまだ精密にすべき概念だが、前述のショーヴェの言葉は、「再自然化」の核心をつく言葉である。

事実、微生物の活動を各種の実験で知悉《ちしつ》していたからこそ、ショーヴェは1951年からすでに亜硫酸塩も他の化学物質もいっさい無添加のワインを作りつづけることができた（当時はまだ手軽には使える培養乾燥酵母はなかったので使っていたのは自生する野生酵母だった）。化学を知り、化学を使うことなく。

ショーヴェに源を発する自然派ワインとは、まさに「脱自然化」の産物といえるだろう。

一二　新しい環境哲学へ

生物多様性にもとづく生命の多様な循環を重視し、人間も生き物としてその多様な生物界の一員であること強調するのが、1983年生まれのフランスの若い哲学者で、ここ数年都合5冊の著作を次々と発表して最近とみに注目と集めているバティスト・モリゾだ。

ここでは最新の動物行動学と共進化の理論にもとづいて新しい環境哲学を提唱するモリゾの思考をモリゾの主著3冊によって紹介しながら[62]、これまでの考察をさらに広い文脈に開いておこう。

モリゾは「生き物」vivant［ヴィヴァン］という概念を重視する。彼は生物多様性にもとづく生物圏においては、人間も他の動物も、植物も微生物も、エネルギー交換の連鎖をかたち作っているという点で同等の存在、つまり同じ「生き物」であるとみなす。たとえば、食物連鎖はそのもっともわかりやすい事例である。そして、人間だけが生物圏で特権的「生き物」ではないことを強調する。

モリゾはよく花粉を媒介する昆虫の例を出して、この半世紀来の農業における殺虫剤の大量散布で、これらの昆虫が絶滅すると、農業どころか人間の生活も大変なことになると述べる。昆虫の役割を人間が代替すると十兆円規模の費用になるだろうという数字もあげている。

もうひとつの重要な概念は「ディプロマシー」（外交［術］・交渉［術］）という概念だ。これは相互関係にある生物圏で共存するために、相手のことをよく知り、相手と適切に「交渉」（ディプロマシー）することを意味する。まさに、ショーヴェの「化学をきわめて、化学を廃する」という考えに近い。邪魔になる他の生き物を排除したり抹殺したりするのではなく、相手をよく知って共存していこうという態度だ。

モリゾは1990年代に絶滅したと思われ、フランスで保護種に指定されたオオカミがイタリア経由でもどってきた事例を長期のフィールドワークで検証し、オオカミを駆除するのではなく、人間とオオカミとの共存のためこうした「ディプロマシー」（交渉）が可能であると考えるようになり、実際にそのような共存の在り方を実践的に探っている。

他にもモリゾの独自の着想とその着想の概念化はいろいろあるが（モリゾはドゥルーズにならって哲学の課題は新しい概念を作ることにあると考える）、ここでは最後にモリゾがよく使う直接自然なワイン作りにも関係する **infléchir**［アンフレシール］という動詞を取りあげておこう。

このフランス語の単語は辞書的には「曲げる、（光を）屈折させる、方向を変える」を意味する。

モリゾは、人間は農業においてぶどうやワインを「生産している」とよくいい、事実そう思っているが、人間はなにも生産していないという。なぜなら、人は植物が光合成によって太陽の光から栄養分を作りだしているのを助けたり、うながしたりしているだけにすぎないからだ。モリゾによればそれは植物の活動をアンフレシールしているということになる。

これも自然とその流れを尊重し、それをうまく誘導して質の高いワインを作ろうとしたショーヴェやそれを受けつぐ自然派の作り手たちの哲学と重なる。

いや、モリゾ風にいえば、ショーヴェはぶどうを非常に巧みにアンフレシールしていたのであり、自然派の作り手も自然と共存しながら自然をうまく屈折させるアンフレシールの専門家ということになるだろう。つまり、モリゾの言葉を拡張して表現すれば、彼らは「アンフレシスト」とでもいうべき存在だといえるだろう。

このような方向転換にすぎない農業を「生産」としたところにすでに人間の対自然観の誤りがあるというのがモリゾの見方である。モリゾはこれを「生産の形而上学」と呼び、それは人間が採集と狩猟の生活を送っていた旧石器時代から、農耕牧畜の新石器時代に移行したさいに生まれた対自然観であると分析する。

かなり壮大な論理展開であるが、新石器時代への移行はだいたい今から1万年前なので、「生産の形而上学」という思い込み（表象）はきわめて根が深いことがわかる。

このようなモリゾの観点から自然派ワインをみると、このワイン作りが農業と醸造という2つのレベルで自然とかかわり、そこでそれぞれ生き物の多様性を尊重し、それをうまく人間にそうようアンフレシールする営みであることがわかる。それは、人間も生き物のひとつであることを自覚し、他の生き物の在り方をよくわきまえたうえで、それらとうまく「交渉」することで、謙虚に生き物の共同体を活性化し、共存の道を探る行為なのだ。

一三　ＡＯＣ制度と自然派ワインの新しい認定制度

自然派ワインの作り手たちは、本来なら認定されるべき原産地名称を剥奪されてきた。理由は、その土地固有のワインとしての「典型性」に欠けるからというものである。

原産地名称（AOC）の認定は2段階でおこなわれる。成分分析と官能検査である。自然派ワインの多くは、地域のワイン生産組合の組合員が試飲する官能検査で「非典型」と判断されて、原産地名称を失い、産地表示のできないたんなる「フランスワイン」として販売せざるをえなくなる。いまでは原産地認証のゴタゴタを避けて、「フランスワイン」をみずから選択している生産者も多い。

しかし、原産地名称制度が整ったのは1935年、当時ワインは自然な作りでしかなかったはずだ。

その後、1960年ごろから、これまでさんざん述べてきた栽培での農薬や科学肥料の使用にはじまり、醸造でも化学物質の添加や進化した科学技術が活用されてきた。そうしたワインの味によって培われてきた味覚によって判断すれば、自然な作りのワインは非典型になってしまう。

ショーヴェは、ボージョレ地方で開かれたある公開試飲会で、有名なワインジャーナリストが高い得点をつけたワインに零点をつけた。そのジャーナリストがいささか憤慨して「零点をつけたのはだれだ」というので、ショーヴェは「わたしです」と名乗りでて、理由を問うジャーナリストに「たしかにこれはいいワインにちがいないが、この土地で作ったワインにはこのような香りはないからです」と答えた。おそらく当時すでに人工酵母による醸造が広まっていたのだろう。このエピソードは現代の典型性がけっしてかつての典型でないことを物語っている。

したがって、現在の典型性で自然派ワインを評価することには矛盾がある。かつてはいまよりはるかに自然に作っていたことを考えると、かえって自然派ワインのほうが典型とさえいえるかもしれない。

じつは、このAOC剥奪は各地で訴訟沙汰になっている。それらの訴訟の多くを担当し勝訴した事例を弁護士のエリック・モランが『自然なワインのための口頭弁論』のなかで5つ取りあげて報告している。[63] モランの弁護も、ショーヴェやネオポールをもちだし、ワインの歴史からみて自然派ワインがむしろ正当という視点でなされている。

ただし、この典型性・非典型性という視点でみると、たしかに個人の技術と経験がものをいう自然な作りのワインは、土地の味より作り手の個性をより表現しているともいえる。そのため、自然派ワインのガイドは、基本的にワインを描写して評価するこれまでのワインガイドと異なり、作り手の紹介に多くのページを割き、しかも作り手のワイン哲学を紹介している。

麻井宇介は2001年刊行の『ワインづくりの思想』で、ワイン作りの思想が、時代を追って「産地主義」から「技術主義」、「品種主義」、「テロワール主義」をへて「つくり手主義」へと移り替わったことを明らかにしている。[64] 麻井の議論に自然派ワインは入っていないが、まさに自然派ワインは「つくり手主義」の最たるものかもしれない。

ただ、多くの作り手が自然なテロワールを重視し、その表現をめざしているので、彼ら自身はこのくくりに反対することもありえる。

この点で、わたしが麻井の見立てにつけくわえることがあるとすれば、いくら人為を排しても、ワインは人が自然に働きかけてできる産物である以上、テロワールはかならず作り手を通して表現されるということだ。

そんな原産地名称制度からはみだしがちな自然派ワインの法的な枠組みを作ろうとする運動は、とくに自然派ワインの団体ができて以後、つまり2005年以後に広まり、政府関連団体でワインの認証認定をつかさどるINAO（国立原産地名研究所）とのあいだでたびたび交渉がおこなわれてきたが、そのつど失敗に終わってきた。

これには自然派ワインの作り手の側の意見の不一致も影響していた。もともと慣行のワイン作りにあらがって自分たちのワイン作りを進めてきた人々なので、なかなか意見の一致をみるのが難しい。公的認定制度はワイン作りの自由を阻害するので反対だという人さえいる。一方で、混乱する消費者のためには認定制度は不可欠だとする賛成派、さらにその中間的態度の人もいるのが実情だ。

自然派ワインの公的認定制度の問題が新たな進展をみせたのは、2019年9月にこれまでの協会より政治的に強い組織である「自然派ワイン擁護組合」Le syndicat de défense des vins

図2　自然派ワイン擁護組合が作ったロゴ

naturelsが１７０名の組合員によって結成されたことだった。フランスでは、組合は協会と異なり、職能団体として強い権利と業務を有している。

この組合は従来のワイン生産者の組合が作り手だけを組合員としているのと異なり、ワインの販売やサービスにかかわる人やワイン愛好家もメンバーにふくんでいる。いかに自然派ワインが、作り手だけでなく、飲み手をも巻き込んだ社会現象であるかを示している。

そして、ついに何度かの交渉の結果、２０２０年3月に「競争・消費・詐欺防止総局」によって自然派ワインの呼称と独自のロゴ（図2）が認められることになった。呼称はロゴにもあるように、Vin méthode nature［ヴァン・メトード・ナチュール］「自然手法のワイン」である。

規定は12項目におよぶが、要点は以下の通りである。

栽培は有機ないしビオディナミとし、自生酵母のみが許可され、いかなる添加物も、いかなるぶどう果汁の意識的変更も許されていない。長年の懸案だった亜硫酸塩の添加も添加ゼロの場合はその旨の表記が付加でき、醸造中の添加は禁止されている。ただし、瓶詰時に1リットル当たり30ミリグラムを上限として添加が認められ、その場合ラベルに添加グラムを表示しなければならない。添加物については亜硫酸塩の含有を示す分析結果の提出が義務づけられ、毎年くじで選ばれた3軒の作り手がワインの検査を受ける。

すでに、2019年のヴィンテージで、参加する50名の作り手の70のキュヴェ（ワイン）が認定されたという。これまでの経緯を考えると、これはとても大きな一歩といえるだろう。これで消費者にもわかりやすくなる。

もちろん、いわゆる自然派ワインの作り手でこの組合に参加していない作り手も多いので、この認定を受けていなくても自然な作りのワインは存在する。

しかし、それはいままでもあったことだ。

たとえば、これまでに2003年と2005年の2つの版が刊行されているドミニック・ラクーの自然派ワインガイド『自然派ワインの愛好家のガイド』(65)では、通常自然派とはみなされないブルゴーニュの有名な「ドメーヌ・ドゥ・ラ・ロマネ・コンティ」や「ドメーヌ・メオ・カミュゼ」のほか、ボルドーの甘口貴腐ワインの最高峰「シャトー・ディケム」などがリストアップされている。

たしかに、こうした高品質で高価なワインを作る作り手の多くは事実上栽培も醸造も自然であることが多い。自然派とはいわれないが、かぎりなく自然な作りのワインなのだ。そして、それがその品質と名声を保証してきたといっていいだろう。

そう考えると、フランスワインの頂点のいくつかは昔ながらの自然派であるという興味深い事実がみえてくる。自然にのっとったワイン作りは、じつは脈々とつづいていたのである。

□注

（１）Jérôme van der Putt, *Vin bio mode d'emploi : du von bio au vin naturel*, Nouvelle édition, Jean-Paul Rocher éditeur, 2008, p. 92. この著作の旧版は２００６年の刊行。

（２）Évelyne Malnic, *Grandeur nature : les vins naturels racontés par ceux qui les font*, Dunod, 2018, p. 19.

（３）日本でも２０１０年代後半になると、ワイン関係者やワイン愛好家が多数ジョージアを訪れている。いち早くジョージアを訪れ、その探訪記を *Skin contacte* という著作にまとめて２０１６年に刊行して、この地域のワインの文化的で歴史的な今日的意義を世界に知らしめたのは、アメリカの女性ワインジャーナリスト、アリス・ファイアリング Alice Feiring だった。彼女は肉厚でパワフルなアメリカのワインより繊細なヨーロッパのワインを好み、自然派ワインを熱烈に擁護する。英語版の翌年に出たフランス語訳の副題には「裸のワインの起源への旅 *Voyage aux origines du vin nu*」という副題がつけられている。Alice Feiring, traduit par Sophie Brissaud, *Skin contact : Voyage aux origines du vin nu*, Nouriturufu, 2017. この著作の序文はロワール地方で１９９０年代初頭から自然派ワインを作る「ル・クロ・デュ・チューブッフ」Le Clos du Tu-Bœuf のティエリー・ピュズラが書いている。ちなみに、この「裸のワイン」vin nu という表現は、このあとで詳述する自然派ワインの先駆者ジュール・ショーヴェの言葉からとられたもので、ファイアリングが自然派ワインを呼ぶときによく使う表現である。また、日本でもジョージアのワインが自然派ワインという視点からとらえられたことは、日本でもっとも読まれている自然派ワインのガイドブックの新版、FESTIVIN 編、文：中濱潤子、『ナチュラルワイン いま飲みたい生きたワインの作り手を訪ねて』（誠文堂新光社、２０１９年）の巻末に収録されたエセー「今話題のワインを飲む！ 超個人的ジョージア・ワイン紀行」（258‐261頁）からわかる（署名はないが、おそらくこの著作の取材と文を担当した中濱潤子の文章ではないだろうか）。このように、ユネスコの「世界無形文化遺産」になったジョージアの古代からつづくワイン作りは、自然派ワインの支持者から、ワイン作りの原型ととらえられ、自然派ワインはその製法を受けつぐ文化的にみて正統なワインとみなされた。

こうしてジョージア風の陶器の壺（クヴェヴリ）で発酵熟成させるワイン作りがイタリアやフランスの一部の自然派志向の作り手で実践されつつある。日本では北海道の「Ｋｏｎｄｏヴィンヤード」の近藤良介が２０１６年にジョージアを視察して、２０１７年からクヴェヴリを導入し、ジョージア風の自然派ワイン作りに挑戦している。

（4）役者のセバスティアン・バリエが、自然な作りのワインとの出会いから、そうしたワインの作り手たちを一人芝居に仕立てるまでの経緯を語った以下の著作には、自然派ワインのワイナリーや自然派ワインのフェスティバルを訪れる日本人があちこちに登場する。Sébastien Barrier, *Savoir enfin qui nous buvons*, Actes Sud, 2015.

（5）イギリス、ロンドンに拠点をおくマスター・オブ・ワイン協会が認定する世界的に権威のあるワインの資格。合格者は全世界で４００人余しかいない。

（6）イザベル・レジュロン、『自然派ワイン入門』、エクスナレッジ、２０１７年、126頁。

（7）蛯原健介、『ワイン法』、講談社選書メチエ、２０１９年、126-127頁。

（8）同書、「プロローグ―ワイン法はなぜ生まれ、何をまもるのか」、「第1章「本物」を守る戦い―原産地呼称制度の萌芽」、「第2章 産地を守る戦い」、8-110頁に詳しい歴史的経緯の説明がある。

（9）前述のイザベル・レジュロンは、『自然派ワイン入門』（前掲）で、「ワインという語の前に「自然派」という言葉を付けて区別する必要が生じたのは１９８０年代」であると述べている（114頁）。また、FESTIVIN編、文：中濱潤子で２０１３年に誠文堂新光社から刊行された『ヴァン・ナチュール 自然なワインがおいしい理由』には、「１９８６年ごろから、しだいにヴァン・ナチュールという言葉で表現されるようにな」ったと記されている（8頁）。

（10）日本でもっとも早く自然なワインを紹介した著作はワイン販売業に携わる大橋健一の『自然派ワイン』（柴田書店、２００４年）だと思われる。タイトルからわかるように、自然な作りのワインは「自然派ワイン」と呼ばれている。

（11）イザベル・レジュロン、前掲書、13-14頁。

（12）根圏に代表される土壌の重要性については、以下の著作を参照。D・モントゴメリー、A・ビクレー

著、片岡夏実訳、『土の内蔵 微生物がつくる世界』築地書館、2016年（原著2015年）

（13）これらの添加が許可された化学物質と化学的手法の完全なリストは以下のサイトで閲覧可能。いささか目がくらむほどの多さである。https://www.vignevin.com/pratiques-oeno/liste.php

（14）酸化防止剤や安定剤として醸造前の果汁や醸造過程において、さらに瓶詰時にも添加される硫黄化合物については、いろいろな種類と呼称があるため、この論ではすべて亜硫酸塩とする。

（15）ジルベール・ガリエ、八木尚子訳、『ワインの文化史』、筑摩書房、2004年（原著1998年）、377-381頁。

（16）Jérôme van der Putt, *Op. cit.*, p.48.

（17）Antonin Iommi-Amunategui, *Manifeste pour le vin naturel*, Les Éditions de l'Épure, 2015, p. 17.

（18）Éric Morain, *Plaidoyer pour le vin naturel*, Nouriturfu, 2019, pp. 88-89.

（19）塚本俊彦、『ワインの愉しみ』、NTT出版、2003年で、ワインを「いちばん原始的で難しい酒」と形容し、その原始的であるがゆえに難しいワイン作りについて、醸造家の立場から解説している。同書23-24頁。塚本俊彦（1931-2019）は日本の老舗ワイナリーのひとつ「ルミエール」の元会長。

（20）麻井宇介、『ブドウ畑と食卓のあいだ』、中公文庫、1951年（初刊行1986年）、110頁。

（21）同書、253頁。

（22）城の平試験農場でのぶどう栽培の経験は、以下の著作で詳細に報告され、分析されている。『ワインづくりの四季　勝沼ブドウ郷通信』、東京書籍、1992年（『麻井宇介セレクション』として2015年に醸造産業新聞社より復刊）。

（23）Andy Smith, Jacques de Maillard, Olivier Costa, *Vin et politique*, Presse de la fondation nationale des sciences politiques, 2007 p. 135.

（24）蛯原健介、『ワイン法』、講談社選書メチエ、2019年、117頁。

（25）フランスにおけるエヴァン法の制定をめぐる状況とその修正については、前掲の *Vin et politique*, Chapitre : Vin etsanté : les contraintes de l'intersectoriel, pp. 285-319 に詳しい。

（26）ロジェ・ディオン、福田育弘、三宅京子、小倉博行訳、『フランスワイン文化史全書』、国書刊行会、

２００１年（原著１９５９年）、372–386頁。Dr. Maury, *Soignez-vous par le vin,* Éditions du Jour, 1974 (réédité par les NiL éditions en 2011).Coordonné par Dr. Marc Lagrange, *Vin & médecins : Qu'en pensent les médecins ?,* Éditions France Agricole, 2019.

（27）Andy Smith, Jacques de Maillard, Olivier Costa, *Op. cit.,* p. 291.

（28）FESTIVIN編、文：中濱潤子、前掲書、147頁。

（29）蛯原健介、『はじめてのワイン法』、虹有社、２０１４年、99頁。

（30）有機認証をえるには有機転換後３年かかる。これまで投入されてきた化学物質の影響を除去する必要があるためである。

（31）２０２２年の時点でＥＵ全体の統計が２０２０年なのは、各国のデータを調整して確定するのに時間を要するからである。

（32）FESTIVIN編、文：中濱潤子、『ヴァン・ナチュール 自然なワインがおいしい理由』（前掲）、20頁。

（33）「ラ・ディヴ・ブテーユ」とは、16世紀前半にフランソワ・ラブレーが刊行した、中世の伝説をもとに巨人王父子による破天荒な飲食場面が展開する『ガルガンチュアとパンタグリュエル物語』の最終巻に登場する「聖なるボトル」（渡辺一夫訳の岩波文庫版では「徳利大明神」）のこと。ちなみに、ラブレーの生地はロワール地方のＡＯＣ名でもあるワイン産地シノンである。

（34）フランス語はSève。「樹液」の意で、「精気、活力」というふくみももつ。

（35）２０１０年に60歳で逝去。早すぎる死であった。この二章はマルセル・ラピエールへのオマージュでもある。

（36）現在はオヴェルノワの指導を受けてエマニュエル・ウイヨンがワイン作りを引き継いでいる。

（37）François Morel, *Le vin au naturel : La viticulture au plus près du terroir,* Éditions Libre & Solidaire, 2019, pp. 68-69. ２００８年に初版、２０１３年に第二版、２０１９年に第三版が刊行された。

（38）たとえば、地中微生物の専門家ブルギニョン夫妻の以下の著作。Claude et Lydia Bourguignon, *Le sol, la terre et les champs : Pour retrouver une agriculture saine,* Éditions Sang de la terre, 2015.

（39）FESTIVIN編、文：中濱潤子、前掲書、85頁。

（40）同書、144頁。
（41）勝山晋作、土田美登世 writing、『アウトローのワイン論』、光文社新書、２０１７年、61-62頁。
（42）２０１９年の勝山の早すぎる死（享年63歳）によって「楽記」は閉店した。
（43）勝山晋作、『ヴァンナチュール 自然派ワインが飲める店51』、リトルモア、２０１５年。
（44）Sébastien Lapaque, *Chez Marcel Lapierre,* Éditions de la Table Ronde, 2013 (la première parution en 2004 chez Stock).
（44）福田育弘、『ワインと書物でフランスめぐり』、国書刊行会、１９９７年、133-136頁。
（45）Jacques Néoport : *Réflexions d'un amateur de vins,* Jean-Paul Rocher éditeur, 1996 (la première parution chez Alain Braik en 1983) ; *Sur les pas d'amateur de vins,* Jean-Paul Rocher éditeur, 1996 ; *Les tribulations d'un amateur de vins,* La Presqu'île, 1998 ; *Petit traité de dégustation,* L'or des fous éditeur, 2010.
（46）蛯原健介が『ワイン法』（前掲）で詳述しているように、これ以後のフランスとＥＵのワイン政策は基本的に減反である。ワインの過剰生産にくわえ、新大陸のワインがヨーロッパ市場に進出したからだ。
（47）この時期のフランス全土でのぶどう畑の拡張による、ワインの品質低下と価格の高騰については、以下の著作に詳しい。Pierre-Marie Doutrelant, *Les Bons vins et les autres,* Éditions du Seuil, 1976.
（48）François Caribassa, *Qu'est-ce que boire ? Critique de la dégustation des vins,* Éditions Menu Fretin, 2017, pp. 42-70.
（50）Jacques Néoport, *Réflexions d'un amateur de vins, Alain Blaik éditeur,* 1983 (réédité chez Jean-Paul Rocher éditeur, 1996).
（51）Alain Braik, *Les raisins de la raison, précédé de Mon autobiographie au lance-pierre,* Jean-Paul Rocher éditeur en 1998.
（52）ギー・ドゥボール、木下誠訳、『スペクタクルの社会』、ちくま学芸文庫、２００２年（原著１９６７年）。
（53）Guy Debord, *Panégyrique,* tome 1, Éditeur Gérard Levovici, 1989. Sébastien Lapaque, *Le petit Lapaque des vins de copains,* nouvelle édition, Actes Sud, 2009, p. 25.
（54）Jacques Néoport, *Réflexions d'un amateur de vins,* Jean-Paul Rocher éditeur, 1996, p. 30.

（55）じつはこれとまったく同じ文章が、次節で検討するジュール・ショーヴェの著作にある。

（56）以下の四つの著作に依拠。1）*Jules Chauvet ou le talent du vin,* Jean-Paul Rocher éditeur, 1997 ; 2）*Le vin en question entretien avec Hans Ulrich Kesselring,* Jean-Paul Rocher éditeur, 1998 (réédité par les Éditions de l'Épure en 2018) ; 3）*Jules Chauvet naturellement ...,* Témoignages, entretiens recueillis par Évelyne Léard-Viboux, Jean-Paul Rocher éditeur, 2006 ; 4）*L'esthétique du vin,* Jean-Paul Rocher éditeur, 2008 (réédité par les Éditions de l'Épure en 2020). 最初の著作『ジュール・ショーヴェあるいはワインの才能』はショーヴェがあちこちの専門誌に書いたワインの試飲とワイン作りの科学に関する論文をネオポールが集めて編集したもので、冒頭にネオポールが寄せた「ジュール・ショーヴェと生地ボージョレ」という長文の「紹介」（pp.7-46）がある。

（57）4）p. 65.

（58）4）p. 72.

（59）1）p. 46. 3）p.47.

（60）1）p. 14.

（61）1）p. 15.

（62）以下の３つの著作に依拠。Baptiste Morizot : *Manière d'être vivant,* Actes Sud, 2020 ; *Raviver les braises du vivant,* Actes Sud, 2020 ; *Les diplomates : Cohabiter avec les loups sur une autre carte du vivant,* Actes Sud / Wildprojecte, 2016.

（63）Ēric Morin, *Op. cit.,* Sébastien Riffautl, Dominique Derain, Olivier Cousin, David Leclapart, Alexandre Bain の勝訴事例。

（64）麻井宇介、『ワインづくりの思想』、中公新書、２００１年。ちなみに、麻井はつねに「ワインづくり」と「作り」をひらがなで表記している。本書では引用をのぞいて「作り」と漢字表記とする。

（65）Dominique Lacout, *Guide de l'amateur des vins naturels,* Jean-Paul Rocher éditeur, 2003 et 2005.

コラム　自然派の醸造言説への反作用

自然派のワイン作りは、ぶどう栽培をその中心におく。

醸造は、有機栽培でていねいに作られたぶどうと、そのぶどうに付いていたり、醸造場に自生する自然な野生酵母によっておこなわれる。醸造の要点は、ぶどうの高い品質を損なわないことだ。醸造でなにかをくわえることではない。

だから、極力酸化防止剤も使わない。使うとしても、自然な酵母群による発酵に影響をあたえる醸造前の添加や、醸造中の添加はせず、瓶詰時に少し入れる。

もちろん、醸造を健全におこなうために、醸造場や醸造設備は完璧なまでに清潔にしなければならない。ぶどう栽培に集中したあと、「醸造は見守るだけ」と述べる小山田幸紀も、わたしが別の機会に発した質問で、そう答えている。

しかし、そうなると醸造学は無用となり、醸造学者の立場はなくなるのではないだろうか。

事実、自然派ワインの始祖であり、理論的支柱でもあったジュール・ショーヴェは、すでに二章で示したように、「わたしはいつか化学なしですませるために、化学に大変打ち込まねばなりませんでした」と語っている。ショーヴェの化学的探究は化学をなるべく使わないためのものだった。

あるいは、ボルドー大学醸造学部で3年間学び、卒業試験を前に自然派の作り手をめぐり、結局同大学を中退して、より実践的なボルドーの職業訓練学校で栽培を学んだ大岡弘武の経歴が、醸造学より実際のぶどう栽培が重要ということを物語っている。

このように本場で醸造学をみっちり学んだうえで、自然派の作り手となる例は、ほかにもある。

たとえば、函館でピュアで深みのある見事な自然派ワインを作る「農楽蔵《のらくら》」の佐々木賢と佳津子夫妻だ。彼らはともにブルゴーニュの学校で醸造を学んでいる。

1950年から醸造学科のあるボルドーほどではないが、ブルゴーニュも1980年代から醸造学の教育に力を入れている。

佐々木賢は高校在学中にワインに関する本を読んで興味をもち、大学受験をやめてブルゴーニュの醸造学校で学んだあと日本に帰り、小山田幸紀が栽培責任者だった時代の「ルミエール」で3年間働いている。

そのさい自然派ワインに出会い、ふたたびフランスに渡り、アルザスのクリスチャン・ビネールやシャンパーニュのダヴィド・レクラパールなどで研修する。この時期にブルゴーニュで佳津子と出会い、2011年に自分たちのワイナリー「農楽蔵」を立ち上げている。

醸造学の経歴と学歴では、佳津子のほうが王道だ。

「ワイン作りにはあまり役に立たなかった」と本人が述べいているものの、日本ですでに東京農業大学の農学部醸造学科を卒業しており、「神戸ワイナリー」の醸造担当として働いたあと、ディジョンにあるブルゴーニュ大学の醸造学科に入学して、フランス語での試験に苦しみながら、難関といわれるフランス国家認定醸造技師の資格を取得している。

しかし、近代の醸造学に精通した二人がおこなうのは、栽培でも醸造でも、有機栽培やビオディナミでも認められているボルドー液をのぞき、いっさいの化学物質を使用しない自然派のワイン作りである。

大岡や佐々木夫妻の姿は、ワインの化学を究めつつ、化学的手法を極力排して自然なワイン作りを実践したショーヴェの生き方に重なる。

たしかに、パストゥール以後、20世紀後半になって急速に進歩した醸造学は、腐造や酸敗をなくし、ワインの品質を底上げしてきた。

1980年代後半の3年間、わたしがパリ第三大学の博士課程に留学していたころ（醸造学の勉強ではなくフランス文学の勉強だったが）、悪い年でも醸造技術でそれなりの品質のワインが増えたとワイン関係者がいうのをよく耳にした。その一方で、本当に偉大なワインがなくなったともいわれていた。

技術は一定の品質を保証する一方で、品質を画一化する傾向をもつ。醸造学的知見と技術はある程度の品質のワインを作るのには大いに役立つが、真に偉大な感動を呼ぶワインを作ることは難しいのかもしれない。

大岡弘武がボルドー大学醸造学部で学んでいた時期、同学部には、1998年にソーヴィニョン・ブランのフレーバー・プレカサー（香りの前駆物質）の研究で同学部では日本人ではじめて博士号を取得した富永敬俊《たかとし》が研究員として勤めていた。

大岡は、笑いながら自分の退学について、「富永博士はわたしが研究から逃げた、と思っていたようですね」とわたしに語ってくれた。

富永の指導教授だったドゥニ・デュブルデュー博士は、２００４年にワイン輸入商社「ミレジム」の代表取締役のアメリカ人アーネスト・シンガーが立ち上げた「甲州プレミアムワインワールド・プロジェクト」の依頼で、甲州種の新たな風味を引き出す醸造技術の開発に協力し、こうして、このプロジェクトに参加した「中央葡萄酒」（「グレイスワイン」）から、２００４年にそれまで香りがおとなしくアピール力に欠けるとされてきた甲州種からきれいな柑橘系の香りを引き出した「甲州　キュヴェ・ドゥニ・デュブルデュー」が発売されて話題になった。

同じ時期、「日本固有の甲州ワインを世界レベルへ」という目標をかかげ、「甲州プロジェクト」を立ち上げていた「メルシャン」も、発酵中の一部の甲州に柑橘系の香りがあることを発見したのをきっかけに、この香りを甲州ワインに生かすべく、ボルドーで研修したさいに富永と親交のあった社員をとおして富永と連絡を取り、甲州に潜在する香りを醸造の工夫で引き出す研究を富永に委託した。

こうして、「グレイスワイン」の「甲州　キュヴェ・ドゥニ・デュブルデュー」と同じ２００４年に誕生したのが、いまも最高の甲州のひとつとして評価の高い「メルシャン　甲州　きいろ香」だった。

同じ年に、柑橘系の香りがさわやかな甲州種のワインが2種類も発売されたのだから、その反響は大きかった。それまでどうしても控えめな香りで、とくに欧米のワインを好むワイン愛好家から評価の芳しくなかった甲州ワインが、俄然注目をあびるようになる。

これらの経緯は富永自身が執筆した『きいろの香り ボルドーワインの研究生活と小鳥たち』（フラグランスジャーナル社、2003年）、および富永の評伝といえる王禅寺善明の『甲州のアロマ ボルドーでワインの香りに人生を捧げた富永敬俊』（ヴィノテーク、2009年）に詳しい。

醸造学的な研究が品種の潜在的な特性を引き出し、ワインの新たな味わいを拓いた、よい事例である。

しかし、すでに一章二章でみたように、過剰に自然をコントロールする技術、たとえばアロマ酵母や果実濃縮などの技術が発達した結果、ワインが醸造学的商品になって、個性をなくしているという現実もまた否定できない。

そんな状況のなかで、醸造家の言説にも変化が生じている。

もちろんここで問題にするのは、専門家向けの論文ではなく、あまり多くはないが、一般のワイン愛好家に向けて専門の学者が書いた著作群である。

たとえば、そうした著作で古い部類に入る1973年に刊行された『ワイン博士の本』（地球社）をみてみよう。

著者は大塚謙一、1924年生まれで、東京帝国大学農学部農芸化学科および同大学院を卒業した農学博士で、山梨大学助教授を経て国税庁醸造試験所所長を務め、「メルシャン」顧問でもあった。日本の醸造学の大御所である。

自然派が問題にする酵母について、「パストゥールの時代に基礎のできた近代微生物学によって、発酵が酵母菌の働きであることを証明して以来、自然発酵法は、純粋酵母添加法へと次第に移行するのである」と、この移行を必然的なものとして肯定的とらえ、次のように述べている。

「純粋培養法では、優良な純粋酵母をあらかじめ人工的にたくさん培養しておいて、これをブドウの汁に加えてやるから、増殖も早く、発酵はほとんどこの優良酵母が優先して行なわれる。従ってワインは、いつも安定して造れることになる。

近代的醸造法ではこの純粋酵母添加法が採用されているが、いわゆる本場のワイン醸造場では、未だ自然発酵法を維持している。その理由は、自然発酵法はいろいろな野生酵母が共生していてそれぞれの特色ある香味を出すので、できたワインの香味が複雑で、幅のあるものとなるというのである。つまり他所《よそ》ではできない独特なものとなるわけである。

確かに、いくつかの酵母を一緒に添加して造ったワインは香味が複雑である。しかし、近代的大規模な醸造場では、自然発酵法のようなリスクのある手法を採用すること到底できない相談である。」

ここには近代醸造学の基本的な見方がすべて提示されている。純粋培養法が大量生産を可能にする効率性と安定性をもたらす点で近代的で優れた手法だとされる。その一方で、自然発酵法は古い手法、純粋培養法に取って代わられるべき遅れた手法とみなされている。これらは近代醸造学では当たり前の見方だし、この著作が刊行された高度経済成長期の効率重視、経済性重視とうまく重なっている。

ただし、野生酵母を使った自然発酵法の利点も認めている点は注目してもいい。というのも、野生酵母による発酵の味わいの複雑さや幅の広がりという点は、まさに自然派の作り手が自然派的手法を採る理由だからだ。

そして、大塚が断じるように、自然派的ワイン作りは大規模生産には向いていない。だからこそ、自然派の作り手は栽培重視の小規模生産で、科学的知見を活用しつつも、経験にもとづいた職人的ワイン作りなのだ。

亜硫酸塩の添加も、雑菌の抑制と酸化防止の目的で、発酵前の果汁段階で当たり前のようにおこなうものとして説明されている。

その後、著名な醸造学者による一般向け著作が1990年代に2冊刊行されている。村木弘行の『えのろじかるのおと・ワインをおいしく科学する』（グループ・ヴィノテーク、1990年）と後藤昭二の『ブドウがブドウ酒にかわるとき』（中央法規出版、1997年）だ。ただし、前者は1984年から1989年にわたって雑誌『ヴィノテーク』に断続的に連載された文章を一部手直ししたものなので、1980年代の言説といえる。

著者はともに東京大学農学部の卒業生で、山梨大学の教授の職にあった。村木は1926年生まれ、後藤は1927年生まれで、同世代である。

基本的な醸造学への見方は大塚と同じである。ただ、醸造学の限界により自覚的だ。村木は次のように述べている。

「科学は酒質の劣化を防ぎ、健全でクリーンなワインを安定して供給することに成功した。しかし、それはワインの底辺の低下を支えたということを意味するものであって、それ以上の意味をもつものではない。ワインの頂点をなす幾多の銘醸は、依然として科学の外にあって、伝統的手法を強固に受け継いだ職人たちの手によって造られつづけてきたのである。」

後藤も酵母の問題について以下のように説明している。

「フランスやスペインなどのブドウ酒造りでは、〈純粋〉培養酵母を使わずに今でも野生のブドウ酒酵母を利用した天然発酵が行われているところがある。もっとも、天然酵母といってもいくつかの容器に熟れたブドウを潰し込み、泡立ちが盛んで香りの良い容器のものを増やして本仕込みに使うという手法をとるところが多い。その後の仕込みは、それを友種《ともだね》に仕込むことが多いようである。このような天然発酵によって良いブドウ酒ができるとされている。」

大塚のもの言いとくらべると、両者とも醸造学の限界への意識が強いことがわかる。酵母についても、培養酵母の天然酵母にたいする絶対的優位ではなく、天然酵母の使用にも人の工夫があると指摘されている。

1991年には『ワイン学』（産業調査会）というタイトルの著作が、2018年にはその改訂版ともいうべき『新ワイン学』（ガイアブックス）が刊行されている。ともに、ぶどう栽培からワイン醸造、熟成やテイスティングにいたる広い分野にわたって、それぞれの分野の専門家が分担執筆した学術的な内容の著作である。分野別なので、ここでは両著作の酵母に関する部分をくらべてみよう。

『ワイン学』での酵母の項目はさきほどの後藤が執筆している。基本的に自身の著作と同じ主張だ。自然発酵では「地域特有の香味のあるワインが得られ」、培養酵母では「安全で安定した発酵の進行と良質なワインを得る」ことができるとしている。

注目すべき点は、「自然発酵は前記のように果醪《かもろみ》の腐敗、発酵停止が起こることがあり、常時、安定した発酵が進行するとはかぎらず、また野生ワイン酵母のなかにはオフ・フレーバー［不快な臭い］を生産する酵母もあり酒質を劣化することもある」と指摘されていることだ。

さて、このような酵母について、『新ワイン学』では、さらに突っ込んだ記述がなされている。野生酵母による発酵では、「発酵が遅延することで、「鼠の様」、「ワイン酢の様」と表現される欠陥臭や、ブレタノミセス Brettanomyces やデッケラ Dekkera など醸造機器に繁殖して除去が困難な汚染酵母の繁殖を促す」とワインの不快臭をもたらす酵母菌名を具体的にあげたうえで、以下のように断じている。

「この欠陥臭や残糖が起因し、野生酵母で発酵されたワインは複雑さや厚みのある味を呈すると評価される動きもあるが、技術的な失敗を言葉で弁解したもので醸造学的には正しくない。」

強い断定と野生酵母によるワインの全否定である。ちなみに、筆者は山形の「高畠ワイナリー」の取締役で製造部長も務めた川邉久之で、東京農業大学農学部醸造学科を卒業したあと、長年アメリカのワイナリーで栽培と醸造の責任者を務めてきた人物だ。アメリカのワイン作りの在り方が透けてみえてくる発言でもある。

『ワイン学』から『新ワイン学』のあいだになにがあったのか。

フランスやイタリアの自然派ワインが日本で愛好者を増やし、日本の若手の生産者も自然派のワイン作りを試みるようになったことだ。この広がりへの苛立ちが、「技術的な失敗を言葉で弁解したもので醸造学的には正しくない」という強い非難を生んでいるのだろう。

こうした自然派ワインへの醸造技術者たちの反発はボルドーの醸造学部の専門家たちのもの言いにも見受けられる。

山梨大学ワイン科学研究センター主催の「国際ブドウ・ワインセミナー」の、2019年9月19日に開催された第10回で、ボルドー大学ワイン醸造学部教授ジル・ド・ルベルは、「ナチュラルワイン 醸造的争点 科学的挑戦」という題目で講演し、自然派のワインは野生酵母を使い、酸化防止剤を添加しないため、しばしばオフ・フレーバーが生じ、それは多くの場合、野生に存在するブレタノミセス（通称ブレット）によると示して、自然派ワインの問題点を科学的データを用いて解説していた。「ナチュラルというのは本当に良いもの、美味しいというものだろうか」という根本的な疑義を呈する内容の講演だった。

ただし、そんなルベル教授も、「消費者の求めるものでワインの香味品質は発展してきたのだから、消費者のいうことは無視できない」という同じボルドー大学で経済を専門にしている研究者の見解を示し、「消費者ニーズという観点からも取り組まなければならないのかもしれない」と締めくくった。さきほどの川邉の断定とはややニュアンスを異にする発言だが、基本的には近代醸造学の擁護という点で共通している。

当然である。醸造学者なのだから。

こうした多様な見方を検討すると、はたして、醸造学的に正しくないから消費者がうまいと思うのはおかしい、といえるのだろうか、という根本的な疑義、醸造学への疑問がわいてくる。

生物生理学で博士号を取得し、十数年にわたって科学書の編集に携わったあとで、ワインライターに転身したアメリカの科学ジャーナリスト、ジェイミー・グッドは『ワインの科学』(梶山あゆみ訳、河出書房新社、2008年〔原著2005年〕)のなかで、コート・デュ・ローヌの銘醸AOCシャトーヌフ・デュ・パップでもっとも評価の高い、ムルヴェードル種を比較的多く用いる「シャトー・ドゥ・ボーカステル」の複数の偉大なヴィンテージを科学的に分析した事例を検討している。

分析結果から、それらのワインが予想を超える大量のブレタノミセスをふくんでいることがわかるが、プロのソムリエや愛好家に非常に見事なワインであると評価されている。

つまり、わたしたちはワインを味わうとき、ブレタノミセスだけを味わっているのではなく、多くの要素の全体を味わっているのだ。ブレタノミセスも他の要素との関係で不快だったり、うま味だったりする。

ワインの化学を味覚という点から追及したショーヴェも、わたしたちは化学物質を単体で味わうのではないと明言している。そして、化学的分析は単体の要素の香りや味、その閾値を測定できても、多くの要素が複雑に関連する、人が感じる全体の香りや味を分析することはできていない。

だとすると、自然派が登場し、現在のようにブレッド拒否症候群が広がる前、かねてよりある種のボルドーワイン、かなり上質なワインに、ブレタノミセスの香りがあったといわれてきたのもうなずける。

このオフ・フレーバーとブレタノミセスの問題を知ると、はじめてドメーヌを訪れたとき、醸造のコツについて、「ちょっとだけ腐らせるのが腕のみせどころ」といっていた小山田の発言が意味深な言葉として思い出される。

第三章　明治期におけるワインの受容と変容

――葡萄酒と薬用甘味葡萄酒の両義的な関係――

一　薬用葡萄酒という飲み物

夏目漱石門下で飲食物にうるさい食いしん坊として知られた作家、内田百閒《ひゃっけん》（1889-1971）には、飲食に関する飄逸《ひょういつ》な味わいの随筆を集めた『御馳走帖』がある。これまで何度も増補や再版を重ね、いまなお文庫版で多くの読者に読みつがれている作品だ。

そのなかの一編「百鬼園日歴」と題された文章で、明治の末に青春を過ごしたこの作家は、自身の日常生活を彼らしく三度の食卓で飲み食いする飲食物へのこだわりを軸に、淡々としつつも、生活の細部への愛情をにじませる気取りのない文体で語っている。毎日のはじまりとなる朝食はこんなぐあいだ。

「朝の支度は、起きると先づ果物を一二種食ふ。梨や林檎は大概半顆宛《ずつ》、桃は大きくても小さくても一つ宛《ずつ》食べる。桃の身は濡れてゐて辷《すべ》り込むから食つてしまふのである。それと同時に葡萄酒を一杯飲む。大変貴族的な習慣で聞きなりはいいが、常用の葡萄酒は日本薬局方《ほう》の所謂《いわゆる》赤酒である。問屋からまとめて買ふので一本五十二銭である。(1)」

かたちのある日常を大切にしたいという思い、それが百閒の場合、毎日の食卓で食す飲食物へのこだわりとなり、食べ方へのこだわりとなっている。そんなところに百閒の魅力があるのだろう。

ただ驚くのは、朝から赤酒、つまり赤葡萄酒を、1杯とはいえ飲んでいることだ。食べ物にこだわる百閒は、酒好きとしても知られていて、毎日夕食には欠かさずアルコール飲料を飲んでいる。

しかし、ここでは酔い心地を求めての食中の1杯ではない。「日本薬局方の所謂赤酒である」と断っているように、健康のための1杯なのだ。

この随筆が発表されたのは、戦前の昭和10年（1935年）、百閒46歳のときだ。すでに作家として著名になっていた百閒は毎朝健康のために葡萄酒を飲む習慣を身につけていた。朝飲むかどうかはともかく、ある種の葡萄酒が薬用に毎日少量ずつ飲まれる習慣が、一部のインテリや都会の中産階級に広まっていたことがわかる。

薬局方《やっきょくほう》とは、国が規定する医薬品に関する品質規格書である。日本では、明治も中盤にさしかかった明治19年（1886年）にようやく最初の版が公布され、その後、医学や薬学の進歩にともなって何度も改訂され、現在にいたっている。(2)

じつは、薬用葡萄酒は現在まで受けつがれている。現行の「第十八改正 日本薬局方」においても、ある種の葡萄酒が薬品として規定されていることをみなさんご存知だろうか。実際にその規定にのっとり、検査を受けた「日本薬局方 ブドウ酒」が中北《なかきた》薬品から発売されて

いる。(3)

用量は500mlで、税込み価格1500〜2000円程で売られている（2023年現在）。「効能・効果」は「食欲増進、強壮、興奮、下痢、不眠症、無塩食事療法」で、「用法・用量」は「通常、成人1回1食匙（15ml）又は1酒杯（60ml）を投与する」とある。

まさに百閒が毎朝一杯飲んでいた葡萄酒であり、その飲み方だ。

重要な点は、別紙添付の商品説明の冒頭で強調されているように、「滋養強壮薬」であることだ。この「滋養」と「強壮」というイメージと価値づけ、つまり人文科学でいう社会で共有されたイメージと価値観としての「社会的表象」こそ、明治期にビールやウイスキー、ブランデーやリキュールとならんで日本に紹介され、日本独自の変容、アメリカの文化人類学者ジョーゼフ・J・トービンが異文化の自文化化としての「ドメスティケーション」(4)と定義した日本化をこうむりつつ広まっていった、ワインを他の洋酒類と分かつ特徴にほかならない。

『御馳走帖』のいくつもの随筆で述べているように、百閒は毎日自宅の夕食でかならずアルコール飲料を嗜《たしな》んでいる。おもにビールと日本酒である。(5)

ワインとともに日本に導入されたビールは、明治20年代にはいち早く国産化に成功し、カレーライスやコロッケといった日本的な「洋食」とともに食卓の酒として定着し、やがて日本酒とならぶ存在となっていく。

その一方で、本来欧米で食中酒であったワインは多くが薬用飲料として滋養と強壮のために飲まれる甘味葡萄酒へと変容していく[6]。酒好きの食通、百閒が随筆で語る自身の飲み方は、明治期に確立して広まったビールとワインの飲み方だった。

二　製造と生産の視点から受容と消費という視点へ

こうしたビールやワインの受容と消費の在り方は、明治の最初の20年間に確立されたものである。この受容と消費が、洋酒の伝統をもたない日本では製造と生産を規定してきた。洋酒に関する情報を提供して受容をうながし、その受容にもとづいて消費を喚起することで、各種洋酒の製造が多くの人々によって試みられ、イメージ発信もふくめた広い意味での生産がかなり急速に広まっていく。ワイン飲用やビール飲用の長い伝統があって――つまりすでに受容が形成されたうえで――、生産が行われるヨーロッパとの違いである。

ただし、そのヨーロッパでも、たとえばワインの歴史を古代初期にまで遡って考察すれば、流通を介した消費の可能性こそがワイン産地を決定したことがわかる。フランスの歴史地理学者ロジェ・ディオンがその大著とそれを補う論攷で、膨大な史料にもとづいて明らかにしたのは、そのようなワインの歴史だった[7]。

フランスのワイン銘醸地は、けっして自然条件がワイン用ぶどう栽培に適した土地、地中海沿岸ではなく、政治や経済といった人為的要因を大きな枠組とした、販路の確保と流通の可能性によって、より栽培の難しい北の地域、ボルドーやブルゴーニュ、シャンパーニュやロワール川流域に形成された。つまり、消費が生産を規定したのである。

にもかかわらず、従来から、とりわけ日本においては、飲食物の歴史的な研究は生産に偏りがちである。すでに、明治以来の日本におけるワイン生産の歴史全般については、麻井宇介の『日本のワイン・誕生と揺籃時代 本邦葡萄酒産業史論攷』[8]があり、事例を勝沼に限定した著作としては上野晴朗の『山梨のワイン 発達史勝沼・ワイン100年の歩み』[9]がある。いずれも広汎な史料を渉猟して書かれた浩瀚な書物である。しかし、生産に焦点が当てられており、受容や消費は生産との関連で語られているにすぎない。

それも著者たちの立場を考えればいたしかたのないことだった。

麻井宇介の本名は浅井省吾、長年ワインメーカー大手の「メルシャン」に勤め、ワインの製造にたずさわってきた醸造技術者である。会社内だけでなく、一般の生産者もふくめた多くの後進を育て、[10]日本のワインの品質向上に大きく貢献した麻井には、上記以外にもワインに関する優れた著作が何冊もある。しかし、その主たる関心はつねに「ワインづくり[11]」にあった。

その麻井宇介とほぼ同時代を生きた上野晴朗（1923–2011）は、山梨県の出身で、山梨県立図書館司書を務めながら、生まれ故郷の歴史に関するいくつもの著作を遺した郷土史家である。郷土の重要産物であるワインを郷土の社会と経済の発展という見地から生産と生産者に焦点を当てて叙述したのもうなずける。

まったく未知な飲み物、多くの場合、生産者自身がさほど飲んだことのない飲み物を作るにあたって、生産者以上にその飲み物に無知で未経験の当時の日本人たちに、その飲み物がどういうものか示し、それにもとづいてその飲み物の飲用へといざなう努力を、明治期から大正期に奮闘した日本のワイン生産者たちは、生産と同時にいやがうえでもおこなわざるをえなかった。

当時の人々は、ワインをどうとらえ、ワインをどういうふうに飲んだのか。

ワインが変容しつつ一定の定着をみせた明治期に、受容と消費の視点からワインをとらえることは、ワインについて社会で共有されたイメージと価値づけとしての社会的表象の編成過程を明らかにすることにほかならない。

それは、飲み手にそくしていえば、ワインにたいする感じ方、ワインへの感性の形成を解明することでもある。そのようなワインの社会的表象と人々のワインへの感性が明らかにされて、はじめて生産レベルでの変容の過程も明らかになるのではないだろうか。

日本は西洋諸国が200年かけておこなった近代化を、明治維新から日露戦争終了時までのわずか30年余でやりとげている。ワインやビールなどの洋酒の変容と定着の過程は、歴史的にみれば、日本のこの急速な近代化に応じて、かなり急激なものであった。

明治初期の導入からわずか20年で、ビールがさほど内実を変えることなく生産レベルで国産化し、消費レベルで欧米ではかならずしもそうではない、料理にともなう食中酒となったのにたいし、本来食中酒であったワインはおもに薬用甘味葡萄酒として定着する。

とくに、ここで問題にするワインが変容しつつ一定の定着をみせた背景には、より大きな検討すべき文脈がある。それはまず当時の医学や薬学の状態であり、その基層には当時の健康思想の在り方がある。

さらに、こうした日本を包むより大きな世界的文脈、当時の欧米におけるワイン受容とワイン消費の在り方が、日本のワイン受容に多大な影響を与えていることも忘れてはならない。

そうした遠心的であると同時に、深層的でもある時代の文脈を順次検討するにあたって、まず当時新たに登場した、生産者と消費者を結ぶメディアである新聞に現れたワインに関する文章を検討してみよう。

生産者は、ワインを——当時の表現では葡萄酒を——、消費者に向けてどのように発信し、それを受け取った消費者の受容に応じて、どのようにワインの在り方を変容させていったのか。あるいは、変容させざるをえなかったのか。

日本におけるワインの変容の過程を、ワインをなんらかのイメージと価値づけをもって受容し（ワインに関する社会的表象が編成され）、それに応じて消費する当時の人々の視点でさぐっ

てみよう。(12)

三　新聞というメディア

江戸時代にすでに類似の先駆的な情報伝達手段がみられた新聞は、明治になり幕藩体制が新政府に変わると、一気に各地で発行されるようになる。(13)

明治4年(1871年)には明治の元勲のひとり、木戸孝允《きどたかよし》の発意によってのちに『東京曙新聞』と改称される政府色の強い『新聞雑誌』が東京で創刊されると、それにうながされるように、東京では、明治5年(1872年)に現在の『毎日新聞』の前身である『東京日日新聞』や郵便制度を創設した前島密《ひそか》が中心となった『郵便報知新聞』が、明治7年(1874年)に『朝野《ちょうや》新聞』や現在も続く『読売新聞』などが創刊される。さらにやや遅れて明治12年(1879年)には、商都大阪で『朝日新聞』が創刊され、明治21年(1888年)に東京の『めさまし新聞』を買収し『東京朝日新聞』と改題され東京に進出する。

こうして、現在の「三大紙」である『読売新聞』『朝日新聞』『毎日新聞』もすべて明治の初期に創刊されたものであることがわかる。

新聞は政府の奨励によって許可や検閲を受けて発行された。江戸から明治にかけての文学や世俗に詳しい日本近世文学研究家の興津要は、明治初期の新聞の性格について次のように述べている。

「明治三、四、五年ごろは、その多くが、政府の奨励によるとはいいながら、新聞の隆盛ぶりはめざましかった。そして、その特色は、いずれも事実を記述するところにあり、啓蒙的報道という点にあった。[14]」

西洋の近代文明が、それを支えた思想や宗教とともに、怒濤のように流れ込んできた当時の日本では、事実を知り、知識を蓄えて、視野を広げ、おそらくはさらに自身の生活を顧みて、変革へ向けて努力するという意味での啓蒙こそが最大の必要事だった。明治期の啓蒙とは、知識や経験といった内面にとどまるものではなく、自己の生活環境や社会自体の変革までふくむ概念だったと考えていい。西洋列強の圧力を、西洋列強の技術や科学を身につけて跳ね返し、自身も強い国家となること。啓蒙はそうした非常に積極的で現実的な意味を内包していた。

いまやテレビとともに、凋落するメディアとなりつつある新聞だが、明治期の新聞はまさに明治の近代化をみちびく活力ある新しいメディアだった。

じつは、新聞の役割はそれだけではない。新聞はそれまでの刊行物にくらべ、はるかに多くの読者を対象としていた。

たしかに、明治9年（1876年）7月から明治10年（1877年）6月までの各紙の一日の発行部数は、『朝野新聞』と『読売新聞』が約1万5000部、『東京日日新聞』（現在の『毎日新聞』）が約9000部にすぎない。[15] 現在の全国紙が『読売』約686万部、『朝日』430万部（2022年度上半期）という数字と比べるといかにも少ないようにみえる。

しかし、興津要が指摘するように、江戸時代以来の家族や知人間での読み回しの慣行や、各所に新聞閲覧所が設置されていたことを考えると、「発行部数と読者数とのズレは、現在よりもはるかに多かったと想像される」。[16] しかも、全国の地方都市で日刊紙（現在の地方紙）が数多く創刊されていた事実も忘れてはならない。

やがて、新聞の啓蒙的内容はさらに政府の政策への批判にまでおよび、明治7年（1874年）に、板垣退助、後藤象二郎、江藤新平、副島種臣らの愛国公党によって、藩閥政治を批判し議会の開設を要求する「民撰議院設立建白書」が提出されると、自由民権運動の主たる論戦の場となっていく。

このため、複数の新聞が発禁処分となり、記者が投獄されるという困難な事態もたびたび起こっている。しかし、明治期は幾多の新聞の統廃合をへて、印刷が木版から活版になった技術の進歩を背景に、新聞という新しいメディアが徐々に全体の発行部数を伸ばし、大きな影響力をもった時代であったことはまちがいない。

それは新聞が国の政治的方針をめぐる議論の場となったという内容面だけの問題ではない。

明治期の新聞が総体としてはたしたより大きな役割は、だれにでも読める言語を創出し、政治から日常の生活にわたるまで、その言語で叙述され、理解されたという事実である。

政治学者のベネディクト・アンダーソン（1936-2015）は、19世紀に成立する国民国家は国民のイメージのなかに構築されるものだと主張した。アンダーソンの著作が『想像の共同体』と題されているのは、そのためだ。そのイメージとしての——この論の言葉でいえば表象としての——国家編成を主導したのは紙に印刷され、大量に配布され、多くの人に読まれる「出版語」を広めた「出版資本主義」であった。(17)

近代文学とともに、19世紀に登場した新聞はまさに国民共通の出版語によって、大は政治や思想から、小は日常生活まで、あまねく語り、対立や好悪をふくみつつ、日本人という国民を創出し、日本という国民国家を編成したのである。

ワインをはじめとする当時新奇だった洋酒も、だれにでも読める印刷された言語としての出版語となった日本語で、小のレベル、つまり日常生活における啓蒙の対象として語られ、そのイメージと価値づけが形成されていく。

四　政治や思想から日常まで

当時、新聞は一般的に「大《おお》新聞」と「小《こ》新聞」の2つに分類されていた。(18) 政治的な議論に大きく紙面を割くのが大新聞で、社会のもろもろのできごとの報道、「雑報」に力を入れるのが小新聞である。現代風にいえば、「政治面」を重視するか、「社会面」を充実するかの違いである。

政府から弾圧を受けたのは、もちろん「政治面」重視でインテリ層に訴える大新聞であり、そんななか「社会面」を充実させ、日常の出来事を報じた小新聞は、大きな筆禍騒動を起こすこともなく、文明開化の日常生活や外国の社会や文化についての情報を提供して庶民層に人気があった。思想レベルの啓蒙を大新聞が展開し、生活レベルの啓蒙を小新聞がになったといってもいいだろう。

思想的啓蒙が政治的主張の展開であったように、当時の雑報は、多くの場合、事実の記述にとどまらず、最後に学ぶべき点を指摘して終わることが多かった。

新聞の歴史に詳しい春原昭彦は『日本新聞通史』で、「終わりに教訓をつけ加えるのが、当時の雑報記事の特徴である[19]」と指摘している。たとえば、不幸な事件の顛末を語り、そうならないように注意をうながすといった書き方である。

それはまさしく日常生活レベルでの啓蒙にほかならなかった。

そんな小新聞の代表格が『読売新聞』である。その人気は、創刊まもない明治9年（1876年）ですでに他の先行する大新聞を上回り、大新聞の大御所『朝野新聞』とならぶ一日約1万5000部の発行部数を誇っている事実からも推測できる。その後「読売新聞は順調に発展し、たちまち大小新聞中の発行部数一位に達した[20]」と春原昭彦は述べている。

小新聞としての『読売新聞』は、「俗語平話」を編集方針としていた。漢文調の文体や難しい語句を用いていた多くの大新聞と異なり、社会的な事件や日常の出来事を記事にするという「雑報」中心の内容に見合うように、漢字にはルビをふり、努めて平易な文体で書かれていた。大阪で創刊され、東京に進出する『朝日新聞』も雑報に強い小新聞だった。

こうして、小新聞は、政治的論争を拡張高い文体で展開する大新聞を尻目に、近代的な生活にふさわしい簡素で効率的な新たな出版語を作りだして、文明開花の新しい文物や風俗を描いたのである。

そのような文物のひとつが、当時、葡萄酒と書かれたワインであり、そのワインを飲むという風俗だった。

五　なぜ本格葡萄酒が甘口葡萄酒に変容したのか

文明開化における日常生活の取材に力を入れた小新聞は葡萄酒をどう記事にしたのか。

ここでは、明治初期から明治30年（1897年）までの葡萄と葡萄酒に関する記述を総覧してみよう。

そのまえに、なぜ、明治30年までなのか。

それは、この時期までにワインの日本的な受容が完成し、日本的に変容した葡萄酒の在り方がほぼ確立するからである。すでに紹介した、日本のワイン生産の歴史を包括的に検討した著作『日本のワイン・誕生と揺籃時代 本邦葡萄酒産業史論攷』で、麻井宇介は次のように結論づけている。

「明治二十年［1887年］から三十年［1897年］に至る一〇年間は、殖産興業政策の落とし子である本格ワインが、甘味ブドウ酒の内部へ包み込まれていく過程であった。しかも、その本格ワインなるものは、欧米の技術と伝統を移入摂取して「人民ノ模範」となるべき官営施設が目標としていたヨーロッパ系醸造品種によるワインではなく、在来の甲州ブドウや、開拓使官園、勧農寮内藤新宿試験場、あるいは小沢善平のような啓蒙実践家から各地へ広まっていったアメリカ系ブドウによるものであった。」[21]（［ ］は福田による。以下同様。）

これは麻井が多くの史料と豊富なデータをもとに、日本のワイン生産を専門家の知見も交えながら細かく検討したうえでの結論である。その意味で尊重すべき見方である。

事実、当初本格ワインをめざした日本のワイン生産が、酸味や渋味が当時の人々に受け入れられず、未熟な技術から腐造や劣化も多く、輸送手段の未発達もあって、やがていち早く薬用をうたう甘味葡萄酒へと変容したというのは、日本のワインの歴史を語るときの通説になっている。のちに「サントリー」となる「寿屋洋酒店」から明治40年（1907年）に発売された「赤玉ポートワイン」は、日本的に変容した葡萄酒の大ヒット作だった。こうしてワインといえば甘いというイメージが、その後、長くつづくこととなる。

麻井自身も、メルシャンで昭和40年代（1965-1974）から甘くない食卓酒としてのワイン作りに携わりながら、第一次ワインブームといわれた昭和49年（1974年）の時点で、「今日でもまだ「期待に反して酸っぱい」というクレームがなくなったわけではない」と述べ、「そのたびに甘味ブドウ酒という日本独特の商品が残した功罪の深さを思わずにはいられない」[22]と慨嘆している。

甘口ワインは現在でもなくなったわけではない。いまだに食卓用のワインを作るかたわら、生食用ぶどうを用いた甘口ワインを作っている生産者も少なくない。いや、生産者によっては、食卓用ワインが主流になったため、甘口ワイン作りのかたわら、食卓用ワインを作っていると考えたほうがいいケースすらある。すでにみたように、現在の「日本薬局方」に薬用ブドウ酒の規定があるのも、もともと多くの甘口ワインが薬用を最大の売りにしていたからにほかならない。

いまもつづく甘口ワインの存在からも、本格ワインを志向した日本のワイン作りが、日本人に適合した甘口ワインになったという通説は説得力がある。たしかに、麻井宇介や上野晴朗の労作が示すように、生産という面から見た場合、そうした変容の歴史が確認できるともいえる。

しかし、そこには、本格的な食卓ワインが広まり、ワインといえば甘くない食卓酒という認識が当たり前になった現在から整理した見方が影響してはいないだろうか。ヨーロッパのワイン産国の食卓で飲まれるワインが「本格」ワインであり、日本で明治以降現代まで残る甘口ワインや薬用ワインは「模造」とする見方である。

「本格」(「本物」)と「模造」(「偽物」)という区分自体が、現在を過去に投影した見方、アナール派の歴史学者リュシアン・フェーヴル(1878-1956)が歴史研究における「心理的アナクロニズム」と定義した危険な憶断という側面をもっている。(23)

当時のワインに関する見方をさぐろうとするなら、あくまで当時の人々のワインへの見方、彼らがワインにたいして抱いたイメージや価値づけ(社会的表象)を、さまざまな史料や事例を時代全体の背景のなかに適切に位置づけながら、再現するように努めなければならない。

明治の人々はワインをどのようにとらえ、どのように飲んでいたのか。明治の人々の感じたワインとは、どのようなものだったのか。当時のワインのイメージと価値づけ、つまり当時の社会におけるワインの社会的表象を可能なかぎり明らかにすること。これがこの章の課題である。

六　明治の新聞に登場する葡萄と葡萄酒

さいわいにして、『読売』『朝日』の両紙とも、明治期から現在までの紙面がデジタル化されており、それぞれインターネット上で「ヨミダス歴史館」「聞蔵IIビジュアル」（現在は「朝日新聞クロスサーチ」）を使って検索可能である。

両紙の「葡萄」と「葡萄酒」およびそれらの類義語もふくむ文章を検索すると、それぞれ創刊された年から明治30年（1897年）12月31日までの総数は『読売』が827件、『朝日』が974件である。[24]それらを各年別に集計したのが表1だ。[25]

あきらかに明治20年（1887年）以降、葡萄・葡萄酒関連文章が増加していることがわかる。

たとえば、『読売』の場合、明治23年（1894年）は紙面に93回、葡萄・葡萄酒に関連した文章が登場しており、これは一カ月あたりほぼ8回、つまり4日に1回は葡萄や葡萄酒という言葉を目にしていることになる。『朝日』にいたっては、明治30年（1897年）は年間139回で、3日に1回以上の割合である。正確に統計をとったわけではないが、現在の紙面よりはるかに多い葡萄（ぶどう）と葡萄酒（ワイン）の登場回数ではないだろうか。

さらに、創刊年は両紙とも通年で発行されていない点を考慮すれば[26]、両紙とも当初からすでに「葡萄」や「葡萄酒」に関する一定の件数があり、明治初期における葡萄や葡萄酒への関心の高さがうかがえる。

ところで、これらの件数は異なった性格の2つの文章をふくんでいる。記事と広告である。記事には読者の投書もふくまれるが、これらは全体でも総数が少ないうえに（『読売』7件、『朝日』1件）、読者の投書は編集部による取捨選択をへて掲載される。明治期には著名人の投書も多く、新聞社側の意図にそうものが多い。記事に分類してもさして問題はないと思われる。

そもそも、記事と広告は現在までつづく新聞の大きな2つの構成要素である。いうまでもなく、記事は新聞社が報道すべきと判断した出来事や事件、知識や情報に関する文章である。

表1　葡萄・葡萄酒の類義語をふくむ文章

西暦	明治	読売	朝日
1874	7	0	–
1875	8	9	–
1876	9	19	–
1877	10	13	–
1878	11	9	–
1879	12	11	8
1880	13	10	6
1881	14	22	4
1882	15	18	17
1883	16	16	4
1884	17	11	3
1885	18	27	23
1886	19	9	28
1887	20	39	41
1888	21	69	38
1889	22	46	33
1890	23	93	40
1891	24	47	80
1892	25	44	68
1893	26	61	117
1894	27	42	97
1895	28	89	91
1896	29	58	137
1897	30	65	139
計		827	974

※1 『読売』合計23年間
※2 『朝日』合計19年間

それにたいして、広告は新聞社が広告料を取って掲載する文章で、当然ながら商品に関するものが主流である。商品の良さをアピールして読者に購入をうながす。

こう考えると、新聞社や記者の主張や見識がさまざまに展開される記事と、商品をピーアールする広告とは、近代化にふさわしい2つの要素だとわかる。単純化していえば、記事が近代社会の原理となる民主主義を、広告が近代社会の基礎となる資本主義を代表している。しかも、これらの2つの要素から構成される新聞自体が、じつは商品であり、読者を購入者としているのだ。資本主義と民主主義の勃興期である明治時代に新聞が興隆し、めざましい発展をみせたのは当然のことであった。

当時日本に導入されたばかりの葡萄酒という商品の魅力と特質をより直接的に語ったのは、

表2 葡萄・葡萄酒の広告件数

西暦	明治	読売	朝日
1874	7	0	—
1875	8	5	—
1876	9	3	—
1877	10	4	—
1878	11	3	—
1879	12	6	0
1880	13	5	0
1881	14	16	0
1882	15	16	11
1883	16	12	1
1884	17	4	1
1885	18	16	11
1886	19	4	22
1887	20	27	33
1888	21	60	30
1889	22	32	32
1890	23	78	36
1891	24	40	67
1892	25	33	65
1893	26	46	102
1894	27	34	91
1895	28	41	80
1896	29	51	122
1897	30	59	122
計		595	826

※1 『読売』合計23年間
※2 『朝日』合計19年間

当然ながら広告であった。広告にかぎって、件数を集計したのが表2である。

総数は『読売』で595件、『朝日』で826件である。明治20年（1887年）以降、葡萄や葡萄酒に関連する広告が増え、つねに年間20件を超えている。初期には葡萄栽培法に関する著作や葡萄樹販売の広告もあるが、広告のほとんどは葡萄酒、つまり商品としてのワインの広告である。最大値は『読売』では、明治23年（1890年）の78件で、読者はほぼ5日に1回以上、広告を目にしたことになる。さらに、『朝日』では、明治29年（1896年）と30年（1897年）の両年に122回に達し、3日に1回以上、ワインの広告が読者の目にふれたことになる。

事情は、記事でも同じである（表3、次頁）。総数232件（「件数A」）、毎年一定数の葡萄や葡萄酒に関する記事が書かれている。

ただし、ワインという商品をピーアールする広告と異なり、記事ではより複雑な問題が生じる。

たしかに、読者は23年間に232回の葡萄果実や葡萄酒、葡萄園や葡萄樹といった語句をふくんだ記事を目にした。しかし、それはその回数の葡萄や葡萄酒をテーマにした記事を読者が目にしたことを意味しない。

すでに葡萄が比喩として用いられた場合（小笠原島のタバコが葡萄蔓のようだとする投書）、葡萄櫨《はぜ》、葡萄糖、「玉葡萄」という名の材木に関する記事の4件は除外されている。ただ、これ

表3 葡萄・葡萄酒の類義語をふくむ記事

西暦	明治	読売A	読売B	朝日
1874	7	0	0	−
1875	8	3	3	−
1876	9	16	16	−
1877	10	9	9	−
1878	11	6	5	−
1879	12	5	2	8
1880	13	5	2	6
1881	14	6	6	4
1882	15	2	2	6
1883	16	4	2	3
1884	17	7	7	2
1885	18	11	10	12
1886	19	5	5	6
1887	20	12	12	8
1888	21	9	9	8
1889	22	14	14	1
1890	23	15	13	4
1891	24	7	7	13
1892	25	11	9	3
1893	26	15	15	15
1894	27	8	8	6
1895	28	48	8	11
1896	29	7	6	15
1897	30	7	6	17
計		232	176	148

※1 『読売』合計23年間
※2 『朝日』合計19年間

らは総数からみて明らかに誤差の範囲といえるだろう。(27)

困るのは、『読売』の場合、記事には連載小説もふくまれており、明治28年（1895年）9月から明治期の流行作家、尾崎紅葉（1868-1903）の『青葡萄』の連載がはじまっていることだ。連載回数は38回、同年の11月で終わっている。同年9月5日の連載予告には「一房の青葡萄を仮り来《き》たりて微妙に社会人事の裏面を描写す」とあり、内容は葡萄とは直接関係ないことがわかる。

しかし、話はそう簡単ではない。翌年10月に、「春陽堂」による単行本の『青葡萄』刊行の広告が紙面に掲載されると、なんとこれを新しい葡萄酒の発売と勘違いして購入したいという旨の葉書が「春陽堂」に届き、店員たちがこれを読んで大笑いをしたという「註文青葡萄酒」という題の記事が11月27日に掲載されている。

送り主は徳島市の洋酒をあつかう商店で、四国第一の都市なのに洋酒問屋がないのを遺憾に思い、当時すでに著名だった国産の各種洋酒類を販売するようになったので、ぜひ「紅葉山人〔尾崎紅葉〕氏御著造なる青葡萄酒」を20ダース、「割引」価格で売ってほしいというのだ。「青葡萄」はこの徳島の酒屋には、ワインとして映っていたのである。勝手に「酒」を補なって！

その点で、連載小説のタイトルも、当時の社会に暮らす人々にとって、葡萄や葡萄酒のイメージや価値を方向づけるものであったともいえる。そもそも、葡萄にたいしてある一定のイメージ、おそらくプラスのイメージがないと、尾崎紅葉も自身の小説に「葡萄」を使ったタイトルをつけなかっただろう。

こうした誤解が生じた背景には、当時ワインはまだまだ新しい飲み物で、他の多くの果実酒やリキュール類とともに日本に入ってきたという経緯があった。

それまでアルコール飲料といえば、米から作った日本酒と米や雑穀から作った焼酎しかなかった日本では、せいぜい濁り酒の白があるくらいで、酒といえば薄い黄色を帯びた透明色と決まっていた。そこに、いろんな果実や米以外の穀物から作られた、それこそ文字通りさまざまな色合いの多彩なアルコール飲料が一気に氾濫しだしたのだから、ワインに青いものがあっても不思議ではない。いや、不思議ではないと思った人がいても不思議ではない。

事実、明治14年（1881年）年4月27日の『読売』には「皇国製葡萄酒広告」と題して「赤葡萄酒」「白葡萄酒」「紫葡萄酒」の3種類の葡萄酒を紹介した広告が掲載されている。「山梨県甲州祝《いわい》村会社醸造」とあり、醸造元は政府と県の援助を受けて現在の甲州市勝沼地区に明治10年（1877年）に設立された日本初のワイナリー「祝村葡萄酒会社」（正式名称「大日本山梨葡萄酒会社」）のワインだとわかる。

この会社が醸造をはじめたのは、フランスのワイン産地に派遣していた二人の留学生が1年半の研修を終えて帰国した明治12年（1879年）からである。同じ内容で明治14年（1881年）から翌年にかけて都合4回掲載されたこの広告主は、東京の西村小市ないし「西村銘酒店」である。そのほかにも、『読売』の明治15年（1882年）6月の紙面には、やはり東京の梶原英作が類似した内容の赤白紫葡萄酒の広告を出している。ちなみに、これが『読売』『朝日』両紙での最後の紫ワインの広告となった。

ワイン用ぶどうには黒ぶどうと白ぶどうがある。黒ぶどうからは赤ワインが、白ぶどうからは白ワインができる。しかし、ある種の黒ぶどうから作られたできたての赤ワインは、赤というより紫に近い。

ボージョレ・ヌーヴォーの色合いを思い出せばわかるだろう。広告主たちは、見たままを正直に表現したにちがいない。紫以外に赤があるのは、ワインに色をあたえるぶどうの皮の色素が薄い品種から作られたものだろう。

『読売』紙上初のワイン広告となる明治11年（1878年）4月26日の広告は、広告主が明治4年（1971年）より製法に努力し、独自の手法を開発して作ったとされる複数の果実水（いまのジュース）や果実酒、果実漬やジャムを宣伝しているが、「葡萄酒」は「リキユル製」（リキュール）に分類されている。

さらに、『朝日』の明治12年（1879年）8月16日の記事には、県営の「山梨県勧業場」附属の「醸酒場」の醸造した酒類として「ビットル」（苦味《くみ》葡萄酒）「スウヰートワイン（甘味《かんみ》葡萄酒）、「ブランデー」（火酒《かしゅ》）「ホカイトワイン《ママ》」（普通白《はく》葡萄酒）の4種が列挙されている。「白」を「はく」と読ませるのはともかく、ビットル（現在の表記ではビットル）は英語ではビターズで、薬草や樹皮を香辛料とともにアルコールに漬け込んだ、苦味を特徴とするカクテル用のリキュールである。

こうした事例から、初期の段階では、ワインは果実系や薬草系のリキュール類と混同されていたことがわかる。のちに、ワインが甘味や苦味をつけた薬用葡萄酒になっていく下地がすでにあったといえそうだ。

「註文青葡萄酒事件」は、それから16年後に起こった。したがって、洋酒により親しんでいたと思われる都会のインテリである出版社の社員や新聞記者たちは、ワインには紫もなければ青もないとわかっていた。だから、この註文の葉書が笑い話として雑報記事となったのである。

しかし、この顛末は、繰りかえしをいとわずにいえば、たんに葡萄や葡萄酒という表現がある文章も、ワインのイメージ形成に関与するという事実を物語っている。

じつは、『読売』の231件の記事には、葡萄の実を糖衣でくるんだ菓子の広告もふくまれている。江戸時代に作られたと伝承され、現在も売られている銘菓である。この葡萄菓子に関する記事が全体で8件ある。これは葡萄をあつかってはいるが、あくまで菓子である。しかし、菓子としての葡萄の賞讃は、葡萄への価値づけであるともいえる。

同じように葡萄そのものが取りあげられても、葡萄が直接メインのテーマではない記事がさらに3件ある。葡萄棚が事件にからんで登場する記事2件と葡萄の葉から作られた煙草の記事1件である。これらの記事も広い意味で葡萄のイメージ形成にあずかっているといえるだろう。

しかし、本物の葡萄を描かない記事も、本物の葡萄を取りあげた記事以上にイメージ形成に関与しうる。たとえば、葡萄を描いた絵の題名、葡萄のかんざしの流行、葡萄上人といわれた聖者に関する記事である。これらの記事は葡萄にプラスのイメージをあたえているとも、また逆に、葡萄がすでにプラスのイメージをもっているから画材やかんざしになり、聖人の名称にもなったとも考えられる。

そう考えると、葡萄を示唆したり含意したりする言説のほうが、かえってイメージの編成を考えるうえでは重要とさえいえることに気づく。

ただ、いずれにしても、これも全体で3件なので、今回の場合、大勢に影響はない。あえてこだわったのは、表象形成を考える原理的難しさを確認しておきたかったからだ。

もっとも量的に影響があるのは、『青葡萄』の38回の連載とそれに関する3回の社告だ。それらをふくめた、これまで検討した上記の記事14件（菓子8件、非メイン3件、非実物3件）、計55件をすべて除外したのが、「件数B」である。したがって、「件数B」は、葡萄や葡萄酒をおもな話題、ないしおもな話題のひとつとしている記事の数である。

「件数B」の推移をみると、「件数A」より葡萄や葡萄酒をめぐる実際の社会の動向がよりはっきりする。

対象が目新しかったり、特別な意味をもつ場合に、新聞はそれを記事として取りあげる。当たり前のものや普段に行われることは、普通、記事にならない。

そうした観点からみると、明治26年（1893年）をピークにして、記事の件数が減り、落ち着きをみせていることに気づく。広告の件数は増加傾向ないし増加状態で安定しているのとは好対照である。

この数字は何を意味するのだろうか。

考えられるのは、葡萄や葡萄栽培の一定の定着あるいは失敗によってそれらへの関心が低下し、商品としての甘味葡萄酒が競うように発売され宣伝されたということではないだろうか。

しかし、それを検証するには、具体的に広告や記事の中身を検討する必要があるだろう。

七　葡萄栽培の国家的価値づけ

記事も広告も、ワインではなく、まず葡萄樹と葡萄栽培からはじまる。

ワインの試験的な醸造が最初におこなわれたのは、麻井や上野らの広汎な史料にもとづいた考証によると、明治7年（1874年）ごろとされる。[28] しかし、それはあくまで試醸であり、曲がりなりにも国産のワインが商品として出回るようになるのは、明治10年代である。まずワインの原料となる葡萄の栽培からはじまるのは当然だった。

甲州をはじめとしたいくつかの地方に特産品として葡萄があり、葡萄栽培がおこなわれていたとはいえ、それは非常に小規模なものだった。鉄道も自動車もなく、輸送手段のかぎられていた当時、果実を生のまま消費地である都市に運ぶのはきわめて難しかった。だからこそ、めずらしい郷土の特産品だったのである。

記事の「件数B」をみると、明治11年（1878年）までは広告の件数より、記事の件数が多い。とくに突出しているのは、明治9年（1876年）である。3件の広告にたいして記事は16件もある。それは、アメリカの葡萄園に関する連載記事が都合8回にわたって連載されているからだ。

フィラデルフィアで開催された「万国博覧会」のおりに、日本政府の事務次官が園芸館に農産物を出品していたアメリカ人の案内で各地の農園を回り、葡萄栽培の実情を調査した経緯が詳しく報じられている。

明治初期の葡萄栽培は、廃藩置県で失職した武士たちによって荒蕪地《こうぶち》を葡萄園として開拓し、ワインを作って米から作られる日本酒の飲用を減らして米を輸出に回そうと目論んだ、当時の明治政府の肝いりではじまった。そんな日本の葡萄栽培の在り方を示す連載記事だ。

輸入超過で財政的に苦境にあった新政府にとって、国産品の製造による「輸入防遏《ぼうあつ》」こそ、すべての「殖産興業」政策に共通するスローガンだった。国産ワインの生産も、食卓の西洋化をめざしたものではなく、なによりも経済的課題だった。食卓の西洋化は、せいぜい結果として生じた副産物にすぎない。

すでに、そうした政府の意図をくんだ「寄書《よせぶみ》」が明治8年（1975年）9月22日の『読売』に掲載されている。「寄書」とは現代の投書に当たるが、普通の「雑報」が数行であるのにたいし、22行の長文で、記事以上のあつかいである。

その主旨は、日本は外国の産品を輸入して多くの金を無駄にしているのだから、「酒も日本酒甲州製の葡萄酒か麦酒《びいる》を飲み」、それで「金持に成り富国強兵」を達成しようというものだ。

すでに指摘したように、「祝村葡萄酒会社」のワイン作りは明治12年（1879年）からだから、それ以外に試醸された葡萄酒の存在をふまえての主張だろう。いずれにしろ、官の呼びかけにいち早く民が応えている当時の社会の動向が伝わってくる。

こうした事情があったからこそ、官僚がアメリカの葡萄栽培を視察し、その詳細な報道がなされたのである。そして、その葡萄栽培の規模の大きさと高品質な葡萄作りへの細心の気づかいに、おそらく読者は瞠目し、その重要性に気づかされたにちがいない。ワインのもとになる葡萄栽培自体が、国家的な壮大な物語のなかに組み込まれていたのである。

そんな官の試みをよく伝えているのが、明治13年（1880年）1月27日の『読売』の記事だ。

京都府で複数の街道筋に「西洋種《だね》の葡萄を夥《おびただし》く植付《うえつけ》」ることになったが、「西洋種の葡萄の功用を人民に知らす為」「往来人や村の者が取るのは勝手次第」という京都府勧業課の関係各郡への回答を伝える記事である。

政府や行政がいかに葡萄栽培に熱心だったかがわかる。

したがって、広告もワインではなく、葡萄栽培に関するものではじまる。

創刊まもない明治8年（1875年）の『読売』の紙面に最初に登場する葡萄関連の広告が西洋りんごや西洋葡萄の苗木販売の広告であり（4月8日）、そのあとアメリカの農業書の編訳である葡萄栽培に関する著作の広告が翌5月に4回たてつづけに掲載されているのは、ま

さに象徴的である。(29)

しかし、葡萄樹や葡萄栽培に関する広告は、明治16年（1883年）あたりをさかいにほとんどみられなくなる。広告の主体が葡萄樹や葡萄栽培から葡萄酒へと移ったのだ。記事のほうでも、葡萄の作柄を伝える記事などは継続的に掲載されるものの、葡萄園や葡萄栽培に関する記事は、明治18年（1885年）以後は急速に減少する。

その明治18年5月3日の「葡萄樹の虫害」と題された記事は、東京にある国営の「三田育種場」でフィロキセラが発見されたことを報じたものだった。フランスが輸入したアメリカ産の苗木についてフランスのワイン産地に蔓延したこの害虫が甚大な被害をもたらしており、駆除や予防の方法がないという正しい認識を示したうえで、栽培家に注意を呼びかけている。

結局、その後、日本ではすべてのヨーロッパ系ワイン用ぶどう品種は引き抜かれ、以後はアメリカ系の生食用ぶどう（ラブルスカ種）と甲州種をはじめとした日本に自生する品種によるワイン作りしか望めなくなる。日本における高品質のワイン作りが事実上不可能となったのである。

葡萄と葡萄酒に関する記事が伸びていない背景には、このワイン用葡萄栽培の途絶があったと考えられる。

その前後の葡萄をあつかった記事がなんとも皮肉だ。

フィロキセラ発見の記事の前に葡萄をあつかった5月2日、3日と2回にわたって掲載された長文の記事は「物産に一定不易の本場なし」と題され、タバコやみかん、葡萄や茶などの各地の特産品を例にとって、歴史を調べれば、むかし本場だったところがそうでなくなったり、いまの本場ものちにそうなったことがわかり、人間の努力次第で本場は作られる、と説いている。

「ぶどう畑は自然環境の表現である以上に人間の創造物である」[30]と喝破した地理学者ディオンの主張と重なる見方だ。しかし、その人間の創造も、自然の猛威にはしばしば勝てないこともある。たとえ克服されるにしろ、多大の労力と時間が必要となる。ワインが必要不可欠なフランスは、接木にたよるしかないフィロキセラ対策を数十年かけて実行した。ただ、フランスでさえ、この害虫で消滅したワイン産地も少なくない（おもに生産性の低い北部と中西部のワイン産地）。

黎明期の日本のワイン用ぶどう栽培がこの災禍を克服できなかったのは仕方のないことだった。日本のワイン用ぶどう栽培を勇気づけうる記事もフィロキセラのもたらす災禍の前に、その意味を失ってしまった。

葡萄に関して検索してフィロキセラ発見の記事のすぐ後に出てくる同年8月4日の「葡萄酒とビール」と題された記事は、「酒も節して飲む時は 血液の循環をよくするとか 殊《こと》に洋酒は益ありて害少し とて用ふる者多き[31]」［読みやすくするために原文にない半角スペースを適宜追加］と巷間でのビールとぶどう酒の流行を伝えている。

しかし、この需要に応えようにも、ようやく醸造可能というときにフィロキセラで壊滅した日本各地のワイン用ぶどう畑には、もはやその力はなかった。

八　新聞からみえてくるワインの高貴なイメージ

明治期に洋酒として日本に紹介された飲料の代表がワインとビールだった。

さきほど検討した明治18年（1885年）の記事の見出しも「葡萄酒とビール」となっている。ワインとビールは新聞記事でもしばしば対になって登場し、ともに文明開化を象徴する「ハイカラ」な飲み物だった。

この記事に先立つこと5年、明治13年（1880年）2月10日の『読売』の記事は、そうしたワインとビールにたいする当時の人々の思いをよく伝えている。

「近ごろ尾州《びしゅう》名古屋辺《へん》では頻《しきり》に西洋酒が流行し百姓などでも中等以上の者は来客があれば麦酒《びいる》か葡萄酒を出し若《も》し日本酒を出すと田舎者だとか不開花だとか嘲り笑う程ゆえ随《したが》って日本酒の需用《いりよう》が少なく尾州路《じ》の酒造家は夫《それ》がため今年の造り込みを減じた程といふが悪い流行でありますー（32）」

最後に教訓が付いているのが、明治期の雑報らしい。しかし、こうした教訓を尻目に、ビールはその後いち早く当たり前のアルコール飲料となっていく。しかし、ワインはそのままのかたちでは広まらなかった。

ここでは「ビール」とカタカナだが、「麦酒」という漢字の表記も多い。記事でも広告でも混在しているが、この時代から徐々に「ビール」という表記が増えてくる。一方、ワインは明治から第二次大戦終了まで、ほぼ一貫して「葡萄酒」と漢字表記である。ビールがそのままの内容で定着し、ワインが日本的な変容をこうむった事実を、この表記の違いが象徴しているようで興味深い。ある意味、ワインと葡萄酒は別物なのだ。

ワインには、いまでもどことなく「おしゃれな」なイメージが漂う。フランス料理やイタリア料理との結びつきや、価格帯の広さ、種類の豊富さなど、ワインの高尚なイメージを支える要素はいくつもあるが、すでに明治期にそうした高貴なイメージが形成されつつあった。

いったい、どういうふうに形成されたのか。

たとえば、明治10年（1877年）4月10日の『読売』の記事をみてみよう。

「東京、西京《さいきょう》の宮方《みやがた》より鹿児島の暴徒征伐について戦地で創《きず》を負った者へ葡萄酒百七十箱を贈られました」

「西京の宮方」とは京都の皇室を意味し、「鹿児島の暴徒征伐」とは明治10年に起こった西南戦争をさす。この記事のように、皇室から下賜《かし》されるものの代表のひとつが葡萄酒だった。当時、国産葡萄酒はまだまだ試醸の段階だったうえに、皇室からの贈答品なので、おそらく当時もっとも輸入されていたフランス産の高級ワイン（とくにボルドーワイン）だったと考えていいだろう。こうしてワインは皇室と結びつき、高貴なイメージをになうようになる。同年5月12日の『読売』の記事には以下のようにある。

「木戸公は病気で居《い》られるゆゑお見舞として皇太后宮より今月五日に葡萄酒二箱とお料理一折りを賜《たま》はりましたと」

「木戸公」とは、もちろん明治政府の重鎮のひとり、前出の木戸孝允のこと。ここでも皇室から葡萄酒が贈られている。

注目したおきたいのは、2例とも葡萄酒が怪我人や病人への見舞品であることだ。こうした状況でビールが贈られた事例はない。他のアルコール飲料も見舞品としては登場しない。これは葡萄酒が病弱者への滋養飲料と考えられていたからにほかならない。

近代日本がはじめて勝利をえた外国との戦争である日清戦争時（1894-1895）にも、皇軍の大元帥である天皇は慰労のため将校以上の者に葡萄酒を贈っている。

「(……)去る七日大元帥纛下《とうか》より大本営附《づき》将校以上に慰労として葡萄酒並《ならび》に新鮮なる香魚《あゆ》若干宛《ずつ》を下し賜《たま》はりたりと承《うけたまわ》りぬ(……)聖旨《せいし》の優渥《ゆうあく》なるは各将校何《いず》れも感涙に咽《むせ》びたりと承《うけまわ》りぬ」

日清戦争がはじまってまもない明治27年(1894年)9月11日の『読売』の記事である。天皇や皇族などにたいする不敬罪があった時代なので、「俗語平話」を方針とする『読売新聞』も、天皇や軍人に敬意をはらって難しい表現を用いている。「纛」とは大きな旗のことで、「纛下」とは皇軍の大元帥である天皇の軍隊を率いたさいの尊称、「聖旨」とはここでは「天皇のお考え」、「優渥」とは「手厚いこと」で、「手厚い天皇のお考えに将校がみんな感激の涙を流した」というのである。

ワインという西洋の飲みものが日本人が愛してやまない鮎《あゆ》とともに出されている点が面白い。いまふうにいえば、料理とワインのマリアージュ《とりあわせ》である。しかし、いかにも日本的なマリアージュだ。

天皇が贈るのがワインなら、天皇に献上されるのもワインである。

同じ明治27年(1894年)2月16日の『読売』の記事は、明治天皇の結婚25周年の祝儀に洋酒店から「サンパン」(シャンパン)と「葡萄酒」が奉納されたと伝えている。

明治29年（1896年）8月27日の同紙には、江戸末期に渡米しサンフランシスコの北方のサンタ・ローザに一大ワイン用ぶどう園を営むようになった豪農の長沢鼎《かなえ》が自身のワインを皇室に献納したいとの本人の意向を伝える記事が載り、さらに同年10月20日の記事はそれらが領事を介して無事宮内庁に奉納されたことを伝えている。

今回は、これまでと違い、長沢が納めた8箱の葡萄酒の品質について「殊に白《はく》葡萄酒の如《ごと》きは欧羅巴《よーろっぱ》製の最良品と毫《ごう》も異《ことな》らざる迄に進歩し居《お》れば」と書かれている。この記述から、ワインの品質の基準が欧州産（おそらくフランス産）におかれていたことがわかる。裏を返せば、皇室御用達のワインは欧州産だったことになる。

葡萄酒が軍人に贈られているように、もともと軍隊と洋酒の結びつきは強かった。多くの上級軍人がフランスやドイツに留学しており、各国とも近代の軍隊では戦意高揚のためアルコール飲料の配給が当然のようにおこなわれていた。日本でもビールやワインが軍隊でしばしば配給され、酒保（軍の売店）では免税で購入することもできた。

このように皇室が臣下に葡萄酒を下賜したり、皇室に葡萄酒が献上されたりする記事はたびたび登場する。しかし、皇室がビールを下賜したり、奉納品として受け取った記事はない。ワインの高貴なイメージの一端は、皇室から発信されたのである。

こうした新聞記事を読んだ人々は、みずからは日本酒やビールを飲みながら、ワインを貴重なものと感じ、ある種の憧憬を抱いたにちがいない。そして、ときにみずから購入してワインを嗜《たしな》んだ人もいたはずだ。

事実、明治20年（1887年）ごろまでは外国産のワインの広告がしばしば掲載されている。もっとも件数が多いのはフランスワインだ。

たとえば、『読売』では山口慎なる人物が「ボルドーの最上葡萄酒」の広告を明治11年（1878年）に4回、さらに当時はまだ「神薬本舗」をうたって薬局を営むかたわらワインを輸入していた「資生堂」が明治15年（1882年）に「フランス産古葡萄酒」の広告を2回、さらに明治24年（1891年）にも1回「仏国製サントメリオン（サンテ・ミリオン）とメドック」の広告を出している。

補足しておけば、洋酒を輸入したり、販売したりした薬舗の典型が「資生堂」だった。店の本物志向を考えると、おそらく継続してフランスの上質なワインを輸入販売していたのだろう。

同じ時期、明治25年（1892年）から明治29年（1896年）にかけて「三組屋」の「古メドック」の広告が『読売』に5回掲載されている。ここにも「古」がついていることから、当時すでに上質なワインは熟成してから飲むべきだという認識があったことがわかる。フランス産ワインのほかには、アメリカ産やスペイン産のワインの広告がいくつかある。

これは、当時実際に日本に輸入されていた外国ワインの国別の集計と重なる。明治14年（1881年）以降、大蔵省が編纂している『大日本外国貿易年表』のデータを明治30年

（1897年）まで輸入国別に集計すると、フランスが群を抜いてトップ、桁違いの差で、アメリカ、ドイツ、スペインがつづいている。

フランス産の名だたる銘酒も輸入販売されていた。明治29年（1896年）の「直輸入商」亀屋鶴五郎の広告には、「シャトーラロース［グリュオー・ラローズ］、シャンベルタン、マルゴー、ポマー［ポマール］、ソテルン［ソーテルヌ］」などの、ボルドーとブルゴーニュを代表する高級ワインが載っている。

もちろん、値段も高価だ。当時の日本の葡萄酒が大体40銭前後なのにたいし、これらには軒並み1円数十銭の価格がつけられている。それでも4倍という価格差は、関税自主権がないためだった。(33) 高級輸入ワインはいまとくらべて割安だったのである。

これらの高価で上質な外国ワインが皇室に納入されていたにちがいない。しかし、一般の人々が飲むワインは皇室のワインとは異なるものだった。

九　薬用葡萄酒のイメージ形成

では、一般の日本人が飲んだワインとは、どのようなものだったのか。

さきほど紹介した、フィロキセラ発見のあとにくる葡萄酒について書かれた明治18年（1885年）8月4日の「葡萄酒とビール」と題された記事のつづきは以下のようになっている。

「今度本町《ほんちょう》二丁目の近藤氏方にて発売の滋養香竄《こうざん》葡萄酒と云ふは浅草花川戸町《はなかわどまち》神谷氏の製造に係《かかわ》る鉄と機那とを配合せし物なり又京都末広社の盛《もり》ビールは近来大層声価を増し需用者の多きより今度東京に在来の売捌《うりさばき》所のほか数軒の大販売所を設けて盛んに発売するとの事であります」

「機那《きな》」とは、南米原産の樹木で、乾燥させた樹皮はマラリアの特効薬キニーネの原料となるほか健胃薬としても用いられる。したがって、ここで話題になっている新しい葡萄酒とはぶどうからはえられない素材を添加して薬用に仕立てられた葡萄酒である。ただし、戦後は薬事法の関係もあり、他のエキスが入れられて「医食同源」がうたわれている。

一方、盛ビールを興したのは政府高官の弟で実業家として活躍した鮫島盛《もり》で、フランスでビールとワインの醸造を学んでいる。(34) 盛ビールは当時イギリス系のエールビールに代わって日本で人気になりだしたドイツ系のラガービールだった。

薬用に変容して受容されたワインと、種類を変えたとはいえ変容することなく受容されたビールがともに庶民に人気と報道するこの記事ほど、当時洋酒に親しみだした人々のこれら2つの洋酒にたいする見方をよく示しているものもない。

この記事にみちびかれるように、同じ明治18年（1885年）年8月11日の『読売』には、「健全滋養」をうたった近藤利兵衛発売の香竄《こうざん》葡萄酒の広告がワインボトルのイラスト入りで掲載されている。日本的な薬効をうたった甘味葡萄酒の『読売』紙上での初広告である。(35)明治期を代表する薬用甘味葡萄酒の初広告なので全文を引用しておこう。

「抑《そもそも》此《この》香竄葡萄酒は多年の間若干の費用を抛《なげう》ち刻苦勉励漸《ようや》くにして研究し竟《つい》に十二分の結果を得専《もっぱ》ら健康補翼となるべき効分を含有せしめ精製したる天下未曽有の滋養酒にして其効験普通の葡萄酒の十倍す 加之《しかのみならず》味《あじわ》ひ甘味なるを以てよく素人の口に適す 常に之を飲用する時は能《よく》食機［食欲］を進め血液の不足を補ひ自《おのず》から長寿無恙《ちょうじゅぶよう》［長生きで健康であること］の大幸を得る疑ひなし 故に発売の日未だ浅しと雖《いえど》も幸に江湖《こうこ》［世間］に高評を博し販路忽《たちま》ち四方に増進し且今般商標登録専用権の認可を蒙り候《そうろう》に付《つき》ては一層品物を吟味 仕《つかまつり》 全国一般各所老舗の洋酒店及び薬舗に差出し置候間《おきそうろうあいだ》 右商標に御注目被下《くだされ》何卒御最寄に於て御購求御試用の上其効の虚ならざるを知り賜《たま》はらんことを偏《ひとえ》に奉《ねがい》翼候《たてまつりそうろう》 敬白」

明治期の広告のつねで、商品の特徴や功用に関してかなり長い説明がある。説明の中心は飲用が健康によいとする医学的薬学的言説である。滋養を競えば、薬剤を入れた葡萄酒のほうが薬効があると人々が思うのはわかりやすい道理である。だから、「其効験普通の葡萄酒の十倍す」と強調される。こうした普通葡萄酒との効能比較に先鞭をつけたのも、近藤利兵衛だった。

ただし、こうした健康増進効果のピーアールは、定量化できない主観的なものであるため、インフレーションを起こしやすい。やがて、発売される薬用葡萄酒では普通葡萄酒の「十二倍」となり、最後には「二十倍」にまで到達する。

近代医学や近代薬学が発展しだした19世紀後半は、医学薬学をふくめた科学的言説が、広告だけでなく記事にも溢れた時代だった。

明治中期から大正期にかけて科学に関する一般向けの啓蒙書が数多く刊行されている。医学書や薬学書はその代表だった。そうした知識にもとづいて薬用葡萄酒に加えられた薬剤には、キナのほか、やはり健胃作用があるとされるペプシネ（ペプシン）があった。当時の記事や広告では、多様な機那葡萄酒やペプシネ葡萄酒が薬用を競っている。

販売店が「老舗の洋酒店及び薬舗」となっていることも見逃してはならない。薬用葡萄酒は薬舗、つまり薬局で売られていた。洋酒店は東京や大阪にこそ何軒かあっても、その数はかぎられており、「青葡萄酒」を註文した人が住むような地方都市にはほとんどなかった。つまり、薬屋での販売は既存の販売網の活用でもあった。

「祝村葡萄酒会社」が創業からわずか8年、あえなく明治19年（1886年）年に解散したのも、ワインを作ってみたものの、販路がなく、そのうちにワインが傷んだからだといわれている。販売可能性こそワイン産地の条件であるというフランスの歴史地理学者ロジェ・ディオンの主張[36]を逆説的に裏づける悲劇だった。しかし、甘い薬用葡萄酒は本来のワインのようには傷まない。薬局でも保存できた。

ワインは薬用葡萄酒となることで、販路とともに販売可能性をもえたのである。その点を近藤利兵衛はよく理解していた。近藤の手腕は販売路の確保にあったといわれている。事実、ほかの薬用葡萄酒が「売捌所」を薬舗や洋酒店としているなかにあって、香竄葡萄酒の広告では、明治27年（1894年）年1月2日の広告から「全国到る処に販売せり」という表現となって販売店から薬舗がなくなり、さらに同年5月22日の広告では「売捌所は全国至る処に在り御もよりに於て御購求を乞ふ」という表現になる。近藤が販路の拡大に努力したことが広告の表現の変化から読みとれる。他の薬用葡萄酒でも薬舗販売の表現は次第に少なくなっていく。洋酒をあつかう店が増えたからだ。

しかも、軍隊で戦って疲弊したり傷ついたりした兵隊や病気療養中の政治家に皇室からワインが下賜された記事からわかるように、人々にとってワイン一般が健康増進のための飲料としてイメージされていた。そうした健康のためのワインというイメージを明確に言葉にしたのが「健全滋養」という香竄葡萄酒の広告につきものの売り文句だった。巧みな言葉使いである。いまなら見事なキャッチコピーというところだろう。

滋養は営養ないし栄養とほぼ同義だが、明治期の広告や記事のほか、医学関連の著作での使用例を検討すると、営養とくらべて滋養には味わって美味しいという表現が多くの場合隣接しており、営養がのち使用されるようになる栄養という語とともに、カロリーや成分といった科学的で中立的な意味をもっぱらになう一方で、滋養は栄養だけでなく味覚的な快感を含意するようになっていく。

そうした使用例の頂点を示すのが明治期最大のベストセラーとなった明治36年（1903年）年発表の村井弦斎の『食道楽』だった。(37) 物語り仕立てで西洋料理のレシピを紹介するこの小説では、冒頭から滋養という言葉が多用されている。すでに営養や栄養と異なる積極的な意味をになって流通していた滋養という語は、この小説によってさらに豊かな内容をもつ明治大正期のマジックワードになったといっていいだろう。

薬用葡萄酒では、その滋養は甘い味と結びつく。「健全滋養」をモットーとする香竄葡萄酒の味わいについて、この広告でも、「味《あじわ》ひ甘美なるを以て素人の口にも適す」と明確に表現されている。

明治15年（1882年）ごろまでは、当時まだ貴重で高価だった砂糖自体が薬として薬局で売られていたので、健康のための滋養と甘味の結びつきは、当時の人々には自然にうつったにちがいない。

一〇　定着し繁茂する薬用葡萄酒のイメージ

この近藤利兵衛の香竄葡萄酒の広告の内容は、このあと発売されたあまたの薬用葡萄酒のモデルとなっていく。事実、近藤利兵衛の香竄葡萄酒がもっとも早く、もっとも多くの広告を出している。

表4（次頁）からわかるように、[38]『読売』では明治18年（1885年）年から明治30年（1897年）までの13年で84件、1年に6回余のペースだ。読者は2カ月に1回は香竄葡萄酒の広告を目にしていることになる。『朝日』では明治20年（1887年）年から11年間で、なんと220回。もっとも多い年は年34回、読者は1カ月に3回ほど近藤の広告を目にしたことになる。それに次ぐのが「伊部商店」の「地球葡萄酒」である。『読売』の広告数は59回、『朝日』では82回である。

広告にはお金がかかる。これだけ広告をうてるのは、それだけ売れていたからにほかならない。この2つ以外で、30回を超えるのは、『読売』では「ワーゲン商会」の「薬用葡萄酒サンラヘール」（35回）［フランス語のつづりはSaint-Raphaël サン・ラファエルが原音に近い］だけだが、それらの広告は明治20年（1887年）と21年（1888年）の2年に集中している。輸入葡萄酒だから輸入した量を売りさばいて、その後、新たに輸入をしなかったのだろう。これにたい

表4　広告掲載回数

銘柄	新聞社	明治20年	明治21年	明治22年	明治23年	明治24年	明治25年	明治26年	明治27年	明治28年	明治29年	明治30年	計
蜂印香竄葡萄酒 近藤利兵衛	読売	0	2	4	13	7	11	10	8	7	10	7	84
	朝日	3	10	5	12	11	19	32	34	31	29	34	220
地球印薬用葡萄酒 伊部商店	読売	0	0	3	19	1	0	5	6	9	10	6	59
	朝日	0	1	2	5	4	3	13	12	19	23	0	82
花蝶印薬用香竄葡萄酒 大倉商店 のち倉島商店	読売	0	0	0	0	0	0	8	0	2	0	0	10
	朝日	0	0	0	0	4	8	22	2	8	16	9	69
薬用葡萄酒サンラヘール ワーゲン商会	読売	5	30	0	0	0	0	0	0	0	0	0	35
	朝日	3	9	0	0	0	0	0	0	0	0	0	12
甲斐産葡萄酒 宮崎光太郎	読売	0	0	0	0	0	4	6	3	0	0	0	13
	朝日	0	0	0	0	0	0	2	6	12	23	26	69
花菱葡萄酒 桂二郎	読売	0	7	6	3	1	0	0	0	0	0	0	17
	朝日	0	0	5	2	9	0	0	0	0	0	0	16

して、近藤と伊部の広告は継続的に掲載されている。

事実、この2つの銘柄は、日本の広告の歴史を広汎な史料をもとに叙述した山本武利の『広告の社会史』でも、明治末期に台頭した食料品広告の主要な12品のリストに「エビスビール」や「アサヒビール」、「札幌ビール」や「キリンビール」にまじって入っている。(39)山本は食料品広告の増加を明治42年（1909年）以後としているので、この2銘柄も明治30年（1897年）以降さらにその広告数を伸ばしていったと考えられる。

近藤の香竄葡萄酒がいかにヒットしたか。それは類似の商品名を冠した薬用葡萄酒がいくつも発売された事実からもわかる。「大倉商店」の「花蝶印香竄葡萄酒」と梶原吉左衛門の「薬用峡燦赤白葡萄酒」は、そうした類似名称の代表例だ。後者は「峡燦」と書いて「コウザン」と読ませる。明らかに近藤の香竄葡萄酒を意識したネーミングだ。

とくに、途中で発売元が「倉島商店」に替わる「花蝶印香竄葡萄酒」は、商標が蜂印を商標とする近藤の香竄葡萄酒と類似していると、明治26年（1893年）に近藤と醸造元の神谷伝兵衛から訴訟を起こされ、その訴訟問題で新聞紙面を賑わせている。

10月3日の「口頭審判」について、10月4日の『朝日』の記事は「傍聴人山を為《な》したり斯《かく》傍聴人の多かりしは商標条例実施以来初めてなり」と報じている。「商標条例」の制定は明治17年（1884年）で、こうした経済的制度も明治期は整備途中だった。

結局、訴訟は花蝶側の敗訴で終わるが、その後も「大倉商店」は花蝶の商標を用いて広告を続行している。しかも、広告の中身も、現在偽物が氾濫しているので購入のさいには御注意をという但し書きまでふくめ、近藤のものとほぼ同じだから、困惑するのは消費者だった[40]。

近藤自身、その後の広告では、薬用の範囲をさらに広げ、健常者が毎日飲用すれば病気や疫病を予防し、病弱者や病気からの恢復期にある者が飲めば健康になるとしている。さらに、普通のアルコール飲料と異なり、甘いので女性や子どもにも飲めるとし、普段酒を飲まない下戸《げこ》に適していると宣伝している。

ちなみに、当時はまだ未成年にアルコールを禁じる法律はなく、未成年禁酒法が成立するのは、ようやく大正11年（1922年）年のことであった。もちろん、こうした効能もすぐに他の薬用葡萄酒の広告で模倣され、さらに誇張されていく。

このような広い受容の喚起の根拠となるのが、味覚レベルでの甘味と滋養との結びつきだった。近藤の香竄葡萄酒の最初の広告にあった「味《あじわ》ひ甘美なるを以て素人の口にも適す」という表現を、その後の近藤自身の広告やそれを模倣した他の薬用葡萄酒の広告はさらにイメージ豊かに膨らませていく。事実、この戦略は効を奏し、甘味葡萄酒は薬用を離れて多数発売され、薬用かそうでないかを問わず、女性の消費者を増やしていく。甘い味がアルコール摂取の免罪符として機能したのである。(41)

技術が未熟で品質がよくない国産ワインや、皇室に納入されるような一部の高級な輸入ワインをのぞいて、情報も少なく知識不足のためにもともと質の悪いものをつかまされたり、輸送で傷んだりした多くの輸入ワインのけっして状態が良くないと考えられる味わいとくらべれば、蜂印香竄葡萄酒に代表される日本的な葡萄酒はそれなりの完成度に達していたとみていいだろう。また、そうでなければ、飲み食いにうるさい内田百閒が、たとえ健康のためとはいえ、毎朝甘味葡萄酒を飲まなかったにちがない。

すでに明治初期から新聞には、アルコールと香料や染料を配合した偽造ワインが多く出回っており、それらは健康を害する恐れがあるという投書や記事が定期的に掲載されている。それらのなかで、神谷が作り、近藤が売る香竄葡萄酒は、輸入ワイン（比較的安価なスペインワイン）を原料にしている点でかなりまっとうな商品だった。(42)

近藤が販売を担当するようになって蜂印香竄葡萄酒は飛躍的に売り上げを伸ばしたといわ

れている。そのおもな理由は、すでに述べた通り、販売店を全国に確保したからだった。

しかし、同時に、近藤が訴訟合戦の成果である謝罪広告の掲載もふくめ、広告に力を入れたことも香竄葡萄酒こそ本物の葡萄酒であるというイメージを作りあげるのに役立ち、結果として売り上げ増につながったと考えられる。

デザインも多彩で、イラストを強調したもの、中心から放射状に文章を配したもの、黒い背景に白字を使ったもの、黒い枠で周囲をかこったものなど、ときどきに変化をつけている。もちろんこうしたアイデアもすぐに他の薬用葡萄酒に模倣されたことはいうまでもない。

新聞広告はこうした類似の広告を多数掲載することで、本場のワインや薬用でない国産の葡萄酒を押しのけて、薬用甘味葡萄酒こそ健康のために飲むべき飲料というイメージと価値づけを、読者のうちに急速に作りあげていった。

しかも、そうしたイメージ創出にあずかったのは広告だけではなかった。じつはワインを取りあげた記事のなかにも、広告と類似の内容のものが少なくない。すでに検討した近藤の「香竄葡萄酒」の初広告も、これもすでに俎上《そじょう》に載せた「葡萄酒とビール」と題し、近藤の葡萄酒を紹介した記事の7日後に、満を持したように掲載されている。

こうした例は明治期の新聞には枚挙にいとまがない。記事で取りあげられた葡萄酒の広告が同じ日付けの紙面に載ることさえしばしばあった。たとえば、機那葡萄酒と並ぶ、薬用葡萄酒の雄、ペプシネ葡萄酒に関する明治21年（1888年）7月13日の『読売』の記事と広告だ。

3面の「雑報欄」に「ペプシネ葡萄酒」の見出で「今度池の端《はた》仲町の守田洋酒店にて醸造のペプシネ葡萄酒は美味と滋養を兼たる重宝の薬酒にして日本橋区本町三丁目の洋酒問屋鈴木方にて一手販売をなす由《よし》」という記事がある。醸造元や販売店の住所や名前まで記載して、まるでこれ自体が広告である。だいたい記事なのに「由」で終わっているところが怪しい。これを受けるかのように、次の4面にはボトルのイラストを載せ、詳しい効能を説明した、同じ葡萄酒の2段にわたる大きな広告が掲載されている。

こうした新聞社と広告主の連携プレーが目につくのは、多くのライバル紙を抱えた当時の新聞社が「広告増収に熱心なあまり、広告紙面の買手である広告主に弱腰であった」ためだった。『広告の社会史』は「新聞には広告主への提灯持ちの記事が依然多かった[43]」と述べている。薬用葡萄酒の種類は多く、したがってこうした提灯記事も多かった。広告と記事の両面から、薬用葡萄酒のイメージは増幅されたのである。

一一 薬用ではないのに薬用

では、のちのち本格的なワインに分類されることになる葡萄酒の広告はどうなっていたのだろうか。

すでに紹介した初期の日本産葡萄酒（多くは甲州産）の広告には、名称と価格だけが記されていて、それがどういうものかほとんど説明がない。

ただ、イメージ形成という点で留意すべき要素をひとつあげれば、赤白葡萄酒、場合によっては紫葡萄酒のほかに「スヰートワイン」と称される葡萄酒も醸造販売されていたことだ。つまり、本格的なワインにも甘いものがあったことになる。この甘さは、これから検討する、解散した「大日本山梨葡萄酒会社」(通称「祝村葡萄酒会社」)を事実上引き継いだ宮崎光太郎の「甲斐産葡萄酒」の白ワインにも見られるものだった。

ちなみに、「甲斐産葡萄酒」は日本で早い時期から本格ワイン製造をおこなってきた「メルシャン」の前身である。宮崎のワインが「本格」とみなされる所以である。

その宮崎のワインにあった甘さは、結果として甘さを滋養としてピーアールする一連の薬用葡萄酒との区別を消費者にとって曖昧なものにしたと思われる。

しかし、本格とみなされる葡萄酒には、他にも薬用葡萄酒との線引きを曖昧にする性格があった。いや、そうした性格をもつものとして新聞紙上で読者にたいして宣伝されたのである。

宮崎のワインの新聞紙上への登場は遅い。「大日本山梨葡萄酒会社」を引き継ぐさいのごたごたや、新たな出発を図るための準備に時間を要したからだろう。初広告は、『読売』の明治25年(1892年)3月23日付けの紙面に掲載された。

例によって、まず13日に提灯持ちとも思える記事が「甲斐産葡萄酒」を「精製純良」ともちあげる。

これだけ読めば、いよいよ本格ワインの登場かと思われるかもしれないが、すでに「純良」という表現は、「醇良」「純粋」といった表現とともに、他の薬用葡萄酒の広告で濫用され、当時の新聞の読者にはさして意味をなさなかった。

「生葡萄酒」という表現についても同じだった。明治24年（1891年）年11月11日付けの『読売』紙上に掲載されたジンファンデル種によるアメリカからの輸入葡萄酒の広告にはじめて使われた「生葡萄酒」という表現は、その後カリフォルニア産の同品種による葡萄酒によく使われたが、「醇良」や「純粋」といった形容句が併用され、さらに甘口のアメリカ産葡萄酒も同時に宣伝されていたため、他の甘い葡萄酒とさほど差異化されず、薬用葡萄酒の広告の氾濫に飲み込まれてしまった。

そのためだろう、初広告で、宮崎は上記の表現を避け、「帝国医科大学御用」と最初に大書し、当時の名だたる複数の医学者による推薦文を載せている。全体として医学的薬学的な詳細な評価を説いた長文広告である。宮崎の初広告にたいする意気込みが伝わってくる。

しかし、本格ワインであることを示すには、これはかえって読者に逆効果だったと思われる。こうした権威ある学者による推薦文の掲載は宮崎が嚆矢《こうし》だが、それは「医科大学御用」というセールスポイント同様、みずからもっとも薬用に適する葡萄酒だと宣言しているようなものだからだ。

もちろん、こうした医学者による権威づけも、さらには医科大学御用という売り文句も、その後、他の薬用葡萄酒の広告で踏襲されていったのはいうまでもない。このあと、病院御用とか軍隊御用（おもに傷病者用）といった広告が続々登場する。

しかも、医学博士の一人は、宮崎の白ワインを「ソーテルン」のようだと形容している。「ソーテルン」はソーテルヌのことで、著明なボルドー産の甘口貴腐白ワインである。医者の推薦といい、甘味といい、この広告を見た読者は、すぐにこれまで着実にイメージが構築されてきた薬用甘味葡萄酒を思い浮かべたにちがいない。

宮崎の広告数は明治30年（1897年）年までで『読売』で13回、『朝日』で69回にのぼる。薬用でない葡萄酒では札幌にあった開拓使の醸造所を払下げで引きついだ桂二郎の「花菱葡萄酒」の広告が『読売』で17回と上回っているが、『朝日』では16回と少ない。しかも、桂のほうは明治21年（1888年）から24年（1891年）の4年間に集中している。このあと経営不振で廃業したためだ。一方、宮崎はその後「メルシャン」となったことからもわかるように、これ以後も継続的に広告を掲載している。

内容も一貫して「帝国医科大学御用」をうたい、医学的評価を前面に出したものだった。

一二　本場の薬用ワイン

このような事態は輸入ワイン、その大半を占めていたフランスのワインによっても拍車をかけられていた。

19世紀後半の当時、まだワインに関する原産地名称制度（ＡＯＣ法）も、薬物規制もない時代だったことを忘れてはいけない。フランスでＡＯＣ法の前身となる法律がはじめて制定されたのは１９０５年である。フィロキセラの災禍のために偽造ワインが横行し、その不正を取り締まるためだった。現在のＡＯＣ法が整備されたのは、さらに30年後の１９３５年である。(44)

当時、本場のフランスでも偽造ワインが溢れていて、日本の新聞にも、フランスのワイン事情に関する記事や日本でフランスの偽造ワインをつかまされた商社の記事が掲載されている。

しかも、薬物規制が定まっておらず、フランスや他のワイン産国でも、当時、日常の食卓ワインとは別に、ときに強力な薬剤を混和した文字通り医薬用をうたうワインが数多く作られていた。

新聞広告からは、日本にもフランスから複数の薬用ワインが輸入されていたことがわかる。早い時期からもっとも多くの広告を出したのは、すでにふれた「ワーゲン商会」の「薬用葡萄酒サンラヘール」で、明治20年（１８８７年）から翌年にかけて『読売』で35回、『朝日』で12回の広告が集中的に掲載されている。

近藤が香竄葡萄酒の初広告を出した2年後、ちらほらと薬用葡萄酒の広告がみられるようになった時代だったから、時代の趨勢をいち早く読んでの輸入販売だったと考えられる。

フランス産のキナ入りワインの広告もある。

洋酒舗の藤井長次郎が明治18年（1885年）年11月10日の『読売』に出した「仏国キーンキイナアワーン《ママ》」の広告だ。また、「伊勢屋」という輸入商が3年後には「米国醸造機那葡萄酒」の広告を3回出している。薬用葡萄酒がいけるとみて、各国からキナワインを取り寄せたのだろう。

最強ともいえる薬用ワインもフランスから輸入されている。「古加《こか》葡萄酒」だ。『読売』での初広告は他の薬用葡萄酒にくらべてやや遅い明治28年（1895年）2月4日。宣伝文には「古加葡萄酒と申すは近世効験奇代なりと云ふ数多《あまた》の薬種中に於て最も効験著しと称さるゝ古加の葉を精良純粋の葡萄とを以て製造したるものにして日常の飲料としては一日も欠くべからず平素虚弱の人にありては滋養強壮の薬剤として最も効験あり故に世間にありふれたる甘味葡萄酒の比にあらず」とある。

古加葡萄酒とは、コカインのもとになるコカの葉を漬け込んでエキスを滲出させたものだ。のちに麻薬として一般の売買が禁止されるコカイン入りのワインである。冒頭には、「健胃強神仏国名産」とある。「強壮」ではなく「強神」。「神」とは「精神」のことで、精神を強くさせる、つまり、精神を高ぶらせる効果があるというのだ。

薬用葡萄酒の多種多様な効能を見慣れた読者には、またぞろ同じような薬用葡萄酒が出たかぐらいの感想だったかもしれないが、本物のコカイン成分が含有されているので、効果は大きかったはずだ。この広告もこのあと3年間で13回掲載されている。

この古加葡萄酒にも、提灯記事（『読売』2月14日）があって「普通の葡萄酒とは大《おおい》に其性質を異にし風味又芳冽健胃強壮剤に宜《よ》し」という文章で終わっている。多くの提灯記事が「〜由《よし》」「〜といふ」で終わるものが多いなか、この記事は断定形である。きっと「今度のはスゴイ」という評判を聞いて、記者が実際に試飲してみたのかもしれない。

コカワインについては、いまも高級輸入食料品店としてつづいている「明治屋」も販売していて、『読売』では明治29年（1896年）年から翌年にかけて3回、『朝日』には同じ2年間に12回の広告が掲載されている。

南米産のコカの葉のイラストを載せ、その下の説明には「古加葉は神気興奮の霊剤たり」の一文がふくまれている。イラストのボトルのラベルには「健胃強神」とある。広告にはどこにもフランス産と書かれていないから、先に輸入発売されたコカワインを真似て製造した国産だと思われる。驚くのは「宮内省御用」とあることだ。

しかし、これも驚くには当たらない。本場の欧米では、当時のローマ教皇がこのコカワインを愛飲していたからだ。ワインの本場フランスは19世紀は薬用ワインの本場でもあり、各種薬用ワインや薬用リキュールが製造販売されており、コカワインもそのひとつだった。

フランス人のアンジェロ・マリアニ（1838–1914）は、1862年ボルドーワインにコカの葉を浸潤させた薬用ワインを発明して特許を取り、「ペルーのコカ入りマリアニ・トニックワイン」の名で商品化した。精神を高揚させるこのワインは「マリアニ・ワイン」として大流行した。

当時の教皇レオ13世はこのワインを小瓶に入れて持ち歩き、愛飲したことが知られている。じつは、このマリアニのコカワインを真似てアメリカで作られたのがコカコーラだった[45]。

明治天皇がコカワインを飲まれたという証言はないが、この強力な薬用ワインが東西の宗教的指導者に提供されていたという事実が、このワインの効能を物語っている。

もちろんフランスでは、たとえフィロキセラによる生産減少のために偽造や混ぜ物があっても、日常の食卓ワインがあり、特別な医薬用として薬用ワインがあった。しかし、ワインの本場とみなされていたフランスから、本格ワインだけでなく、多様な薬用ワインが順次輸入され、その薬効が多彩に宣伝された日本では、一般の人々はどう感じただろうか。

ただでさえ、国産レベルでは薬用葡萄酒が氾濫していたのだから、やはり本場でもワインは薬用だと思ったとしても不思議はない。

一三　伝染病の流行と売薬の氾濫

明治は伝染病の時代だった。幕末から明治末まで、コレラ、腸チフス、赤痢、発疹チフス、痘瘡《とうそう》（天然痘）、麻疹《はしか》、ジフテリアなどの伝染病が定期的に威猛をふるい、多くの死者を出している。これらの多くは、胃腸に症状がでる病気である。薬用葡萄酒がかならずといっていいほど「健胃」をうたったはそのためだった。

その背景には、日本の都市の衛生環境の整備の遅れがあった。古い水道設備にたよっていた東京の水道が本格的に近代化されるのは、明治31年（1889年）に水道条例が制定されて以後のことでる。

疫学上、水道以上に重要な下水道が東京に整備されたのはようやく明治17年（1884年）のことだった。ただ、本格的な下水道の整備は、さらに遅れて高度成長期の昭和45年（1970年）以降である。

水道栓をひねると衛生的な水が出て、温水洗浄機能のついた水洗トイレが備えられた現代の住宅とは大きな違いである。このように衛生環境の整備が遅れたのは、明治政府がなによりも富国強兵を優先し、戦後の政権も経済発展を重視したからである。

さらに医学や薬学の制度的整備も、ようやく明治7年（1874年）に医制が公布されて医者の教育と養成がはじまったばかりであったし、冒頭で述べたように薬品の基準となる「薬局方」が制定されたのはさらに遅れて明治19年（1886年）のことだった。

したがって、病院の数も少なく、しかも病院での治療費は高額だった。健康保険の整備は昭和2年（1927年）に健康保険法が施行されてからのことである。[46]

そうした状況で、人々は病気や伝染病にかかるとどうしたか。一部の富裕層以外は伝統的な売薬に頼るしかなかった。

じつは、明治20年代の新聞紙面には、売薬の広告が氾濫している。山本武利の『広告の社会史』によれば、明治初期の広告の主流は書籍であり、やがて売薬の広告が台頭し、明治20年代を過ぎるあたりから書籍を抜いて1位を占める。(47)

たしかに、明治の新聞の広告欄をみると、葡萄酒の広告の回りに売薬の広告がひしめいている。なかには、「何でも治る薬」「子どものできる薬」「毛のはえる薬」など、いまからみると明らかに効果の疑わしいものもある。事実、売薬広告には誇大広告が多かった。(48)

それは、明治政府が、明治初期にいったん効果のない薬を禁じようとした「有効主義」から、医療制度と薬事制度の整備の遅れを考慮して、やむなく「無害無効主義」を選択したからである。(49)つまり、薬が有効でなくても、無害なら販売を認めるというのである。前にあげた売薬も有効でなくとも無害だから販売が認められ、広告を出せた。しかし、買う方からすれば、効果を期待して購入するのだから、新聞社へのクレームが増えてもいたしかたなかった。

こうした当時の文脈に葡萄酒をおいてみるとき、葡萄酒が薬用をうたうようになり、薬舗で売られ、それなりに認知されたことも理解できる。葡萄酒の広告が売薬の広告に囲まれているように、薬用葡萄酒も薬のひとつだった。

ただし、おおむね苦い薬にたいして、甘い滋養剤という大きな違いがあった。しかも、酔いという適度な心地よさをともなっていたことも忘れてはならないだろう。

　いうまでもなく、当時、伝染病のなかでもっとも恐ろしいものは、コレラだった。明治期全体で約37万人と膨大な数の死者を出している。[50] 明治政府はコレラ対策に追われてさまざまな布告を出し、患者の隔離や消毒などの作業に多大の労力をはらっている。[51]

　薬用葡萄酒は、疫病、つまり悪性の伝染病に効くとか、予防効果があると宣伝していた。そのきわめつけは、当時の最強の伝染病コレラに効くという広告である。

　香竄葡萄酒の近藤利兵衛は通常の広告とは異なる読み物形式の広告もいくつか出していて、ここで取りあげる明治29年（1896年）7月7日の『読売』の広告もそのひとつで、「葡萄酒と伝染病」というタイトルがつけられている。

　あまりに長いのでコレラに関する部分だけを引用しよう。


「葡萄酒は色々の流行病ある時最も大切の飲料でありまして就中《なかんづく》虎列刺《これら》の黴菌《ばいきん》は葡萄酒中にある酸類を恐ろしく嫌ひ葡萄酒はこの黴菌を殺すの力があります故に蜂印香竄葡萄酒を常に飲用すれば虎列刺病の伝染することなし仮令《たとえ》伝染するも忽ち撲滅の効を奏します」

　現代の読者なら「故に」以下が拡大解釈であると気づくだろう。たしかに、コレラ菌はある種の酸のなかで生息できないかもしれない。しかし、だからといってその酸のある葡萄酒を飲んでもコレラが治ったり、予防できたりするわけではない。

これには医学的背景があった。明治17年（1884年）、ドイツの医学者コッホがコレラ菌を発見している。その発見は日本にもすぐ伝えられた。明治のこの時代は、世界的にみて、近代医学自体がさまざまな発見をして、ようやくその発展の緒についた時期であった。

コレラに効くという薬用葡萄酒の広告はこれがはじめてではなく、明治23年（1890年）3月30日の『読売』紙上に掲載された、信濃屋金次郎発売、「甘泉堂」醸造の「栗鼠《りす》機那葡萄酒」の広告にはじまり、近藤利兵衛もすでに明治27年（1894年）8月15日の『読売』紙上の広告で、自社葡萄酒のコレラへの有効性を主張している。もちろん他の薬用葡萄酒もこれにならい、その後、コレラへの有効性をうたった同種の宣伝文が広告面をにぎわせている。

こうして明治の人々は一知半解な医学知識で、コレラに効くという薬用葡萄酒をこぞって飲んだ。明治28年（1895年）7月28日の『読売』の記事は、「近頃又虎列刺黴菌《これらばいきん》を葡萄酒に浸す時は忽ちにして死せる事を発見し虎列刺《これら》病の流行と共に葡萄酒之売行事に増加し其額昨年に倍蓰《ばいし》する［2倍になった］と云ふ」と報じている。

一四　当時の衛生思想

じつは、こうした人々の誤解ともういうべき思い込みを醸成する要素は、日本の学者が多く留学したドイツを中心とした創成期の近代医学の影響を受けて、明治期から大正初期に何冊も刊行された一般向けの養生論・衛生論にあった[52]。

近世近代の健康思想の専門家、瀧澤利行は明治初期から大正初期までに刊行され、当時よく読まれた養生論・衛生論の著作50冊を選び、『近代養生論・衛生論集成』20巻[53]として復刻している。

これら50冊を飲食の部分に注目して読んでみると、うち46冊が食品に、44冊が飲料に言及している。

飲料では、35冊が水の重要性を強調する一方、17冊がアルコール飲料にふれている。酒類別にみると、葡萄酒が22冊で第1位、次いで日本酒が17冊、ビールが16冊、焼酎が16冊、ブランデーやウイスキーなどをふくむその他の酒類が16冊である。

アルコール飲料にたいする全体としての基本的な見解は、少量を飲めば健康に有益だが、多飲は有害というものである。穏当な見方である。

しかし、注目すべき点は葡萄酒にたいするあつかいで、病弱者や病気の者に適切にあたえると滋養になってよいという見方が一般的で、著作によっては妊婦や子どもにもあたえて益がある（！）と説いている。

その点、とくにはっきりしてるのは明治32年（1899年）刊行の金子三郎纂著『簡明食養論』（瀧澤編第12巻所収）である。

編者の瀧澤利行の「改題」によると、「各疾患に応じた適切な栄養状態と食品の選択についての解説」であり、「基本になっている理論は、「自序」にいう「近代独逸国ニ行ハルゝ滋養学」すなわち西洋近代栄養学である」という。瀧澤は「西洋近代栄養学にもとづいた病態栄養学の解説書とも解することができる」と結論づけている[54]。

ここでは49の病気にたいする「食養」が詳しく解説されている。驚くのは、そのうちなんと半分余にあたる25の疾病で葡萄酒が滋養剤として勧められたり、許容されたりしていることだ。

この著作は陸軍軍医総監を務めた石黒直悳《ただのり》が献辞を書き、ドイツに留学して病理学を学び、帰国して、山形と東京で病院長を務めた鳥居春洋《しゅんよう》が増補（つまり監修）を担当している。軍医や近代病理学お墨付きの著作なのである。

ここで病人に処方される葡萄酒は、ドイツで学んだ医師たちの手を介していることを考えれば、普通のワイン、つまりいわゆる本格葡萄酒だったと思われる。もちろん、薬用をうたった葡萄酒がきそって軍や病院に販路を広げ、納入されていたから、実際に患者が飲んだワインはいわゆる国産の薬用葡萄酒だっただろう。

いずれにしろ、これらの著作は飲食の啓蒙書だった。金子の著作を通読すると、ワインは薬用もそうでないものもふくめ、身体にいい薬用飲料として広汎に飲まれてきた歴史がみえてくる。同時代の健康思想がワインの日本的受容と変容を基層の部分で支え、うながしたのである。

一五　葡萄酒と薬用甘味葡萄酒の両義的な関係

ここまで明治期のワイン（葡萄酒）について、新聞記事と新聞広告をおもな素材として、当時の社会的背景とそのなかでの葡萄酒の位置づけを考慮しながら、かなり詳細に分析してきた。その分析からみえてきたのは、当時の人々にとって本格的な葡萄酒と薬用甘味葡萄酒は明確に区別されていなかったということだ。

それをふまえて、この章のサブタイトル「葡萄酒と薬用甘味葡萄酒の両義的な関係」がつけられている。

一部の生産者には、本格的な葡萄酒がどのようなもので、それは薬用甘味葡萄酒とは異なるとわかっていたかもしれない。たとえば、明治期から本格的な葡萄酒を作りつづけてきたとされる「メルシャン」の前身となった「甲斐産葡萄酒」の宮崎光太郎はそんなひとりだったと考えられる。

しかし、麻井や上野の著作で、当初から「本格葡萄酒」にこだわったとされる宮崎も、じつは薬用を前面に出した広告を出し、その「本格」とされる白ワインも甘さが売りだった。さらに、宮崎の「甲斐産葡萄酒」でも複数の甘口ワインを発売していた。つまり、本格的な葡萄酒は薬用甘味葡萄酒に近いものとされることで、なんとか人々に受け入れられたのである。

しかも、明治20年代以降、新聞には薬用甘味葡萄酒に関する広告と記事が繁茂していた。フランスをはじめとした本格的な食卓ワインを味わったことのない一般の人々が、本格ワインと日本化した甘味葡萄酒の区別ができたとは思われない。

いや、多くの生産者さえ、その区別がついていなかったとみてもいいのではないか。なぜなら、明治期の日本には、ビールやワイン、ウイスキーやブランデー、さらに各種のリキュールが怒涛のようにいちどきに入ってきたからだ。なかでも、ワインを素材とした甘口のリキュールがあったことは大きい。当時の人々にワインとワイン様《よう》リキュールの区別がついたとは思えない。

ワインは明治の日本でいち早い変容を遂げ、甘味葡萄酒になった。これは歴史的事実である。ここで、生産にフォーカスする日本のワインの歴史は、薬用甘味葡萄酒はあくまで本格的な食卓ワインの日本的変容であり、甘味葡萄酒を亜流の模造品とみなし、宮崎をはじめとした本格ワインにこだわった一部の先駆者の努力が戦後の1970年以降に日本における食卓ワインの生産となって結実するとみなす。

たしかに、ワインが薬用甘味葡萄酒となる社会的背景が存在した。伝染病の蔓延と医療制度の未整備、近代医学思想による啓蒙とその大衆化による一知半解が、ワインの薬用化をうながし、当時の甘味の乏しい社会事情が甘さへの希求として甘味化を助長した。

それを示すのが、新聞紙上おける薬用甘味葡萄酒に関する記事と広告の繁茂である。

とすれば、むしろ当時の人々にとっては薬用甘味葡萄酒こそが「葡萄酒＝ワイン」だったと考えるべきではないだろうか。

昭和生まれの世代にとって、ワインとは甘いものであった。昭和30年生まれのわたしも、高校時代に「赤玉ポートワイン」（１９７３年に現在の「赤玉スイートワイン」に名称変更）でワインの洗礼を受けたひとりである（昔の多くの高校生は大人ぶるため高校時代に酒と煙草を初体験した）。

薬用甘味葡萄酒は本格ワインの変容であるとする見方は、現在から整理された歴史像である。多分に現代が過去に投影されている。すでに援用したアナール派の歴史学者リュシアン・フェーヴルなら、そこに「心理的アナクロニズム」を見出すだろう。

文化学的に社会的表象にもとづいて考えれば、当時の人々にとって甘いワインこそワインであったというべきだろう。「葡萄酒と薬用甘味葡萄酒の両義的な関係」というより、薬用甘味葡萄酒こそ葡萄酒であり、本格志向の葡萄酒は薬用甘味葡萄酒に寄り添うことでかろうじて命脈をたもったというのが歴史の実情である。

つまり、明治大正期の人々にとって、ワイン（葡萄酒）は、甘くて美味しく、身体にもいいものというのが当たり前だった。もちろん食事とともに飲まれるのではなく、内田百閒がみずから実践し語るように、毎日少量健康飲料として摂取された。

麻井宇介が宮崎光太郎を本格ワインの先駆として評価するのは、生産者の立場として理解できるものの（その先駆性はたしかに評価されるべきである）、消費者の立場にたつとき、明治期においてワイン（葡萄酒）とは、甘く体にいい女子どもも飲める健康飲料であったことはまずまちがいない。

□注

（1）内田百閒、『御馳走帖』、中公文庫、1979年（初刊行1945年）、67頁。
（2）日本薬局方百年史編集委員会編、『日本薬局方百年史』、日本公定書協会、1987年。
（3）ちなみに、フランスをはじめとするヨーロッパの現在の「薬局方」にワインは載っていない。
（4）ジョーゼフ・J・トービン、武田徹訳、『文化加工装置ニッポン「リ＝メイド・イン・ジャパン」とは何か』、時事通信社、1995年（原著1992年）。
（5）『御馳走帖』所収の上記「百鬼園日歴」のほか、「一本七勺」「我が酒歴」の記述を参照。
（6）明治初期に同時に日本に紹介され広まっていくワインとビールという2つのメジャーな西洋由来のアルコール飲料の対比的な受容と変容については、本書「第四章　ワインの日本化とビールの国産化表象は表象空間をかたち作る」参照。
（7）ロジェ・ディオン著、福田育弘、三宅京子、小倉博之訳、『フランスワイン文化史全書　ぶどう畑とワインの歴史』、国書刊行会、2000年〔原著1959年〕。この大著を補ういくつかの論攷は以下の著作に収録されている。ロジェ・ディオン著、福田育弘訳、『ワインと風土 歴史地理学的考察』、人文書院、1997年〔原論文1950年、1952年〕。

(8) 麻井宇介、『日本のワイン・誕生と揺籃時代 本邦葡萄酒産業史論攷』、日本経済評論社、1992年。

(9) 上野晴朗、『山梨のワイン発達史 勝沼・ワイン100年の歩み』、山梨県東山梨郡勝沼町役場、1977年。

(10) 河合香織、『ウスケボーイズ 日本ワインの革命児たち』「ウスケボーイズ」とは麻井宇介の薫陶を受けた若いワインの作り手たちのこと。この著作はなかでは岡本英史《えいし》（現「Beau Paysage（ボー・ペイザージュ〔フランス語で「美しい景色」の意〕）」オーナー）、城戸亜紀人《あきひと》（現「Ｋｉｄｏワイナリー」オーナー）、曽我彰彦（現「小布施ワイナリー」オーナー）の三人のワイン作りに奮闘する姿を描いたノンフィクションである。2018年に映画化された。第一章で紹介した小山田幸紀もウスケボーイズのひとりである。

(11) ワイン醸造家、麻井宇介は、ほぼすべての著作や論攷で、「ワインづくり」とひらがなで表記している。

(12) 本書「第四章」も参照。

(13) 明治期の新聞については、以下の著作を参照。春原昭彦、『日本新聞通史 四訂版 1861年－2000年』、新泉社、2007年。興津要、『新聞雑誌発生事情』、角川選書、1983年。興津要、『明治新聞事始め「文明開化」のジャーナリズム』、大修館書店、1997年。

(14) 興津要、前掲書、19頁。なお、同書の増補版ともいうべき、同じ著者の『明治新聞事始め「文明開化」のジャーナリズム』（前掲）13頁にもほぼ同一の指摘がある。

(15) 興津要、『新聞雑誌発生事情』、角川選書、1983年、30頁の年間発行部数を換算した数字。

(16) 同書30頁。『明治新聞事始め「文明開化」のジャーナリズム』、22－24頁。

(17) ベネディクト・アンダーソン著、白石隆、白石さや訳、『定本 想像の共同体 ナショナリズムの起源と流行』、2008年〔原著1983年〕、「Ⅲ 国民意識の起源」、75－89頁。

(18) 興津要、前掲書、33頁。春原昭彦、前掲書、31頁。

(19) 春原昭彦、前掲書、31頁。

(20) 同書、31頁。
(21) 麻井宇介、前掲書、165頁。
(22) 同書、177頁。引用した文章の初出は月刊誌『食品工業』での連載で昭和49年(1974年)。
(23) リュシアン・フェーヴル、「歴史学と心理学」、リュシアン・フェーヴル、ジョルジュ・デュビィ、アラン・コルバン著、小倉孝誠編、大久保康明、小倉孝誠、坂口哲啓訳、『感性の歴史』、藤原書店、1997年(原論文1938年)、32頁。
(24) 「ヨミダス歴史館」での検索語は「葡萄 OR ぶどう OR ブドウ OR ワイン OR シャンパン」。「全文検索」と「キーワード検索」があり、検索対象は記事と広告ふくむ紙面すべてである。「全文検索」と「キーワード検索」の一方だけに登場するものを合わせ、さらに検索システムでリストアップされていても当該文章がない場合(1件)、検索システムからの遺漏(3件)を補った。なお、広告では、葡萄菓子の広告8件、および社名に「葡萄」があるものの対象がビールである2件(ともに1886年)と、「葡萄櫨[はぜ]栽培法」(葡萄樹ではない)が対象となった1件「春陽堂」から刊行された小説『青葡萄』の宣伝1件の計12件は除外した。記事では、たんなる比喩、葡萄を名称としてふくんでいるだけのもの4件は除外した。
(25) 「聞蔵IIビジュアル」では「葡萄 not 牙」で検索し(国名の葡萄牙「ポルトガル」をのぞくため)、葡萄菓子3件と葡萄櫨1件をのぞき、さらに本来カウントされないはずの記事3件(葡萄牙を葡萄と分類)、遺漏のあった記事4件と広告5件を補足した。「聞蔵IIビジュアル」「ヨミダス歴史館」のこうしたシステム上の検索もれは「見出し」が手入力のためだと思われる。
(26) とくに『読売』は明治8年(1874年)11月2日創刊で、最初は3日おき2日おきとかの隔日の発行だった。
(27) 『朝日』では、そうした記事はすでに除外されている。注25参照。
(28) 麻井宇介、前掲書、3-19頁、181-201頁。上野晴朗、前掲書、23-34頁。一般には「明治三、四年ごろ」といわれている。
(29) 後発の『朝日』は、葡萄酒の記事(明治12年(1879年)(4月12日))からはじまる。

(30)ロジェ・ディオン、福田育弘、三宅京子、小倉博之訳、『フランスワイン文化史全書 ぶどう畑とワインの歴史』(前掲)、44頁。
(31)明治期の文章には基本的に句読点がない。よって、現代なら句点を打つべき場所を半角空けとした。漢字は新字体に統一した。
(32)もとの記事は、『読売新聞』の「俗語平話」の方針にしたがい、総ルビであるが、引用では煩瑣になるので、読みにくい漢字や独特の読ませ方の漢字表現だけにルビをふった。
(33)日本が関税自主権を回復したのは日露戦争後の明治44年(1911年)である。
(34)盛ビールの東京での発売を報じた明治15年(1882年)6月25日の『読売』の記事には、創業者の鮫島盛の経歴が詳しく叙述されている。
(35)『朝日』にほぼ同様の香竄葡萄酒の広告が載るのは、1年半後の明治20年(1897年)4月8日だった。そのためほかの国産薬用葡萄酒に遅れをとっている。『読売』をさきにしたのは、小新聞としてより多くの発行部数を誇っていたからだろう。
(36)ロジェ・ディオン、「ワインの品質の決定要因をめぐる新旧論争」、福田育弘訳、『ワインと風土 歴史地理学的考察』(前掲)、29-67頁。
(37)『報知新聞』に明治36年(1903年)1月から1年間連載され、連載中に順次単行本となっている。この飲食文化に多大な影響を与えた食通小説も新聞発信だった。
(38)明治19年(1886年)年以前は表4に記載された銘柄の広告はない。一部の国産葡萄酒と輸入ワインの広告があるが、いずれも10回を超えることはなかった。
(39)山本武利、『広告の社会史』、法政大学出版局、1984年、40頁。
(40)同書、315頁で、山本は、明治期は「偽物注意」の広告が氾濫し、どれが偽物かわからないという事態を読者が嘆いている当時の事情を伝えている。
(41)本書「第四章」、295-302頁。
(42)『明治後期産業発達史資集 第338巻』(龍渓書舎、1997年)に復刻版が収録されている。今村次吉、矢部規矩治、『大日本洋酒缶詰沿革史』(日本和洋酒缶詰新聞社、1915年)の100-101頁の「甘味葡萄酒製造法」参照。
（43）山本武利、前掲書、313頁。
（44）Marcel Lachiver, *Vins, vignes et vignerons : histoire du vignoble français*, Fayard, 1988, pp. 403-575.
（45）William. H. Helfand, «Mariani et le vin de coca», *Revue d'histoire de la pharmacie*, vol.68, n°. 247, 1980.
（46）日本の医療制度の整備の歴史については、以下の著作を参照。新村拓編、『日本医療史』、吉川弘文館、2006年、225-265頁。新村拓、『健康の社会史　養生、衛生から健康増進へ』、法政大学出版局、2006年。
（47）山本武利、前掲書、8-14頁。
（48）同書、313頁。
（49）清水藤太郎、『日本薬学史』、南山堂、1949年、197-205頁。
（50）立川正三、『病気の社会史　文明に探る病因』、岩波現代文庫、2007年（初刊行1971年）、201-203頁。山本俊一、『日本コレラ史』、東京大学出版会、1982年。
（51）『近代都市環境研究資料叢書　2　近代都市の衛生環境　1　疾病　①』、近現代資料刊行会、2008年。
（52）近世の養生論から近代の衛世論への移り変わりについては、以下の2冊を参照。瀧澤利行、『近代日本健康思想の成立』、大空社、1992年。瀧澤利行、『健康文化論』、大修館書店、1998年。
（53）瀧澤利行編、『近代日本養生論・衛生論集成』、大空社、1992-1993年。
（54）瀧澤利行、『近代日本健康思想の成立』（前掲）、283-284頁。

コラム　自然派と品種の再発見

自然派ワインの作り手たちの大きな功績のひとつは、それまであまり顧みられることのなかったローカルなワイン用品種の魅力を飲み手に知らしめたことだ。

そもそも、「自然派ワインの父」とされるマルセル・ラピエールはボージョレ地方のヴィリエ-モルゴン村の生産者で、作っているのはAOCボージョレとAOCモルゴンだから、使用品種は100パーセント、ガメだ。

ガメはいわゆる高級品種ではないし、日本のワイン通をもって任ずる愛好家がさして注意をはらう品種ではない。なぜなら、ブルゴーニュのピノ・ノワールやボルドーのカベルネ・ソーヴィニョンあるいはメルロのように、高級ワインを生み出す品種ではないからだ。

日本では、1980年代中ごろから、11月の第3木曜に解禁されるボージョレ・ヌーヴォーが話題になるようになった。ボージョレ・ヌーヴォーは、その話題性と季節性のせいか、一部のあまりワインを知らない人々のあいだで、相変わらずなにか高級ワインのように思われているが、熟成させずに新酒を飲むということ自体が、ワイン文化圏の社会では、気取らずにガブ飲みするワインであることを示している。

事実、フランスでのボージョレの価格はAOCボージョレだと1本7、8ユーロ、千円以下のワインである。日本のヌーヴォーが高いのは、関税のほか、飛行機による輸送費が価格にふくまれるためだ。１カ月ほど遅れて船便で運ばれてくるヌーヴォーはかなり安くなる。

もちろん、同じボージョレでも、クリュ・ボージョレといわれる、おもに村名をＡＯＣ名とするワインは数年寝かせてうまくなる、いわばボージョレの特級で、現在10のクリュ（一定の区域から生まれる銘醸ワイン）がある。マルセルが作ってきたモルゴンもクリュのひとつで、クリュのなかでもとくにしっかりとした酒躯《しゅく》を特徴とし、数年熟成させると各段に美味しくなる。モルゴンの熟成した味わいをさす「モルゴネ」morgonner という動詞があるぐらいだ。

さらに、ＡＯＣとしては、たんなるボージョレとクリュのあいだにボージョレ・ヴィラージュがある。ヴィラージュとはフランス語で「村」を意味し、約30の村がボージョレ・ヴィラージュという名称を認められている。たんなるボージョレより酒質がよいのが特徴だ。

ヌーヴォーが作られるのは、ボージョレとボージョレ・ヴィラージュで、10のクリュにヌーヴォーはない。

つまり、早飲みのヌーヴォーだけがボージョレではなく、しっかりとした味わいがあり、数年寝かせて美味しくなる10のクリュもボージョレなのだ。

いや、品質ということでいえば、むしろクリュ・ボージョレこそボージョレの精華であり、それぞれ異なった個性を示して魅力的だ。

ただし、魅力的だが、いわゆる高級ワインではない。そのため、経済的に余裕があり（大きな経済資本を有し）、一定の文化資本を身につけた階層——たとえば弁護士や医者——が主体となって形成されてきた日本のワイン受容においては、あまり顧みられることはなかった。「ああ、ボージョレね」「ガメでしょ」という感じだ。

そんなボージョレの品種ガメを再認識させたのがマルセルのワインだった。マルセルのボージョレやモルゴンは、多くの人に、ていねいに作られたガメのワインが、軽やかでありつつ果実味があり、その果実味に複雑なふくよかさがあることを知らしめた。

第二章で紹介したように、フランスの多くの自然派がそんなマルセルのワインに感動して、自身もマルセルのようなワインを作ろうと自然派をめざしてきた。

マルセルと交流があり、「もう一人の自然派の父」といわれるジュラ地方のピエール・オヴェルノワ（126頁）にも、ほぼ同じことがいえる。

ジュラの白ワイン用の品種サヴァニャンや赤ワイン用の品種プールサールやトゥルソーは、いまでこそ一部のワイン愛好家のあいだで知られるようになったが、それはオヴェルノワの影響で次第に増えつつあるジュラの自然派の作り手たちによって、それらの品種から魅力的で個性的なワインが作られるようになったからだ。

そうした見過ごされてきた品種の再発見は、さらにマイナーな品種でも起こっている。

たとえば、ロワール地方のグロロー。

この品種は多産であるが、品質はいまいちとされ、長年甘口のAOCロゼ・ダンジュに仕立てられてきた。

ドライな食卓ワインが当たり前になる以前の1980年代までは、日本で結構人気があったワインだ。もちろん、ワインを嗜む機会の少ない人のあいだで。

わたしは1990年代後半に都内の一流ホテルで開かれた結婚披露宴でワインとしては唯一ロゼ・ダンジュが出され、供されたフランス料理と合わず、仕方なく別の飲料を飲んでいたのを覚えている。

このグロロー100パーセントで、「辛口」のワインを作りだしたのは、「ドメーヌ・ド・モンジレ・ヴァンサン」や「ドメーヌ・カトリーヌ・エ・ピエール・ブルトン」といったロワール川流域地方の自然派の作り手たちだった。

軽やかで愛らしいワインで、飲みやすく、なんの料理にもそれなりに合ってくれる。

グロローがこんなにチャーミングなワインになるんだと思った人は、わたしだけではないはずだ。

あるいは、南仏で補助品種として使われるカリニャン。

じつはカリニャンは他の優良品種に押されて栽培面積が減っているものの、それでもフランス全体のワイン用ぶどう畑の5分の1を占めている。量的にはフランスで最大のワイン産地であるラングドック地方とルシヨン地方に、かねてより作られてきた広大なカリニャンの畑が広がっている。

単体だとカリニャンは渋みが強く、苦みさえあるため、これまでは、果実味のあるシラやグルナッシュ、まろやかさのあるサンソーとブレンドして赤ワインにするのが一般的だった。

しかし、新しい世代の自然派の作り手たちは、カリニャンを主体に他の品種をブレンドしたり、場合によってはカリニャンだけで赤ワインを作り、渋さと苦みが突出しない、背筋のきりっとした美味しいワインに仕立てている。

たとえば、カリニャンを主体にシラを入れた「シャトー・エギュー」の「ボンヌ・ペッシュ」や、カリニャン100パーセントの「ドメーヌ・マス・ルー」の「エル」などだ。

じつはこれらのワインに使われているカリニャンは、樹齢が100年を超えるものが多い。それを上手に醸造するととても美味しいワインになるのだ。

これには少し事情がある。

南仏では、ちょっとした村にはコーペラティヴとよばれるぶどう農家がぶどうを持ちよってワインに醸造する共同組合がかならずあった。19世紀の鉄道開設でパリをはじめとする大都市に販路がひらけ、厖大な都市住民のワイン需要に応えるため効率よく大量に安価なワインを作る必要があり、気候条件に恵まれているため、安価なワインの大量生産に向いていた南仏で、醸造設備も持たず、その技術もないぶどう農家の作るぶどうを集め、大量に醸造してそこそこのワインを安く作る、それが共同組合の役割だった。

自然派ではないが、有機栽培でぶどうを作るAOCサン・シニアン地区にある「ドメーヌ・レ・ゼミナード」のカリニャン100パーセントの「ヴィエーユ・カナーユ」をフランスで飲んでその美味しさに驚嘆した。2018年の夏にアポイントメントを取ってドメーヌを訪問すると、そのカリニャンの畑は1902年に植えられたものだというから、なんと樹齢120年を超えている。

トゥールーズ大学でワイン醸造学を学び、2002年に妻で薬剤師のパトリシアとドメーヌを立ちあげたオーナーのリュック・ベントーニによると、カリニャンの畑をもっていた老人は、高齢のためもうぶどう栽培ができないので、畑を潰そうとしており、すでに3分の1は引き抜かれていて、その残りを買い取ったとのこと。

そもそも前の所有者は、できたぶどうを地元の共同組合にキロ単位で売っていたという。樹齢の高いぶどうは収量が低く、手間多くしてお金にならないため、所有者だった老人は廃棄を決心したのだ。

そう、南仏の古いぶどう栽培者には、樹齢の高い質のいいぶどうを活用する技術やノウハウはなく、共同組合もそうした質重視の醸造をしていないのだ。あくまで量産型の生産だったから、いたしかたない。

事実、南仏に3年にわたって毎夏2週間ほど滞在して、ワイン産地をめぐったところ、多くの村の共同組合が廃業しているのを目の当たりにした。残っている共同組合をいくつか取材したところ、そうしたところでは大学で醸造を学んだ醸造技術者を責任者に招いて、品質の向上に努めていることがわかった。

こうして、打ち捨てられそうな古いぶどう畑を若い世代が引きついで、有機栽培や自然派の作りで見事なワインに仕立てている。

「ドメーヌ・レ・ゼミナード」のカリニャン100パーセントの「ヴィエーユ・カナーユ」は、AOCサン・シニアンを取得している。しかし、「たしか単一品種は南仏のほぼすべてのＡＯＣでは認められていなのでは」と質問すると、オーナーのリュックさんは、「公式には99パーセント・カリニャンで、シラを１パーセント混ぜていることになっている」と説明してくれた。

たしかに、ドメーヌのサイトには99パーセント・カリニャンとある。でも、実際は１００パーセント・カリニャンだ。これは地元の認定組織も暗黙に了解しているそうだ。南仏のワインのプロモーションのためだ。

日本の自然派も品種では面白い試みをおこなっている。

とはいえ、日本のワイン作りはだかだか１５０年、しかも栽培からワイン用品種にこだわりだしたのは、長く見積もっても、せいぜいここ40年にすぎない。

だから、見過ごされてきた品種の再発見ということは基本的にはありえない。

山梨の小山田幸紀も長野の曽我彰彦も、山形の「タケダ・ワイナリー」も栃木の「ココ・ファーム」も、たくさんの品種を試し、どの品種から日本の自然条件でどういうワインができるかいままさに探求しているところであり、その成果が表われつつある段階だ。

そんななか、フランスではボルドーの補助品種であるプティ・ヴェルドだけを作って見事なバランスの赤ワインを作っている「丸藤葡萄酒工業」の大村春夫や、南西地方でタンニンが豊富な厚みのあるワインを作るタナをはじめて日本にもち込み、果実味のあるきれいなワインを作っている「ココ・ファーム」の池上千恵子などの試みは、かならずしも自然派的な作りとはいえなくても、自然派にいたる栽培重視のワイン作りで生まれてきたものとはいえるだろう。

自然派のワイン作りにかぎっていうと、生食用のぶどうを、自然酵母を用いて微発泡のワインに仕立てることで、生食用のぶどうのもつ、よく「フォクシー香」といわれる、あまり好ましくないキャンディ様《よう》の香りをおさえて、かなりバランスのよいワインに仕立てている生産者が何人もいるのは、特筆すべきだろう。

生食用では、他の品種改良されたぶどうに押され、需要の減ったデラウェアやナイアガラ、シャインマスカットの人気で以前ほど売れなくなった巨峰を甘口ではない食卓用のワインに仕立てるというのは、消費者だけでなく、ぶどう農家にも歓迎すべき利用法だ。

たとえば、山梨県山梨市牧丘町にある「四恩醸造」の醸造・販売責任者だった小林剛士が同じ牧丘町にみずからのドメーヌ「室伏ワイナリー」を立ち上げて、デラウェアや巨峰から作る「共栄堂」の微発泡のワインは、ワインエキスパートで日本ワインの販売に特化した会社で仕事をする若い女性に「見事な完成度ですね」といわしめる品質をもっている。

北海道の余市で曽我貴彦の「ドメーヌ・タカヒコ」で2年間研修し、2016年に「ドメーヌ・モン」を同じ余市に立ち上げた中山敦生《あつお》が買いぶどうのナイアガラで作る「モンペ」も、非常に飲みやすい発泡性だ。

長野県東御市で自然派ワイン作りをおこなっている、2010年に設立された「ドメーヌ・ナカジマ」の中島豊が、ご近所の畑の収穫されなかった巨峰から作る微発泡のロゼワイン「ペティヤン・ナチュレル・ロゼ」（ペティヤンはフランス語で「微発泡の」の意、ここでは名詞化して用いられている）も非常によくできたバランスのいいチャーミングなワインだ。

　中山や中島の場合、自社畑のぶどうではなく、買いぶどうでの醸造だから、醸造は自然派風でも、栽培は有機ではなく、完全な自然派ワインとはいえない。しかし、生食用として需要のなくなったぶどうを活用している点で、生食用ぶどうをワインの原料としてきた日本のワイン作りの歴史的展開のひとつの到達点だといえそうだ。

　驚くべきことに、中島の場合、取材してわかったことだが、周りのぶどう農家が摘み残して廃棄になる巨峰からワインを作っていることだ。最近は中島のワイン作りを知って、「これを使ってください」と農家が出荷しなかった巨峰をもってきてくれるという。

　中島はこれらを藁（パーユ）の上で乾燥させて水分を飛ばし、ぶどうの糖度を上げてワインに仕込むフランスのヴァン・ド・パーユ（藁《わら》ワイン）風に、かご（パニエ）のなかで水分をとばし、手作りの木製の選果台でひとつずつていねいに手作業で選別し、傷みがなく熟したものだけを使ってワインに醸しているという。

　まさしく、ヴァン・ド・パーユならぬ、ヴァン・ド・パニエ（籠《かご》ワイン）だ。この選果は、「とても手間がかかって大変だ」と奥様が語ってくれた。この手間暇が中島の「ペティヤン・ナチュレル・ロゼ」のうまさを作っているのだ。

　これまで、これらの生食用品種から作られるワインは、甘口嗜好の日本の消費者に合わせながら、生食用ぶどうをワインにしたときの欠点（いわゆるフォクシー香）を隠すために、工業的な手法で甘口に仕立てられてきた。それを自然派の作り手は、なるべく自然なかたちで醸造し、なおかつ発泡性に仕立てることでバランスのいいワインに仕上げている。

これらの自然派風微発泡性ワインは、そもそも生食専用のぶどうからのワイン作りが世界ではほとんどみられないことを考えると、日本独自のワインといえるし、それだけの完成度をそなえている。

そして、すでに一章で紹介した、ワイン用品種と日本に自生するヤマブドウとを交配して、日本の自然環境に合った品種を作り、それを有機栽培と自然醸造で自然派ワインに仕立てるという大岡弘武の試みは、フランスの自然派が実践している顧みられなかったぶどう品種の再発見ではなく、新しいワイン用品種の創出として、さらに大きな意味をもつものといえるだろう。

最後に、日仏の自然派で共通しているのはシャンパーニュの安い代用品とみなされてきた発泡性ないし微発泡性のワインと、これまでワイン通に中途半端なワインとみなされてきたロゼワインを手間暇をかけてていねいに作り、それらが広く評価されている点だ。

日本のペティヤンは生食用ぶどうの活用という面もあるが、それだけとはかぎらない。たとえば、長野の「小布施ワイナリー」の曽我彰彦は、ヴィニフェラ種から瓶内二次発酵による本格的な発泡性ワインを作っている。

日仏ともに自然派が発泡性ないし微発泡性ワインに力を入れていることは事実である。

自然派の微発泡性ワインは、自然な作りのため酵母が生きていて自然と微発泡となり、しかも酵母の澱がワインにうま味をあたえているため、ジュースのようでいて豊かな味わいがある。

「発泡性はシャンパーニュにとどめを刺す」という思い込み（かくいうわたしが長年抱いていた偏見なのだが）を離れて素直に飲めば、飲みやすく美味しいワインだ。

他方の自然派が作るロゼは、これまでのロゼの常識をくつがえす独自の魅力をそなえていることが多い。

その代表は、ローヌ川地方を代表する自然派エリック・プフィフェランの作る「ラングロール」のＡＯＣタヴェルだ。タヴェルはロゼ・デ・リセとならんでロゼだけに認めれたＡＯＣで、ロゼとしては非常に有名だが、かならずしもワイン通に評価されてきたとはいえない（そもそもロゼ・デ・リセはフランスでもあまり知られておらず、日本にはほとんど入っていない）。

よくロゼワインは肉にも魚にも合うワインといわれるが、ワイン通は中途半端で本当に美味しいものはないと思っている。しかし、プフィフェランの作るタヴェルは、ピュアで気品がありながら、しっかりとした味わいと複雑な果実味をそなえている。

こうした事情があるため、２０２２年６月号の『BRUTUS』の「自然派ワイン特集」の表紙で、タレントの佐々木希が手にしているのは、微発泡で濁りのある白ワインなのだ。

あまり重視されていなかった品種や新たな品種によるワインの味わいもふくめ、自然派はワインの味の幅をぐっと広げてくれた。新しい味覚の誕生とさえいえるだろう。

第四章　ワインの日本化とビールの国産化

――表象は表象空間をかたち作る――

一　飲食の表象空間と異文化受容

三章では、おもに明治時代の新聞記事と新聞広告の詳細な検討を通して、日本に入ってきたワインが日本独自の甘末葡萄酒に変容し、その一般的な用途が薬用であったことを検証した。それをふまえ、この四章では、ワインの変容をビールの国産化と比較しながら、とくにワインとビールがどういうふうに消費者に受容されたかを検討してみようと思う。そのため、とくにワインに関して一部の内容が三章と重複するが、それはあくまでワインの日本的な変容がビールの国産化と対となって進行したことを示すためである。

わたしたちが日常生活で、通常、何かについて考えたしたり、行動を起こすとき、わたしたちはつねにそのモノやコトにたいして表象を働かせている。

では、表象とはなにか。

物事にたいする心性や感性の歴史を問題にするアナール派歴史学の推進者のひとり、フランス人の歴史家アラン・コルバン（1936-）は「人間は、外部のもの、人間、出来事、観念、思想に対して、自分の行動を決定づけるために表象を築きあげる。それは、また人やものを命名するためであり、同時にものを描き、出来事を解釈するためでもあります(1)」と表象概念を規定している。

このような表象概念は非常に広いものだ。日本では、表象概念が文学研究から発信されたため、狭い意味でとられがちである。それは表象芸術とか表象文化といった言葉によく表れている。ハイカルチャーでは絵画や文学あるいは映画や演劇、サブカルチャーではマンガやアニメが、そのおもな対象となる。

しかし、コルバンが提唱している表象は、わたしたちが普段の生活でさほど意識せずに、あらゆる物事にたいしてつねに働かせているものだ。そのような表象を、非常にわかりやすく定義すれば、あるモノやあるコトに人々が抱く「イメージとそれにともなった暗黙の価値判断」だといえるだろう。

あるワインがボルドーの高価なワインと知れば、人はそれをそうしたものと認知して味わうだろう。ある人が高名な大学の出身と知れば、その人はやはり知的な雰囲気通り頭がいいのだとか、外見に似合わずじつは優秀な頭脳の持ち主だと思ったりするだろう。そのとき、作用しているのが表象である。

その意味で、さらにわかりやすく単純化すれば、わたしたちが事物にたいするときに否応なくかけてしまっているメガネとでもいいかえられる。

それはときにステレオタイプな見方や偏見ともなりかねない。それらは表象の極端な形態であり、それを意識するのも、またそうした見方は型にはまった見方にすぎないとか、差別的な見方であるとみなすのも、ある種の表象である。

わたしたちは日常生活においてこうした表象をもとに判断し、行動しているのである。ただし、コルバン自身がそうであるように、文化研究で問題にすべき表象とは、個人に固有の表象ではない。それは心理学や精神分析の対象となる。そうではなくて、ある時代のある社会に共有された表象である。個人の表象も、こうした社会で共有された社会的表象に大きく規定されている。

文化研究で問題になるのは、あくまでこの社会的表象である。このような視点からは、独自と思える個人の表象も社会的に共有された表象の偏差とみなすことができる。

日本では、前述したように、表象概念が文学研究から発信されたため、こうした表象のもつ社会性があまり強調されない傾向にある。なぜなら表象作品は個人の特異な想像力によって異彩を放つからだ。文学や絵画に表現された独自性のある表象が問題にされるともいいかえられる。

ただ、表象文化研究では、その背後にある時代や社会の見方ないし価値観が問題にされることが多い。これは社会的表象の特異な形態が文学作品や視覚芸術であるということを示している。

一方、フランスでは歴史学で社会的表象が問題になるだけではなく、社会学でも社会的表象が重視されている。

たとえば、2000年代以降、フランスで飲食の社会学を確立しつつある社会学者のジャン＝ピエール・プーラン（1956- ）はしばしば明示的に「社会的表象 représentation sociale」という表現を使っている(2)。

わたしたちの日常生活で大きな部分を占める飲食行動においては、この社会的表象が大きな役割をはたしている。それぞれの飲食物や飲食行為自体に、社会的な表象が作用しているからだ。

白いご飯を日本人のソウルフードと考える思いにも、ご飯のない食事をちゃんとした食事ではないとみなす感覚にも、あるいはもっちりしたご飯への嗜好にも、パサついた米への違和感にも、社会的表象が介在している。

もちろん、こうした社会的表象が歴史的に構成されてきたものであることも忘れてはならない。

日本人の現在の米の好みは、東南アジアの植物だった稲を北陸や東北の寒冷地にまで耕作可能にした稲作の長い歴史と、よりよい食味を求めて行われてきた稲の品種改良のたえざる試みがあってできあがった好みであり嗜好である。

飲食の分野ほど、こうした社会的に共有された価値観が表象として暗黙のうちに作用する分野もない。

だからこそ、日銀総裁や大蔵大臣を務めた財界人、渋沢敬三（1896–1963）は、民俗学者として飲食もふくめた明治時代の風俗文化を膨大な史料をもとに叙述分析した大著『明治文化史12生活編』[3]で、生活文化の研究ではモノやコト自体よりも、それらの「位置づけと評価」が重要である、と「第一章 序説」において強調したのだった。

まさしく渋沢の頭にあったのは、現代の文化学の用語でいえば、社会的表象である。人間主体と対象であるモノやコトへの関係である社会的表象を、人間主体にフォーカスすれば、そのモノやコトへの感じ方・見方としての感性や心性となる。表象の重要性を説くアラン・コルバンが「感性の歴史家」といわれるのは、このためだ。

この表象に焦点を当てた見方は、文化においてモノゴトの受け取り方として受容がなによりも重要であることを示している。

飲食の歴史研究はしばしば飲食物の歴史研究となり、しかも生産に力点がおかれたものが多い。しかし、消費なくして生産はない。さらに、文化的にみれば、まずあるモノやコトが受け入れられてから、選択して消費される。つまり、受容があって、それが消費につながる。受容には生産者側での情報やイメージの発信が対応している。

お米の場合、「美味しい米」=「もっちりとした米」として発信され、受け手はそれを受容し、場合によって消費する。逆に、受け手の受容が送り手の発信を規定することもある。作り手が受け手が好むモノ、たとえばもっちりした米を作り、それを発信するという場合だ。

この受容と発信は、経済学的な観点からは、需要と供給に当たる。しかし、それはより狭い次元のことであり、ここでは飲食文化を問題にするため、より広い受容が考察の対象となる。

そして、文化において受容を主導するのが社会的表象である。これも経済用語に置き換えれば、マーケティングでいうブランディングや付加価値となるだろう。

しかし、これから問題にする付加価値は非常に長く複雑な歴史的過程で、送り手側のブランディングをも巻き込んで社会全体で形成されていくものだ。社会的表象という見方が妥当する理由である。

それらの異なるモノやコトへの社会的表象の全体が相互に関係し合いながら作りあげるイメージ上の空間が表象空間である。個々の表象がかたち作る関係性としての表象システムと言い換えてもいいだろう。

実際のモノやコトと対応しながら、いったんできあがった暗黙の価値体系としての表象空間は一定の自立性をそなえ、モノやコトにも反作用をおよぼす。

たとえば、もちっとしたご飯が価値づけられると、そのような品種（たとえばコシヒカリ）の生産が各地に広がっていくという現象が生じる。そして、そうしたもっちりした米の生産の拡大が、もっちりした米への好みを強化する。

つねに一定の修正がほどこされながら、たえずゆっくりと、あるいはときには急速に変化し、編成されていくのが表象空間、とくに飲食の表象空間の特徴である。

明治以降、多種多様な外来の飲食物や飲食慣行が導入された日本においては、そうした飲食の表象空間の編成と再編成がたえず繰り返されてきた。

さきほどの渋沢敬三は、外来の文化的要素の受容を「一定の文化体系」に取り入れることととらえたうえで、明治期の外来の生活文化の新しい要素は、旧来の生活文化の要素と「対決」しながら選択的に受容され、その過程で「用途の変換」(4)が生じることもあったと述べている。(5)

渋沢の炯眼《けいがん》な指摘は、このような外来の生活文化の積極的導入の背景にあった、より広い社会的表象を暗黙の前提としている。近代日本では「西洋の文物」=「優れている」という、より包括的な表象が存在していたからである。

「舶来」という言葉自体が、そのような見方をよく表現している。大型船舶によってもたらされた西洋の文物は無前提に優れたもの、取り入れるべき要素であった。

おそらくこのような感性は、いまだに西洋のブランド品やフランス料理を高級視する傾向として残っているとみていいだろう。

この章のテーマである異文化の飲食物の受容という次元で考えると、それは日本の飲食の表象空間に外来の要素を取り込む過程であった。そのような受容では、多くの場合、飲食物がもとの文化でになっていた役割がそのまま受容されることはなく、多少なりとも消費の仕方が変形されたり、場合によっては、飲食物自体が変容をこうむることさえある。

たとえば、明治期に一度期に日本に導入された洋酒のうちで、西洋では食事とともに飲まれるより食事の外で飲まれる食「外」酒の要素を強くもつビールは、実体はそのままでありながら、飲用の仕方という面では、洋食にともなう食「中」酒として受容され、消費されていく。

一方、本来西洋で食中酒であったワインは、それ自体変容をこうむり、西洋のワインとは異なる甘味葡萄酒となり、食事の「外」で消費されるようになっていく(6)。

民俗学者、柳田國男(1875-1962)は、紅茶の事例をあげて、以下のように分析している。

「紅茶が採用されて、日本人の接客法は煩瑣《はんさ》を加えるようになった。すなわちこれまで来客にも緑茶ですませていたのが、紅茶の方が外来品であるところから、こちらを出した方が客を優遇することになるとされ、緑茶と交互に出すというようにさえなった(7)。」

日本ではアルコール飲料といえば、長らく日本酒(清酒)しかなく、食卓でも食外でも日本酒が飲まれており、ビールが日本酒と競合するかたちで食卓で料理とともに飲まれ、ワインが甘口化して、西洋でも食事の外で飲まれたウイスキーとともに、食外で飲用されるようになる(8)。

これにたいして、柳田が引く紅茶の事例では、紅茶自体もその飲用法も西洋での実質と形式が踏襲されながら、日本の来客をもてなす飲み物と飲み方が変容をこうむっている。

外来の生活文化を導入するということは、そうした文化の変容だけでなく、受容する側の文化も変化をこうむらざるをえないということがわかる。いわば、日本的変容の反作用だ。外来の要素が日本的にドメスティケーション[9]される、つまり日本の飲食文化に添うように変形される一方で、外来の要素も、ときに自身がこうむる変容以上に、それが参入する飲食文化を変容させることがあるのだ。

この作用と反作用のダイナミズムには、とくにそうした変容を導く暗黙の価値とイメージ、つまり社会的表象が大きく関わっている。というのも、柳田のあげる事例でいえば、紅茶の導入で日本のもてなし方が複雑化したのは、紅茶が舶来ゆえに緑茶より高級と表象されたからにほかならない。つまり、そこには紅茶のもつ社会的表象が大きく作用していることがわかる。しかも、このような紅茶の使用法によって、紅茶がより高級という表象も社会的に強化される。

こうして、外来の要素の導入は、多かれ少なかれ飲食の表象空間自体に変容をもたらすことになる。

二　多様な洋酒の異なった受容

このような変容での作用と反作用が典型的に観察されるのが、明治期の洋酒の日本への導入と普及においてである。

そうした変容の過程を検討する前に、異文化受容が完成するとはどういうことか、考えておこう。

なぜなら、明治の洋酒の導入から150年以上が経過し、多くの洋酒が国内生産されるようになり、その飲用もすでに大衆化して成熟期をむかえているからだ。

渋沢は次のように述べている。


「日常生活において消費されるいろいろの物品が日常的である理由は、それが物珍しさを持たなくなることにある。(10)」


つまり、受容面で当たり前になること、これが異文化受容の完成である。

これにたいして、長年「メルシャン」でワイン作りにたずさわりながら、日本のワインの品質向上に尽力した麻井宇介は、以下のように指摘している。


「飲み手をして異文化ではないと確信させる最も重要な根拠は、それが国産品であることであった。(11)」

つねに生産の現場に立ってきた醸造家らしい見方である。作り手にとっては、やはり国産で西洋と同じ品質のもの、あるいはそれを超えるものや独自なものを作りだしてこそ、異文化受容は完成したといえるのだ。受容と消費に軸足を置く民俗学者渋沢との違いがみえて興味深い。

消費と生産という2つの論点は、とりわけ明治期の日本では緊密に結びついていた。明治期の洋酒の日本への導入は、国際収支という経済のレベルでも、生活の近代化という文化のレベルでも、同じように重要だったことを忘れてはならない。受容に集約される文化面の近代化という課題は、分かちがたく経済的発展という課題と結びついていた。

明治初期に政府のスローガンとなった「文明開化」と「殖産興業」はコインの両面であった。文化レベルでの近代化は、国内産業の隆盛を生んでこそ、意義あるものとなりえたのである。

明治期に日本に導入された洋酒は多種多様である。そのおもだったものは、ビール、ワイン、ウイスキー、ブランデー、果実や植物のエキスの入った甘いリキュール類だった。なかでも西洋で普段に飲まれるアルコール飲料であるビールとワインは、ほぼ同時期に日本に紹介され、明治初期から日本での生産が試みられている。国内生産を行い、輸入を減らして国際収支を改善するためである。

両者とも生産史に関しては、いくつかの優れた著作が刊行されており、(12)その国産化の経緯はほぼ明らかになっている。

ビールは明治20年代（1887−1896）にはすでに生産面で国産化され、現在の「キリン」・「アサヒ」・「サッポロ」の母体となる大企業による寡占生産体制が確立し、輸入ビールを凌駕している。

これにたいして、ワイン生産に関しては、明治初期の殖産興業政策による官民の試みは相次いで失敗、挫折し、ビールが国産化した明治20年代になると、小規模な醸造所で国産ワインの生産が細々とつづけられ、ぶどう栽培とワイン生産の主流は甘味葡萄酒に移行している。生産面でのビールのいち早い脱洋酒化とは対照的に、ワインは甘口化という日本的変容をこうむったかたちで広まっていったのである。

この背景には、ビールは原料から作る必要がなく、かねてより日本で生産されていた麦を使えばよかったのにたいして、ワイン作りはワイン用のぶどう栽培からはじめなければならなかったという原料調達における大きな違いがあった。

しかも、ビールの原料の小麦は穀物のため輸入も容易だが、ワインの原料のぶどうは果実のため傷みやすく輸入は難しかった。

こうした原料の問題以上に重要だったのが、製造法だった。日本には長年の日本酒作りによって穀物酒の伝統があり、これが同じ穀物酒であるビールの生産を容易にしたのにくらべ、ワインは果実酒で果汁自体を発酵させてアルコール飲料を作る果実酒の伝統は日本にはなかった[13]。

このように生産面で対照的なビールとワインだが、じつは明治中期までは、日本各地で同じ洋酒として受容され、一部の富裕層に消費されていた。

『相沢日記』という、相模原の豪農、相沢菊太郎（慶応2〜昭和37年［1866-1962］）が明治18年（1885年）から昭和37年（1962年）まで書き残した詳細な日記が、子孫の手によって活字化され出版されている。近代日本の生活文化を知るうえで貴重な史料である。

相沢菊太郎は、新しいもの好きで、無類の酒好きでもあったため、購入した酒の種類と額が日記と出納簿に記録されている。

それをみると、明治中期まではビールとワインが拮抗し、やがてビールが優勢になっていく過程が浮かびあがってくる[14]。

地方でのビールとワインの消費の実情は、渋沢敬三が『明治文化史12 生活編』で『福岡県三井町町是』から引用する明治35年（1902年）の統計からも読み取ることができる。

それによると、当時総戸数600、人口3700人で、農業従事戸数が341、商業が24、手工業70、雑65という当時の典型的な農村集落だった三井町における新しい食品の消費戸数は、「卵六百戸、ラムネ四百戸、牛肉三百戸、あひる二百戸、牛乳十五戸、ビール四十戸、ぶどう酒十戸、葡萄十戸、馬鈴薯十戸[15]」であった。たしかに、すでにビールに抜かれているも

の の、それでも九州の地方の町でワインがビールの4分の1の消費割合であることは注目していいだろう。

令和3年（2021年）度の国税庁の「国税庁統計年報」によると、ビールの消費が漸減し、ワインの消費が伸びをみせるなか、日本全体でビールの総消費量が約190万キロリットルであるのにたいし、ほぼワインと考えていい果実酒は約12万キロリットルとビールの6％にすぎない。さらに、全種類の販売数量における割合でみると、ビールの24・9％にたいしてワインはわずか1・5％である。

明治末のワイン消費がビールの4分の1という割合の多さが実感できる。さらに、現代におけるワイン消費を都道府県別にみると、東京で全体の25％を占め、首都圏で50％弱となる。右に引いた明治期の地方のデータからは、当時ワインがビールとならぶ洋酒として農村地帯にまで浸透していたことがわかる。

生産面の国産化で明治20年代に明暗のはっきり分かれたビールとワインだが、ワインは、受容においては少なくとも明治中期まで、ビールと同じ新奇な外来の酒とみなされ、それなりに消費されていたのである。

ビールは、明治期にすでに受容においても西洋のビールと並びうる本格的なビールとして味覚的にも評価されていた。ビールの本場ドイツに留学したことのある音楽家、山田耕筰（1886–1965）は大正時代のエセーで以下のように述べている（引用は原文のママ）。

「ビールはもとはドイツのものであるが、しかし今日では私の経験では日本のビールが世界で最も優秀なものになつてゐると思ふ」「ドイツのビールそのまゝのものではない」「日本のビール独特の味を持ってゐる」[16]

これにたいして、本格的なワインはつねに「渋い」「酸っぱい」と忌避され、やがて登場する甘い葡萄酒がかろうじて受容されていく。ビールも当初「苦さ」と「泡」が忌避されていたにもかかわらず、受容されていったのと大きな違いである。[17]

甘味葡萄酒の嚆矢《こうし》は、明治13年（1880年）ごろに神谷伝兵衛（現「合同酒精」）が発売した蜂印《はちじるし》香竄《こうざん》葡萄酒《ぶどうしゅ》[18]である。明治18年（1885年）に商標登録され、販売を担当した近藤利兵衛の手腕で売り上げを伸ばしていく。

これに続いたのが、「寿屋」（現「サントリー」）の創設者、鳥井信次郎が明治40（1907）年に売り出した赤玉ポートワインだった。[19] 大正12年（1923年）に発表されて話題になった女性のヌードポスターとともに、[20] 空前の大ヒット商品となった甘味葡萄酒の名作である。

以後、受容面で、日本でワインといえば、甘いものというイメージが定着し、食中酒としてではなく、食外にたしなむ甘味飲料として消費されていく。

「サントリー」は、この赤玉ポートワインで稼いだ資金を、製造から販売まで数年以上樽で熟成させる必要のある本格ウイスキー作りに投資し[21]、やがて日本で初の本格ウイスキーを世に送りだす。

ワインは本格ウイスキー作りの捨て石にされたといえるだろう。

現在、ビールを洋酒と考える人はまずいないだろう。

1990年代後半以降、ビールに類似した発泡酒の台頭によって消費が漸減しているものの、戦後一貫して消費されるアルコール飲料の不動のトップを走りつづけているビールは日本の国民的アルコール飲料といっても過言ではない。

しかし、ワインはどうだろうか。

いまだに洋酒のイメージを残してはいないだろうか。国産ワインが一定のシェアをもっているにもかかわらず、あいかわらず高級で本格的なワインはフランスやイタリアのものと多くの人が思っている[22]。

ビールとワインのあいだにみられる、このような社会的表象の差の淵源は、じつは三章で検討したように、両者が導入された明治期に確立されたものであった。

生産面でいち早く国産化したビールは、ほぼもとのままのかたちで受容され、日本酒に代わる料理をともなった酒となり、さらに洋食にともなう食中酒として日本社会全般に広まっていった。一方、ワインはそのままのかたちではほとんど受容されず、甘い果実酒として命脈を保ったのである。

赤玉ポートワインによって定着したワインは甘いものというイメージ（社会的表象）がいかに強いものであったか。

戦後、ワイン作りの現場で指導に当たってきた麻井宇介は、すでに三章で一部を引用した評論で、以下のように回想している。非常に重要な指摘なので、今回は関連部分をそのまま引用し、再度検討をくわえておこう。

「長い間、ワインをつくり続けてきた日本のブドウ酒醸造家たちが、それをワインと称して説明なしで販売できるようになったのは、昭和四十六年［1971年］頃からである。それまでは、ブドウ酒という言葉の中に動かし難くイメージづけられていた「甘いもの」と、テーブルワインとのへだたりを、いかに納得してもらうのか苦労したものであった。いや、今日でもまだ「期待に反して酸っぱい」というクレームがなくなったわけではないのである。そのたびに甘味ブドウ酒という日本独特の商品が残した功罪の深さを思わずにはいられない。[23]」（［　］は福田、以下同様）

この文章の初出が、第一次ワインブームといわれた1974年であることも示唆的だ。生産側が本格的な味わいの「辛口」ワインを日本でも作りはじめていたとき、長年甘味葡萄酒に親しんできた多くの消費者の頭にはワインとは甘いものというイメージが根強く残っていたのである。

生産と受容がかならずしも一致していないことがわかる。生産の変化にたいして、受容がそれ以前の社会的表象を引きずって、いわば消費の障害となることもあるのだ。一度定着した社会的表象は、わたしたちが考える以上に強固であることが多い。

三　洋酒による消費空間の違い

ビールは明治20年代（1887-1896）に鉄道が普及すると、駅や車内で販売され大衆化していく。しかし、ビールの大衆化を進めた代表的消費空間はビヤホールだった。

明治32年（1899年）に東京の新橋に最初のビヤホールができる。「恵比寿ビール」の直営だった。

直営であるため、単価も安く、鮮度もよかった。発酵後、熟成を要するワインではできない展開である。

しかも、原料の麦は乾燥した穀物であるため貯蔵が可能で、必要とあれば年に何回も仕込むことができる。年に1回しか収穫できないぶどうから作るワインでは、そうはいかない。

ビヤホールは、ビールの特性を生かした販売方法だった。

明治30年代（1907-1912）中ごろには、東京や大都市で次々にビヤホールが開店している。ビヤホールがビールの手頃な洋酒という受容をうながし、消費を牽引したのである。

風俗史家として知られる森銑三（1895-1985）は、『明治東京逸聞史 1・2』（1969年）で、明治時代の新聞・雑誌・著作・小説を広く渉猟《しょうりょう》し、それらを引用・要約して東京の風俗の変化を年ごとに記録している。

弟子の小出昌洋の証言によると、とくに「芝居」と「食べ物」は森の関心事で[24]、『明治東京逸聞史』でもこの2つの項目に関しては細やかに資料を紹介し、緻密に時代の雰囲気を跡づけている。筆者が明治末をリアルタイムで知っていることも重要である。

早くも明治3年（1870年）に「ビール・ハマ」という項目があり、同年刊行の仮名垣魯文《かながきろぶん》（1829-1894）の『西洋道中膝栗毛 初編』に「ハマ」と略される外国人の多い横浜でビールが飲まれる様子が描かれている、と森は指摘している。

引用されている人物の台詞がおもしろい。「まづビールからついでくんな[25]」だ。日本的な「とりあえずビール」という慣行のもっとも古い事例ではないだろうか。

これが森の著作にビールが登場する最初である。次にビールが紹介されるのは、それから6年後の明治9年（1876年）で、製造が各地ではじまったことを伝える『東京日日新聞』の記事の要約である。

重要な点は、項目が「ビール・葡萄酒」となっていることだ。森は次のように解説している。

「ビールや葡萄酒を、近頃諸方で拵《こしら》えるけれども、本場のものとは到底較べられぬとしてある。しかし、その味はとにかくとして、洋酒を造ることが、既に始められている。[26]」

この記事の要約からも、ビールとワイン（葡萄酒）は同じ時期に日本に導入され、同じ時期に製造がはじまったことがわかる。しかも、この時点ではまだビールも、ワイン同様、味の点で輸入された本物に劣っていると認識されていた。

このあと、ビールについては、明治32年（1899年）に東京ではじめて開店した「エビスビール」直営の新橋の「ビヤホール」の繁盛ぶりを『風俗画報』から紹介し[27]、その翌年の明治33年（1900年）にふたたび「ビー《ママ》アホール」が登場する。『読売新聞』「はがき集」（投書欄）の要約である。

「ビーアホールが近頃流行で、どの区にもあるが、芝[28]だけは一軒もない。――こんな投書が出ている。

但しそれから数日後にまた、新橋停車場前のビーアホールはどうか。新橋は芝区です、と教えている人がある。[29]」

新聞紙上で読者のこんなやりとりがおこなわれるまで、ビヤホールがあちこちにできていたことがわかる。

二十数年前の明治9年（1876年）に、葡萄酒とともに外国産のものにくらべ品質が悪いとされたビールがこれだけ広がった背景には、国産ビールの品質の向上があったと推察される。それを示しているのが、さきに引用した山田耕筰の証言である。

では、ビール消費を大衆化したビヤホールとは、どのような飲食空間だったのだろうか。明治32年（1899年）9月4日付の『中央新聞』は3面で新橋のビヤホールについて以下のように伝えている（引用は原文のママ）。

「其の中の模様は（……）全く四民平等とも言うべき別天地で、ちょっとしたお世辞にも、貴賤高下の隔ては更に無い。此処へ這入れば只だ誰も同じくビールを飲む一個の客で、其の他には何の事も無いのである。車夫と紳士と相対し、職工と紳商と相ならび、フロックコートと兵服と相接して、共に泡だつビールを口にし、やがて飲み去って共に微笑する処、正に是れ一幅の好画である。」

身分社会から脱却して、民主的な国家に向かおうとしていた明治期の日本を象徴する飲食空間、それがビヤホールであった。だれもができたての同じビールを、同じ価格で、同じように賞味する。

ビールの大衆的受容と国民的な消費は、ビールがだれでも手軽に飲める平等な飲み物であることに由来している。

こうした受容と消費の対極にあるのがワインだった。

ワインは、天皇や華族、政府高官や財界人のレセプションで、正式な西洋の宴席料理とともに提供された。

明治政府は、明治7年（1874年）に、宮中に西洋各国の公使や高官を招いてはじめての午餐会を開き、フランス風の西洋料理の豪華な料理を高級ワインとともに提供している。

その後も、こうした公的性格の強い宴会、とくに外国人高官を招いた宴席では西洋料理が出され、ワインがふるまわれた。

これは当時、外国人には日本料理が食べられないだろうという味覚上の配慮以上に、政治的外交的方策だった。

輸入品を減らして貿易収支を改善し、国内産業を興隆させるためには、幕末に締結された不平等条約の解消、わけても関税自主権の回復が急務だった。日本が欧米に肩を並べる文明国であることを、外国人高官たちに目に見えるかたちで示す必要があったのだ。

日本風の宴会となれば、当時の外国人が食べ慣れていない日本料理が提供されるうえに、女性が給仕し、座興に芸者が呼ばれるのが当たり前だった。このような宴会で外国人を接待すれば、日本はやっぱり男尊女卑の野蛮な国だと即断されかねない。

それにたいして、西洋の宴会では、婦人や子女も同席するのが当たり前だった。(30) 明治政府の欧化政策は、なにも明治の高官たちが西洋かぶれだから採られた政策ではなかった。

その象徴が鹿鳴館である。いわゆる鹿鳴館時代(明治16-20年)に鹿鳴館で開催されたレセプションや舞踏会では、当時世界の宴席で提供されていたフランス風の西洋料理と高級ワインが出されている。

明治中期にフランス海軍の戦艦艦長として日本に滞在したピエール・ロティ(1850-1923)は、鹿鳴館の舞踏会に招待されたおりの情景と印象を文章に残している。ロティは海軍士官として世界各地を回り、外国を舞台にした多くの小説や紀行文を発表し、当時人気をはくした流行作家だった。

ロティは踊る日本人女性の表情を「巴旦杏《アーモンド》のようにつり上がった眼をした、大そうまるくて平べったい、小っぽけな顔」と表現し、その踊り方を「個性的な独創がなく、ただ自動人形のように踊るだけ」(31)と論断している。

侮蔑的で差別語ですらある。とはいえ、教養あるフランス人として、彼は日本人の西洋猿まね文化の本質を見抜いていたことも事実だ。しかし、料理とワインについては賛嘆を惜しまない。

「銀の食器類や備えつけのナプキンなどで被われている食卓の上には、松露《トリュフ》を添えた肉類、コロッケ、鮭、サンドヰッチ、アイスクリームなど、ありとあらゆるものが、れっきとしたパリの舞踏会のように豊富に盛られている。アメリカとニホンの果物は、優雅な籠の中にピラミッド型に積み重ねてあり、しかもシャンパン酒は最高級のマークの品である。(32)」

発泡性ワインの代名詞ともなっているシャンパーニュワインは西洋の豪華なレセプションにつきものだ。自動車レースの最高峰「フォーミュラ1」(F1/エフ・ワン)の表彰式でも、婚礼の宴席でも、シャンパーニュの栓が抜かれ、ふるまわれる。現在では、日本でもこうしたハレの場でシャンパーニュが用いられるようになってきた。

しかし、明治の日本では、もちろんワインは常飲されていない。そんな日本で、本物のシャンパーニュ、しかも名のある銘柄もののシャンパーニュが提供されている点にロティが注目し、特記しているのは当然だった。

こうして、ワインは、高級で本格的な西洋料理とともに、正規の宴会で、貴顕や外国人が飲むものというイメージができあがっていく。

当初、ともに外来の洋酒であるビールとワインのあいだに大きな価格差はなかった。国産ビールが本格的に生産され、ビールの価格は低下する。一方、低い関税で外国から輸入されるワインは国産がふるわず輸入品が主流だった。そのため、国産化したビールとの価格差が大きなものになっていく。

この国産化の成否からくる価格差も、ワインの高級感とビールの庶民性を助長した。人々はビールを好み、ワインを敬遠したのである。

ビールとワインの受容と消費における落差はさまざまな資料から読み取ることができる。すでに参照した森銑三の『明治東京逸聞史 1・2』をもう一度みてみよう。ビールの初出は、さきほど確認したように、明治3年（1870年）、ワインの初出は「ビール・葡萄酒」とビールと並置された項目で、明治9年（1876年）であった。

その後、ビールは頻繁に登場し、大衆化の流れが手に取るようにわかる。

たとえば、茶店にビールがあるという明治43年（1910年）『風俗画報』の記事だ。「上野公園の茶店」と題された項目には、茶店で出されているさまざまな飲み物の定価表が引用されている。

そこには、「氷水 三銭」「ラムネ小玉壜 三銭」「同 胡瓜《きゅうり》形壜 七銭」「サイダー 十五銭」とならんで、「ビール大瓶 三十銭」「同 小壜 二十銭」とある。(33)

他の飲み物より割高だが、それでも当時高級だったサイダーと競合しうる価格で提供されている。

しかし、それ以上に重要な点は、アルコール飲料のビールが茶店で他の非アルコール飲料とともに販売されていることだ。それほど気軽に飲める飲み物になっていたのである。

では、ワインはどうだろうか。

明治9年（1876年）に、ビールとともに登場して以来、ワインはその後『明治東京逸聞史』には、一度しか登場していない。明治42年（1908年）『万朝報《よろずちょうほう》』の記事で、「石黒家の新年」と題されている。

石黒家の当主、石黒忠悳《ただのり》（1845–1941）は男爵に叙せられた陸軍の軍医総監である。正月中旅行で留守にしているため、玄関の正面に年賀客用の名刺入れを置き、そのかたわらに葡萄酒とコップを備え、「御自由に召上りくれ」と書かれた張り紙があったというのだ。(34)

当主が陸軍の軍医のトップであることを考えると、ハレの日である正月に供されている点もふくめて、期せずして象徴的にワインの当時の日本における社会的表象を暗示する内容である。

ワインの初出記事は、ビールとともに製造に関するものであった。ということは、受容と消費の両面が多く語られるビールと異なり、『明治東京逸聞史』でワインで受容が問題になっているのは、この「石黒家の新年」だけということになる。ワインの受容と消費が、ビールにくらべてかぎられたものであったことがかいまみえる。

すでにふれたように、西洋で食中酒であるワインは甘味葡萄酒となることで、食外で飲まれる飲料となり、その代わりに日本で食事中に飲まれたのは、むしろ西洋ではかならずしも食中酒とはいえないビールだった。

この入れ替わり現象は、西洋でのワインとビールの飲用習慣からみると、これ自体が飲用法のドメスティケーション、日本的変容といえるものであった。

とりわけ、本来ならワインが想定される西洋料理において、やむをえない選択とはいえ、ビールが選ばれたことを考えると、この逆転現象の特異性が浮き彫りになる。戦前から輸入ワインが比較的手頃な値段で飲めるようになる戦後1970年代まで、洋食店での飲食ではビールが普通だった。

俳優にして無類の洋食好きだった古川緑波《ろっぱ》（1903–1961）が1950年代に雑誌に連載した飲食エセーを集めた『ロッパ食談 完全版』には、戦前戦後の洋食遍歴が生き生きとした筆致で叙述されている。

生魚にアレルギーのあるロッパは徹頭徹尾洋食派で、ここで描かれる外食もすべて西洋料理かその大衆化した形態である日本的な洋食である。そんなロッパが洋食を食べながら飲むのはつねにビールである。

例外的にロッパがワインを飲んでいる記述は、たった2回。
1度目は、戦前の昭和15年（1940年）に当時外国人の宿泊客の多い高級ホテルとして知られた箱根の「富士屋ホテル」に連泊して「定食」（現代のフルコース）を食べまくったとき、2回の夕食で飲んだ「ソーテルン」である。[35]
もちろん、「ソーテルン」はボルドーの甘口貴腐ワイン、ソーテルヌ Sauternes のことだ。魚料理のほか、肉料理もある「定食」で甘口白ワインを飲んでいるところに、時代の甘口嗜好をみることができる。
2度目は、これもやはり戦前に、大阪で作家の谷崎潤一郎（1886-1965）と「牛肉のヘット焼」（牛肉を牛のヘット脂で焼いたもの）を食べたとき、谷崎がバーに寄って「赤い葡萄酒一本」を買って、それを料理店に持ち込むという場面である。肉と赤ワインはいまでは定番の組み合わせ（今風にいえば「料理とワインのマリアージュ」！）だ。しかし、これはロッパ自身の着想ではない。食通として知られた谷崎潤一郎に連れられてワインをわざわざ持ち込み飲んでいる。
「その時である。牛肉には赤葡萄酒。ということを、僕が覚えたのは」とロッパはそのエセーを結んでいる。[36]
当時、ロッパのように西洋料理や洋食を大好物にしていた人物でも、肉に赤ワインという現代では常識と思えるノウハウが共有されていなかった。ちょっと驚いてしまうが、それが時代の実情だった。

この2つ以外は、ひたすら洋食にビールである。

もちろん、これにはワインが高価であるということも大きく関係している。「富士屋ホテル」で、ロッパがソーテルヌを賞味しているのは、高級なホテルだからとワインを奮発したからにちがいない。事実、数日間、「富士屋ホテル」に泊まったさいのロッパの意気込みには並々ならぬものがある。

英文学者で食通としても知られ、評論のほか小説も多数遺している吉田健一（1912-1977）も、西洋料理でビールを飲んでいる。

吉田健一は、戦後首相となる父の吉田茂が外交官だったため、若いときに長く英仏に滞在して、本場の西洋料理を生活レベルで味わっていたから、当然、肉には赤ワインという以上の知識と経験をそなえていた。

そんな吉田健一が数多い飲食エセーのひとつ「食べものあれこれ」で次のように書いている。


「日本で本式に西洋料理を食べる気が起こらないのは一つにはこの葡萄酒がそう簡単に手に入らないからである。本式の西洋料理といえば大概の場合はいわゆる、一流の店に行かなければならなくて、料理が高い上に一本の葡萄酒がその高い料理を一通り食べたのと同じ位の値段について来る。店の方で勉強したくても肝心の葡萄酒に運賃のほかに関税がかかっているのだから仕方がない。そして仕方なくても、一本が二千五百円も三千円もする葡萄酒を飲むのはもったいなくて、それをビールでごまかすよりは初めからそういう高級な西洋料理は食べないに限るということになる。[37]」

このエセーが発表されたのは1958年、ロッパが飲食エセーを雑誌に連載していた時期である。当時、食堂のカレーライスは100円だった。[38] いま外でカレーを食べれば普通のカレーで500〜600円はする。これをもとに、当時のワインの値段を現代の価格に換算すると1万数千円だったと推定できる。

たしかに、いまでもこれぐらいの値段のワインはざらにあるだろう。しかし、いまならイタリアンで二、三千円、フレンチでも四、五千円で適切なワインをいくつかみつけることは十分可能だ。ところが、当時は選択肢が狭いうえに、1万数千円が最低の価格だった。

だから、西洋料理にワインがつきものと知っている食通の作家も、ビールで我慢するほかなく、ビールにするぐらいならいっそのこと「高級な西洋料理は食べないに限る」となってしまうのだ。

ワインは高嶺の華（高値の華？）となり、西洋料理や洋食でも、やむをえずあるいは好んでビールが飲まれていたのである。

四　模造と本格という表象

「近藤商店」の蜂印香竄《こうざん》葡萄酒も、それを真似た「寿屋」の赤玉ポートワインも本当の輸入ワインをベースに香料を加えたもので、まだ良心的なほうであった。というのも、当時はまったくワインを使っていない甘味葡萄酒が数多く出回っていたからである。

大正4年（1915年）に大蔵省の技師二人が税務監督局の協力で執筆した『大日本洋酒缶詰沿革史』には、「甘味葡萄酒製造法」が掲載されている。当時の主要な甘味葡萄酒と思われる「香竄葡萄酒」「白葡萄酒」「甘葡萄酒」「規那《きな》葡萄酒」(39)の4種類の甘味葡萄酒の成分を一覧表にまとめたものだ。

成分表をみると、「生《き》葡萄酒」を用いているのは「香竄葡萄酒」と「規那葡萄酒」だけで、あとの2つはぶどう果汁やワインをいっさい使わず、アルコールをベースに各種香料と色素で合成されたものである。

こうした調合による甘味葡萄酒製造は大した元手がなくても簡単にできるため、零細な薬種商を中心に薬用アルコールを用いてあちこちでおこなわれていた。当時は、ワインだけでなく、多くの零細な企業が多様な模造洋酒を作り、それらが市場に溢れていたのである。

生産者側もこうした傾向を認めている。

明治18年（1885年）に降矢徳義《ふるやのりよし》が創設した「甲州園」（現「ルミエール」）の二代目社長、降矢虎馬之甫《こまのすけ》はラジオを使って自社のワインを宣伝したり、長い宣伝の吹き流しをつけて飛行機にみずから乗り込んでみたりと、情熱的で行動的な人物として知られていた。そんな虎馬之甫は業界紙『東京洋酒新聞』を月1回発行し、ときどきの政府や財界に物申し、業界にも忌憚《きたん》のない批判を浴びせている。[40]

その『東京洋酒新聞』[41]に「甲州園釀造部主事」という肩書きで親族の一人、降矢懐義《かねよし》という人物が「洋酒講座」を連載している。連載初回となる大正15年（1926年）9月15日付けの文章は「葡萄酒の話」と題され、葡萄酒理解の前提として「一、天然葡萄酒（生ブドウ酒）、二、混成葡萄酒（甘味ブドウ酒）、三、人造葡萄酒（模造ブドウ酒）」という3つがあると説明している。

作る側がこうした区分をせざるをえないほど、疑似葡萄酒・模造葡萄酒が市場に出回っていたのである。

その背景は政治的なものであった。幕末に締結された不平等条約によって、日本には関税自主権がなく、安い輸入アルコール飲料が出回っていたからだ。日本でぶどう栽培からはじめて作った国産のワインが苦戦をしていたのも、外国産のワインが日本産のワインと大きく違わない価格で流通していたからだった。

その後、明治32年（1899年）に関税自主権が一部回復されると、輸入アルコール類の関税が上昇し、以後アルコールの国産化が進むとともに、甘味葡萄酒の製造用に国内のぶどう栽培とワイン醸造が維持されていく。

たしかに、現在からふりかえると、これらの疑似洋酒や疑似ワインは「模造」であり、西洋流に作った「本格」と区別される。

しかし、洋酒産業がみようみまねで勃興した明治期に、はたしてそうした意識があっただろうか。

明治32年まで、日本酒や焼酎だけが課税（造石税＋営業税）対象で、アルコールや洋酒は無税だった。くわえて、一部の例外をのぞいて世間の人は洋酒がいかなるものか知るよしもなく、それは作る側とて同じだった。

麻井宇介は「「模造」という行為に当時の社会がまったくこだわりを持っていなかった、あるいは酒造技術における正統と異端の区別を知らなかった、という点を指摘しておきたい」と述べ、「草創期の国産洋酒は、悪徳の結果としてではなく、時流にのったベンチャー・ビジネスの成果として、つかの間の脚光を浴びたのであった」と結論づけている[42]。

明治8年（1875年）、明治初期の殖産工業を推進した内務省で翻訳され、火事で焼失したのち、明治15年（1882年）に民間から出版された『佛國醸酒方』の「農務局 報告課」の文責のある「緒言」には、以下のように記されている（ルビは福田）。

「酒類《しゅるい》ニ陳味《ちんみ》ヲ帯《お》ハシメ甘味《かんみ》ヲ含《ふく》マシメ香気《こうき》ヲ有《も》タシメテ、其素質《そのそしつ》ヲ善美《ぜんび》ナラシムル等《とう》我邦《わがほう》ニ取《と》リテ製出《せいしゅつ》スヘキ方法《ほうほう》ヲ抄訳《しょうやく》シタレハ、実際施行《じっさいしこう》ノ後世用《のちせよう》ヲ資《たす》クルコトアラン。[43]」

この箇所を引用した麻井宇介は、次のように解説している。

「要するに、この『仏国醸酒方』は模造酒の製法手引書である。(……)堂々と「偽製法」を説く書物が官版として準備されていたことに、明治八年前後の時代の雰囲気が感じられる。思えば「仏国醸酒」の言葉に断乎ワインを想起するほどの知識を持つ人は稀であったろうし、性急で表層的な欧化主義が風靡したこの一時期、「模造」は正義でありえたとみなければなるまい。[44]」

当時の人々の感性をとらえた正しい指摘である。大正4年(1915年)に大蔵省の役人が書いた『大日本洋酒缶詰沿革史』にワイン以外にも模造洋酒の製造法がたくさん叙述されているのも、こうした感性の名残であるにちがいない。

すべてを「本格」(本物)と「模造」(贋物)と簡単にとらえるのは、アナール派の創始者のひとりであるリュシアン・フェーヴルが歴史研究におけるたえざる危険として警告した、現在の感性を過去に投影し、現在の見方で過去の見方を判断する「心理的アナクロニズム[45]」ということになるだろう。

同時代の現場で人々が感じていたことと、あとから歴史をふり返って分析的に考察する場合とでは、見方はおのずから異なってくる。社会的表象や人々の感性を問題にする場合、とくにこの落差には敏感である必要がある。

生産において「本格」（本物）と「模造」（贋物）の区別がないとすれば、受容面では、とくにワインに馴染みのない日本人にとって、なおさらこうした区別が意味のないものだったことは想像にかたくない。いや、むしろ日本人の嗜好に合った甘味葡萄酒こそが、「本物のワイン」だったといってもいいだろう。

とはいえ、一部の本物を知った生産者（西洋の技術導入のために留学した人々）や一部の受容者（外国滞在経験のある学者・政府高官・軍人たちなど）に、本格ワインへのこだわりがあったことは確かである。

たとえば、日本初の民間ワイナリーとなった「祝村葡萄酒会社」[46]（正式名称「大日本山梨葡萄酒会社」明治10-19年）の機材を引き継いで宮崎光太郎が設立した「甲斐産葡萄酒」（「大黒葡萄酒」をへて現「メルシャン」）の広告では「生葡萄酒」が宣伝されている。

あるいは、「甲州園」（現「ルミエール」）の広告やラベルにも「純粋葡萄酒 Pure Wine」という表記をみつけることができる。すでに紹介した『東京洋酒新聞』の「洋酒講座」でまっさきに「天然葡萄酒（生ブドウ酒）」があげられているのは、甲州園が本格ワインの生産にこだわっていたからだ。

しかし、こうして発信される情報以外に模造と本格を区別する術《すべ》はなく、一般の多くの人には、それらを見分ける判断基準もなかった。

こうして、本格葡萄酒を作っていた「大黒葡萄酒」や「甲州園」も、蜂印香竄葡萄酒の成功をきっかけに、明治20年代半ばには「生葡萄酒」「純粋葡萄酒」のほかに、多種多様な甘口葡萄酒を製造するようになっていく。

ただ救いなのは、彼らが国産のぶどうでワインを作り、それらを甘味葡萄酒に仕立てていたことだ。本物の模造化とも、あるいは模造のなかでの本物志向とでも呼べる傾向である。

では、一部の生産者がこだわりをもって作っていた当時の「生葡萄酒」の味とは、どんなものだったのだろうか。

それを知る手がかりがいくつか遺されている。

そのひとつは、「甲斐産葡萄酒」の明治23年（1890年）の長文の広告である。ここでは、権威ある学者に成分を分析してもらい、商品が優良であることを保証するという手法が採用されている。当時、さまざまな分野でもてはやされていた西洋科学の専門家による品質保証と権威づけである。

広告に引用される「大沢医学博士の品評」のうち、興味を引くのは、「甘酸《かんさん》其《その》度を得《え》加之《これにくわえ》佳良《かりょう》の香《こう》花かありて殆《ほと》んと仏国製《ふつこくせい》の「ソーテルン」なるやを疑《うたが》はしむる」（ルビは福田）という一文だ。

「ソーテルン」とは、すでに述べたように、ソーテルヌのことで、ボルドーのソーテルヌ地区で作られる天然の甘口白ワイン（貴腐ワイン）である。問題のワインが甘口のソーテルヌのようだと評価しているのだ。

再度断っておくが、これは「甲斐産葡萄酒」が「精醸無類」と誇る「生葡萄酒」の宣伝文である。(47) 本格を志向する「生葡萄酒」にも甘いものがあったのだ。その甘さが宣伝され、受け入れられていたのである。

ラベルや広告に「生葡萄酒」「純粋葡萄酒」とあっても、場合によっては甘いワインであった。

一方で、ワインを使った甘味葡萄酒やワインを使わない模造甘味葡萄酒が市場には氾濫していた。

消費者である普通の人々が、ワインを一様に「甘い」飲み物として受け取っても、いたしかたのない状況だった。

だから、麻井がいうように、ワインメーカーは、本格ワインブームが起こる1970年代になっても、「ワイン」＝「甘い」のイメージに苦しむことになるのである。

しかし、なぜこれほどまでに甘みが猛威をふるったのか。いまや脂質とともに健康とダイェットの敵とみなされる甘味は、当時じつは積極的なイメージと価値、つまり圧倒的にプラスの社会的表象を有していた。

五　ワインが飲食の表象空間でどういう位置を占めたか

明治中期におけるいち早いワインの甘味葡萄酒への日本的変容の背景には、甘味自体への強い希求と圧倒的なプラスのイメージがあった。

明治以前は砂糖の大量生産ができず、甘さ自体が貴重だった。くわえて、当時の日本は旧来の質素な食事が西洋料理と西洋栄養学の導入によって、批判されつつある時代だった。甘味自体が希求され、プラスのイメージをそなえていたのだ。

そんな時代の感性と表象を背景にして、甘味葡萄酒は、西欧のような食事とともにある食中酒としてではなく、健康によい甘味として受容され、食卓ではない場面で消費されていく。

さきほどの明治23年（1890年）の「甲斐産葡萄酒」の広告には、「身体に特効ある」「病中の薬用となす」などの語が散りばめられている。これは明治20年から大正時代にかけて、葡萄酒の広告に共通する売り文句である。つまり、医薬品あるいは薬用としての受容と消費をうながしているのだ。

こうした効用を学術的な裏づけにもとづいて宣伝したおそらく最初の事例が、この「甲斐産葡萄酒」の広告だった。事実、その後、公立の病院や軍隊に販路を開拓している。

このように薬用をうたう宣伝は他の洋酒にも適用されていて、明治20〜30年の新聞広告には、数多い薬用ワインの事例のほかに、薬用ブランデーの広告もみつけることができる。おそらく、このような薬用アルコール飲料のイメージの背後には、いまもつづく「養命酒」に代表される江戸時代以来の伝統的な薬用酒の飲用習慣があるとみていいだろう。

さらに、薬用洋酒氾濫の背景には、別の要素もあった。明治大正期には、驚くほど多くの民間治療薬が新聞の広告欄をにぎわせている。これらの薬の多くは何にでも効くとされる万能薬に近いもので、なかには「毛の生える新薬(48)」やら、「子のできる保証薬(49)」など、かなりいかがわしいものもあった。

この時期に作られた薬で現代まで残っているもののひとつが「仁丹《じんたん》」である。現在では口中清涼剤のように思われる「仁丹」だが、当時の新聞広告をみると、「消化と毒消し」という医学的効用が大きくうたわれている。れっきとした薬だったのだ。

こうした市販の薬の氾濫は、おそらく近代医学が導入され、大きな成果をあげつつあった時代の、付随的な現象であった。

いずれにしろ、薬への期待と欲望を背景に、それが甘味への希求と結びついた飲料が薬用甘味葡萄酒だった。もともと薬種商が模造葡萄酒を調合していたこともあって、これらの薬用甘味葡萄酒は当初おもに薬種商（薬屋）で販売されていた。このような製造形態と販売形態も、葡萄酒をはじめとした洋酒の薬用性のイメージを強化したにちがいない。

やがて、明治30年（1897年）代くらいを境に、この健康によい薬用というイメージが明治の舶来飲食文化のキーワード「滋養」に収斂していく。

甘味葡萄酒の最大のヒット作、赤玉ポートワインの上半身がヌードの女性ポスター（大正11年［1922年］）の左下には、「美味 滋養 葡萄酒 赤玉ポートワイン」と記されている。この前後から、甘味葡萄酒は率先して「滋養」を強調して発信されるようになっていく。

滋養という言葉を明治の飲食文化全般のキーワードとして社会に広めたのは、村井弦斎（1864–1927）のグルメ小説『食道楽』だった。

『報知新聞』に明治36年（1903年）1月から1年間連載され、のちに単行本となって明治期最大のベストセラーとなったこの小説の「緒言」には、次のように書かれている（傍点と一部のルビは福田）。

「小説なお食品のごとし。佳味《かみ》なるも滋養分なきものあり、味淡なるも滋養分饒《ゆたけ》きものあり、余は常に後者を執《と》りていささか世人に益せんと想《おも》う。然《しか》れども小説中に点綴《てんてい》するはその一致せざること懐石料理に牛豚の肉を盛るごとし。厨人《ちゅうじん》の労苦尋常に超《こ》えて口にするもの味を感ぜざるべし。ただ世間の食道楽者流酢豆腐《すどうふ》を嗜《たしな》み塩辛を嘗《な》むる物好《ものずき》あらばまた余が小説の新味を喜ぶものあらん。食物の滋養分は能《よ》くこれを消化して而《しか》して吸収せざれば人体の用を成さず。知らず余が小説よく読者に消化吸収せらるるや否《いな》や。(50)」

小説を食品にたとえて、滋養分という言葉が繰り返し強調されているのがわかる。小説中には同義語の「営養」も随所で使われている。しかし、「営養」が科学的な文脈で成分としての栄養が問題になるときに使用されているのにたいして、「滋養」は栄養にくわえて美味しさが重要となるさいに用いられている。

こうして、「滋養」は明治の飲食全般のキーワード、つまり評価基準としての社会的表象として多くの人に共有されていくこととなった。

ここで重要な点は、「生葡萄酒」や「純粋葡萄酒」にくらべ、より甘く栄養価も高い甘味葡萄酒のほうが「滋養」という概念に向いているということだ。時代の社会的嗜好にしたがって、甘味葡萄酒がむしろ「滋養」に富んだ飲料として受容されていったのである。

すでに述べたように、そもそも明治まで砂糖は国内で大量生産できず、甘味自体が貴重なものだった。それが、明治になって次第に量産できるようになった砂糖への欲望を生みだしていった。

しかも、貴重で美味だったため、明治中期まで砂糖は薬種商（つまり薬屋）で売られていた。

明治大正時代のチラシ広告ともいうべき引札《ひきふだ》を広く収集し、それらを紹介しながら明治大正の生活文化を跡づけた増田太二郎の『引札繪ビラ風俗史』には、明治27年(1894年)の薬屋の引札に、あつかう商品のひとつとして、酒やビールのほか、しっかり砂糖と書かれているのが確認できる。

増田の解説によると、「薬種商から分離して砂糖屋になったり、化粧品・小間物屋になったり、絵具・文房具になったりしていく傾向は、だいたいこの頃からであった[51]」という。

事実、当時の新聞を調べてみると、たとえば明治20年代には「売捌元《うりさばきもと》」、つまり販売店を「全國各地の洋酒店及薬舗[薬屋]洋物店等」としていた蜂印香竄葡萄酒の広告も、明治30年代になると、たんに「洋酒問屋 近藤利兵衛」となっている[52]。この時代に増田太次郎が指摘するように、砂糖や洋酒が、薬種商から独立した販路で流通しだしたのだろう。

それまでは甘味葡萄酒も薬屋で販売されていた。甘さは贅沢かつ滋養であり、医薬品でもあった。

甘味は貴重で高価だったうえに薬用として「滋養」の中心となりえたのである。逆に、「滋養」ゆえに甘味は評価されたともいえる。甘いワインは、いまふうにいえば、現在のわたしたちの感性には驚くべきことに、なんと健康食品だったのだ。

こうして、甘味葡萄酒となったワインはその滋養効果が強調され、医薬品的な性格をもった飲料として、公立や軍隊の病院のほか大学医学部などに販路を見出していったのだった[53]。

軍隊は生活文化の変化と伝播をもたらす装置である。

日本では、日露戦争（1904–05）を通して、地方の農民が兵隊として徴用され、軍隊で白米の飯を常食としたことから、農村地帯にも白米食が普及していく。

柳田國男や宮本常一といった民俗学者が一連の著作でデータとともに明らかにしているように、[54]米を生産していた農民は長いあいだ作った米を年貢に取られ（多い場合は半分）、自分たちは雑穀や芋の混じった「糅飯《かてめし》」を常食としていた。[55]これは明治になって年貢が租税に代わっても、同じだった。地方によっては、かえって年貢より明治以降の租税のほうが過酷なことさえあった。

そうした農民に白い飯の味を覚えさせ、結果として白米食を推進する要因となったのが、軍隊での飲食だった。

フランスでも、北部や北東部の非ワイン産地の庶民にまでワインの飲用が普及したのは、第一次世界大戦（1914–18）後のことだった。軍隊では、兵士の士気を鼓舞するため、毎日ボトル半分のワインが供給されたからである。激しい戦闘が予想される場合には、量はさらに増加された。しかも、免税されたワインやブランデーを安い価格で購入することもできた。[56]

日本の軍隊でも、酒保と呼ばれる売店でアルコール飲料が免税で兵隊たちに販売された。とくに、陸軍の軍医を務めた作家の森鷗外（1862-1922）や陸軍大将の乃木希典《まれすけ》はドイツに留学しており、軍隊でのビール飲用の推進に一役買っている。乃木が将校たちを整列させ、号令とともにビールの大ジョッキを次々に飲み干していく光景が当時の史料に記述されている。[57]

もちろん、ワインも軍隊で飲用されていた。しかし、ワインの飲用はビールとは異なる文脈においておこなわれていた。というのも、「滋養」をうたうワイン（甘味葡萄酒）は、同じ軍隊でも、軍の病院で病人の栄養補給飲料として飲まれていたからだ。

このような飲用の背景には、もともとフランスではワインが中世以降近代になるまで、健康によい飲み物とされてきたという歴史的事実がある。[58]

そこには、そうした事実を支え、うながす根深い思い込み、つまり強力な社会的表象が作用していた。

医師ジュール・ギュイヨ博士は、現在なおもっとも普及したワイン用ぶどう栽培の垣根仕立てがギュイヨ仕立てと呼ばれるように、ワイン生産に深く関わった人物である。博士は政府の要請でフランス全土のぶどう畑を詳細に調査し、その結果を１８６６年に大部の報告書『フランスのぶどう栽培地とワインに関する重要報告』にまとめている。そこでは、ワインは主食であるパンの代用になるとされ、「少なくとも４人家族で年間１５００リットルのワインが必要」と明記されている。[59] １人年間３５０リットル、つまり１人１日約１リットルが適量というのだ。

これは、この時代の消費実態とほぼ同じであった。つまり、ワインを擁護する博士は、当時の消費量を維持すべきだというのである。こんな数字が大手をふって政府の報告書に記載されるほど、当時のフランスではワインは健康によいという表象が社会全体で共有されていた。[60]

フランスのワイン用ぶどう栽培とワインの歴史を膨大な史料によって跡づけた大著『フランスワイン文化史全書』を刊行した歴史地理学者ロジェ・ディオンも、宮廷の医師たちがどのワインが身体にいいか議論したと述べている。

たとえば、他の産地に遅れてようやく16世紀にワイン産地として浮上してくるシャンパーニュのワインについて、当時の医師たちは、北で作られ繊細であるがゆえに、南で作られ濃い「ガスコーニュ［ボルドー］のワインより健康によい」とし、「繊細かつ微妙な要素からなり、飲んで美味しく、消化も容易ですぐ滋養になる」[61]と考えていた。

フランスで一部の医師たちのアルコール中毒を告発する運動によって、ワインがアルコール飲料であり、その大量消費は健康を害すると認知され、「公衆の酩酊取締まりおよびアルコール中毒の拡大防止をめざして」という法律が制定されるのは、ようやく1873年のことだった。その後、1895年にフランスで「アルコール中毒防止連盟」の前身が結成され、その活動が活発になるのはさらに時代がくだった20世紀に入ってからだった。[62]

もちろん、こうした法律の制定後も、ワインは健康によいとあいかわらず信じる医師たちを中心に、多くの人々にワインは健康にいいという表象が残存したことも事実である。それほどワインは健康の源という思い込みは強いものだった。

当時の日本では、軍人や官僚が、ドイツと同じように、フランスにも多数留学しており、こうしたワインのイメージを陰に陽に受容し、もち帰ったと考えられる。

その結果、甘味葡萄酒に変容しつつ滋養を強調することで軍隊に入ったワインは、日常の酒として飲用されたビールと異なり、病人や病後の滋養にとんだ高カロリーの強壮飲料として消費され、さらにそのような消費が滋養飲料としての表象を強化していくことになったのである。

六　近代の飲食の表象空間の基本的性格

こうした甘味へのプラスの評価は、明治から第二次世界大戦前までは「甘さ」が「滋養」であり「美味」だったという現実があったことを示している。

この点について、民俗学者、柳田國男は『明治文化史 13 風俗編』で、江戸時代までの日本では「干し柿」がもっとも甘い食べ物であったと指摘したあと（現代人には干し柿の甘みはさほど強い甘みではないと思われる）、次のように指摘している。

「近世に砂糖が入ってきてから、菓子の面目は一新した。従来、堅いものを噛みしめて感ずる味に旨さを見出していたのに対して、舌ざわりのよい、甘味の濃い干菓子・生菓子がいろいろ考案されるようになった。砂糖は久しい間、生薬屋で売られていたが、値段も高かったので都会に住む人々、それもよほど暮らしのよい家でないと手に入らなかった。一般の者には半ば霊薬のごとき存在であったことが、かえって明治以後の砂糖の浪費現象をひき起こすようになった。それに商人が、砂糖の個人当たりの消費量は、国の文化の計量器だと宣伝したこともこの傾向を助長した。明治時代の菓子はことごとく砂糖をもって独占されるにいたった。生菓子に煉物・煉切・蒸物・干菓子に押物・雲平・焼物など多くの種類ができたが、いずれも砂糖を多量に使って甘くなって行った点に特色が認められる。(63)」

まさに砂糖は「霊薬」だった。柳田が指摘する料理や菓子の砂糖による甘味の強化という背景には、明治以降国内生産が可能となったことで砂糖の生産が飛躍的に伸びたという事実があった。

農業経済の専門家、金井道夫の著作『砂糖消費の経済分析』には、金井が『砂糖統計年鑑』のデータにもとづいて、年度ごとの日本人の砂糖消費を数値化した一覧表がある。(64)

この表からは、明確な統計がある1908年（明治41年）以降だけをみても、消費量が次第に増え、1939年（昭和14年）に総消費量でも1人当たりの消費量でも戦前の最高値に達していることがわかる。柳田の指摘を裏づけるデータである。明治41年から昭和14年までの30

年間に総消費量が238・7トンから1161・8トンと約5倍に、1人当たりの消費量も4・9キロから16・3キロと3倍強になっている。砂糖消費が飛躍的に伸びているのだ。

このような一般の人々の甘味嗜好は、味覚的にどのように認知されていたのだろうか。ここで明治末に『食道楽』というベストセラーで有名になった村井弦斉の後裔《こうえい》ともいうべき大正期と昭和初期を代表する2人の食通の意見をうかがってみよう。

1人目は、大正時代を代表する食通、木下謙次郎（1869-1947）だ。佐賀県出身で衆議院議員や関東庁長官を務めた政治家で、古典に明るい教養人でもあった木下は、みずからスッポンや鰻をさばいて料理することで有名だった。木下は、大正14年（1925年）にグルメのバイブルといわれる『美味求真』を刊行し、そのなかで補助味であるべき砂糖の濫用を痛烈に批判している。少し長くなるが当該箇所を引用する（傍点と一部のルビは福田）。

「補助味として鰹漁節《かつおぶし》、出汁《だし》、砂糖の類《たぐい》は用ふべきに用ひざれば物は本味《ほんみ》を得る能《あた》はず。然《しか》りと雖《いえど》も用ふべからざるに妄《みだ》りに之《これ》を加ふれば本味《ほんみ》を亂《みだ》り、味を混濁《こんだく》に陥《おちい》らしむるものなれば、其《そ》の用法に十分注意を要するものとす。我國料理の最大病所《びょうしょ》は、補助味の濫用《らんよう》と猥《みだ》りに人工的小細工を加ふるの弊《へい》多きに在るべし。本味《ほんみ》を亂《みだ》るとは所謂《いわゆる》紫の朱を奪ふの類にして、食味を賊《ぞく》するを云ふなり。例令《たと》へば鳥類の羹物《にもの》に鰹節《かつおぶし》の出汁《だし》を使ひ、生魚の羹物に砂糖を入るれば物の本味《ほんみ》は消失《きえう》せて、混濁《こんだく》不調和のものとなるべし。混濁《こんだく》とは清《せい》ともつかず濃《のう》ともつかず、昏々《こんこん》として眞味《しんみ》を失ひたるを云ふ。又粉飾《ふんしょく》小細工に過ぎたるは清新鮮鋭《せいしんせんえい》の氣消え失せて、恰《あたか》も舌上《したじょう》に膜《まく》の隔《へだて》ある如《ごと》く感ぜしむるものなり。砂糖、味醂《みりん》の如《ごと》き甘味の使用に就《つい》て（……）日本料理にては餘《あま》りに濫用《らんよう》に過ぐるの傾《かたむき》ありとす。甚《はなは》だしきに於《おい》ては其《そ》の甘味に於《おい》て菓子に異らぬ料理を見ること少からず。（……）現に市中料理店の生魚の荒羹《あらに》料理の如きも、凡《すべ》て砂糖の加はれる如《ごと》きは所謂《いわゆる》醤《しょう》を得ざるの適例にして、砂糖若《も》し靈《れい》あらば其《そ》の適所にあらざるを長嘆《ちょうたん》すべく、生魚も亦《また》他物《たぶつ》の爲に妄《みだ》りに天恵を瀆《けが》されたるを喞《かこ》つなるべし。補助味砂糖類の濫用《らんよう》は日本料理の通弊《つうへい》にして事に當《あ》たるもの愼重の注意を要すべし。[65]」

飲食をきわめた稀代の食通のこのような激しい批判からは、逆に当時いかに日本人の多くが料理に甘さを求めて砂糖を多用していたかがみえてくる。長年、希求してもかなえられなかった甘さへの欲望が、砂糖の国内生産が可能になって、一気に噴出したかのようである。

じつは村井弦斉の『食道楽』は、多くの頁が料理のレシピの紹介とその解説に割《さ》かれている。そのレシピで頻繁に登場するのも砂糖である。日本料理の紹介もあるが、西洋菓子をふくめた西洋料理の紹介とその栄養上の効用に力点がおかれているため、砂糖の使用は避けられない。

しかし、本来フランス料理では菓子をのぞいて直接砂糖を入れて甘みを出すことはない

（果物の甘みを活用する）ということを知っていると、村井弦斉の紹介する西洋料理のレシピは砂糖過多にうつる。

こうした砂糖過多の料理法に、木下謙次朗は右に引用した箇所のほかでも、痛烈な批判を随所でくわえている。食材本来の味である「本味」あるいは「真味」をなによりも重視し、旬を尊重した木下としては、すべてを甘くしてしまう調理法は言語道断であった。

現代においてなんにでもアミノ酸が添加されたり、化学調味料で濃厚な味が演出されることにたいして、食通が非難の言辞を浴びせるのと似た構図である。

2人目は、木下より年上の波多野承五郎（1858–1929）だ。同じような甘さ過多への批判が波多野にも見出せる。波多野は慶応出身の福沢諭吉の高弟で、『時事新報』主筆を務め三井銀行理事となった財界人である。佐賀出身の木下にたいして、掛川生まれで東京育ちの波多野は、鰹節と濃口醤油を使った江戸料理を愛している。江戸の料理の濃い味付けを好んでいたのだ。

そんな波多野も、最晩年の昭和4年（1929年）に刊行した食通本『食味の真髄を探る』で、自身が世界一の料理と愛でる大好物の東京風の鰻《うなぎ》の蒲焼きについて、タレが「近来はどこも甘味になった」と苦言を呈し、「まだ甘味が足りないので、砂糖を入れて、甘味を補足すると同時に、照りを出そうとしている家［店］もあるらしい」と慨嘆している。(66)

さらに、波多野は日本酒が甘くなったと指摘する。

「近頃、東京では、甘口の酒が歓迎される。それは田舎者が東京に沢山集まって来るからではあるが、実は肉食をする人が多くなって来たからだという方がよい。鰹《かつお》の塩辛のようなものを肴《さかな》に、小さい猪口《ちょこ》で、チビチビやるには、甘い酒はだめだ。牛鍋を突ついたり、トンカツをぱくつきならが、グイ飲みするには、甘い酒の方がよい。[67]」

甘い日本酒が洋食に合うかどうかという議論はここでは脇におくとして、少なくとも波多野は、日本化した洋食の嚆矢、牛鍋が、かつてフランス人の思想家ロラン・バルトが驚いたように[68]、白い砂糖をそのまま入れて味つけをする、まさにその濃厚さのため、甘い酒と合うとみている。甘い味付けの洋食全般が、日本酒さえも甘くしているというのである。

波多野の日本酒の甘口化は事実だった。日本における醸造学の創始者で、世界的にも認められた醸造学者、坂口謹一郎博士（1897–1994）は『日本の酒』[69]（１９６４年）やその他の評論で[70]、各時代の分析データをあげて、明治以降、大正昭和と酒が甘くなったことを指摘して、「甘口偏重」と遺憾の意を表明している。

甘口は料理だけでなく、日本を代表する伝統的なアルコール飲料である日本酒にまでおよんでいたのである。

甘味葡萄酒を後押ししたのは、それまで手に入らなかった甘味への狂騒的嗜好であった。

ここで見逃してはならない視点は、甘さ自体が「贅沢」であり、「薬」であり、「滋養」だったことだ。時代が嗜好品に甘さを求めたのだ。いや、時代の嗜好が甘さにあったといったほうがいいだろう。それほど甘さはプラスの評価であった。

最初は「バタ臭い」と忌避された西洋菓子も「滋養」を全面に出して受容されるようになっていく。

大正3年（1914年）箱入りで発売された「森永キャラメル」の箱には、「滋養」という文字が刻印されている。これはいまも同じである。明治中期から戦前までにキャラメルやチョコレートなどの洋菓子も定着している。

明治末には大手ビールメーカー各社が各種甘味清涼飲料を競い合うように発売し、ヒット商品になっている。「三ツ矢シャンペンサイダー」、「リボンシトロン」、「キリンレモン」などだ。多くは現在まで引き継がれている商品である。

このような飲食分野全般における甘い商品の発売と消費によって、「甘さ」は当初の「薬用」から離れ、「滋養」をテコに近代の味覚をリードしていく大きな要素となっていく。甘味葡萄酒も、こうした趨勢のなかで、おやつ的な飲料、あるいはナイトキャップ的な飲み物として受容され消費されていく。

では、そのおもな受容主体はだれだったのか。

洋菓子もアイスクリームも清涼飲料も、子どもや女性がおもな受容主体であった。当時のパッケージや広告には、子どもや女性を想定した図柄や文章が並んでいる(71)。

このように考えると、赤玉ポートワインの上半身ヌードの女性ポスターが示唆する別の意味がみえてくる。

世間の話題となったこのポスターは、女性を使った当時の多くの酒類のポスターと同じように(72)、なによりも時代の酒類の主たる消費者であった男性に向けられたものであったことはまちがいない。それが証拠に、街角に張られたこのポスターが男性たちによって剥がされて持ち去られるという事件が続出している。

ただし、別の見方も可能である。江戸時代、甘い味醂《みりん》は女性も飲めるお酒だった。甘酒もふくめ、甘いお酒はかねてより女性のアルコール飲料として認知されていた。甘味がアルコールの免罪符として機能したのである。

柳田國男は、かつて酒を飲める者を上戸《じょうご》、飲めない者を下戸《げこ》とした伝統的な表現が、砂糖の普及で、酒と甘い物との対立としてとらえられるようになったと指摘している。

「都市と農村に住む人々の味覚の違いが、幾分か砂糖の普及の度合をかたよらせはしたが、明治を境として日本人の飲食が全体として砂糖がちになったことは否定出来ない。下戸と上戸との酒餅優越論《しゅへい》などども、いつの間にか酒と甘い物との競争になってしまった(73)。」

上戸が酒こそ重要といい、下戸が飯こそ肝心と、主張を競ったのが室町時代以降繰り返されてきた酒飯論争だった[74]。それが、砂糖の普及で、いつの間にか酒支持派と甘味支持派の論争になってしまったと、柳田は述べているのだ。砂糖の飲食文化への影響はかくのごとく甚深であった。

このような歴史的背景をふまえると、赤玉ポートワインのポスターの先駆性がみえてくる。じつはポスターの若い女性はワインを男性に向かって勧めているだけでなく、自身もワインを飲もうとしていると考えられるからだ。つまり、女性たちにワインを消費するよううながしているのである。甘味葡萄酒の消費主体が女性であることが暗示されているのだ。甘味葡萄酒の受容は「薬用」としての甘さから「滋養」としての甘さへと移り、その過程で、かつて江戸時代に甘い味醂がその甘さゆえに女性に許された酒だったように、女性が嗜《たしな》むことのできるアルコール飲料となっていたのである。

事実、わたしの飲食関連の講義で学生に書かせる毎回の感想には、祖父母が甘い葡萄酒を飲んでいたという証言が、これまでに複数あった。わたしも明治生まれの祖母が梅酒をみずから大量の氷砂糖とともに漬け込んで管理し、ときにその甘い梅酒を自身で味わっていたことを覚えている。そんな梅酒の位置に、舶来のハイカラな甘いワインが入り込み、受容の可能性を拡大したのである。

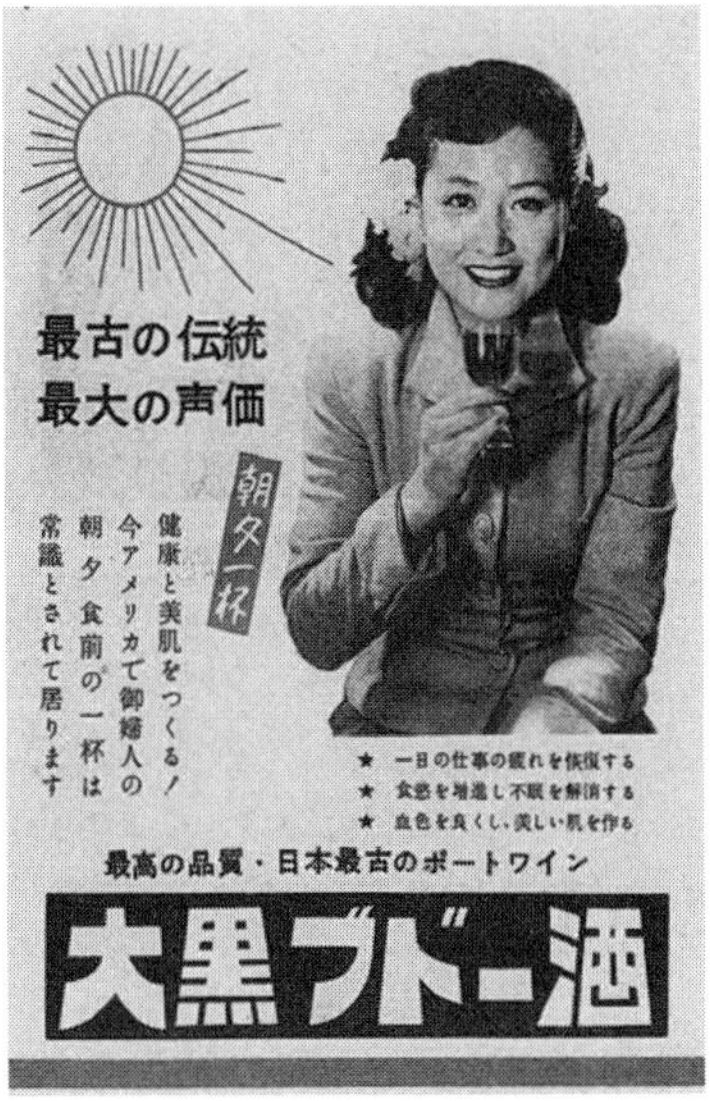

図1「大黒ブドー酒」の折り込み広告
（メルシャン株式会社提供）

このような甘味葡萄酒を軸にしたワインの日本における社会的表象の変遷はさらに多くの史料に当たって緻密に跡づけるべき課題である。しかし、「大黒葡萄酒」（現「メルシャン」）が昭和30年代（1955–1964）に作成した広告は、こうした見方の正しさを証明している。[75]

若い女性がワイングラスをかかげているのは、大正時代の赤玉ポートワインのポスターと同じ構図である。ただし、赤玉ポートワインのポスターの女性がワイングラスを見る者に差し出しているように思えるのにくらべて、このポスターでは、女性自身がみずからの口に運ぼうとしているかに見える。「最古の伝統　最大の声価」というキャッチフレーズ[76]の横には赤い背景に白い文字で「朝夕一杯」という言葉が躍っている。そして、その左にある文にはこう記されている。「健康と美肌をつくる！　今アメリカで御婦人の朝夕食前の一杯は常識とされて居ります」

想定されている消費主体は、明示的に女性、しかも肌を気にする年齢の女性である。アメリカでこうしたワインの飲用習慣があったかどうか。それはいまとりあえず問題ではない（おそらく反アルコール感情の強いプロテスタントの国アメリカで朝夕に健康のためにワインを飲むという習慣が当時あったとは考えにくい）。

戦後になって、戦前にすでに確立していた女性がワインの消費主体であるという現実が、このポスターには見事に表現されている。その点をこそ、まず確認しておくべきだろう。

□注

（1）アラン・コルバン著、小倉孝誠、野村正人、小倉和子訳、『時間・欲望・恐怖 歴史学と感覚の人類学』、藤原書店、1993年（原著1991年）、335-336頁。

（2）Jean-Pierre Poulain, *Sociologies de l'alimentation*, Presse Universitaire de France, 2002. 残念ながら邦訳はない。フランス語原題の社会学はあえて慣用にさからい複数形になっている。少し前なら「飲食のポストモダン社会学」とでも訳された表題である。

（3）渋沢敬三、『明治文化史 12 生活編』、洋々社、1955年。ちなみに、「日本資本主義の父」といわれる渋沢栄一（1840-1931）は祖父にあたる。

（4）同書、4頁。

（5）同書、5-8頁。

（6）たしかに、ポルトガルのポルト産のワイン（ポートワイン）に代表されるように、西洋にも甘口ワインはあるが、それらはむしろ例外であり、主流は食卓で料理とともに飲まれるワイン、日本的にいえば「辛口」ワインである。

（7）柳田國男、『明治文化史 13 風俗編』、洋々社、1954年、63-64頁。

（8）ウィスキーの水割りは、料理とともにウイスキーを飲むための日本的変容である。本場のイギリスは割らずに飲むのが当たり前である。香りを楽しむためだ。

（9）ジョーゼフ・J・トービン、武田徹訳、『文化加工装置ニッポン「リ＝メイド・イン・ジャパン」とは何か』、時事通信社、1995年〔原著1992年〕。「ドメスティケーション」という概念の提唱は、マーケティング業界でいう「ローカライズ」の概念に近い。ただし、ローカライズがグローバル展開する企業の側からの現地に合わせた商品作りをさすのにたいして、ドメスティケーションは受容者・使用者の側からの変容とその変容過程にフォーカスする。これはフランスの思想家ミシェル・ド・セルトーが展開する「戦略」と「戦術」の考え方に重なる。ド・セルトーによれば、権力や財力を有した側からの多かれ少なかれ計算された文化発信と文化の編成が「戦略」であり、それにたいして、文化を受容し消費する側からの変容や組み替えが「戦術」である。ミシェル・ド・セルトー著、山田登世子訳、『日常的実践のポイエティーク』、国文社、1987年（原著1980年）、13-36頁。

（10）渋沢敬三、前掲書、1頁。

（11）麻井宇介、「洋酒国産化にみる異文化受容」、石毛直道編、『論集 酒と飲酒の文化』、1998年、平凡社、498頁。

（12）ワインに関しては、麻井宇介、『日本のワイン・誕生と揺籃時代 本邦葡萄酒産業史論攷』、1992年、日本経済評論社、上野晴朗、『山梨のワイン発達史 勝沼・ワイン100年の歩み』、1977年、山梨県東山梨郡勝沼町役場。ビールに関しては、麒麟麦酒株式会社社史編纂委員会編、『ビールと日本人 明治・大正・昭和ビール普及史』、キリンビール、1983年（1984年・三省堂、1988年・河出文庫）。

（13）いうまでもなくワインはぶどうの果汁だけを発酵させたものである。一方、梅酒に代表される日本の果実酒はアルコールに果実を浸してそのエキスを抽出し、香味を付加したものである。

（14）相沢菊太郎、『相沢日記』、相沢栄久、1965年。

（15）渋沢敬三、前掲書、195頁。

（16）真銅正宏、『食通小説の記号学』、双文社出版、2007年、156頁。

（17）真銅が『食通小説の記号学』で分析しているように、ビールの味覚的記述は当時のエセーや文献にあまりなく、そのかわり、泡に関する音や喉ごしがしばしば問題にされている。このようなビールの特徴が苦さを克服させた要因のひとつだろう。たしかに、現代においても日本におけるビールのＣＭは泡やそれにまつわる喉ごしを強調している。これはあまり冷やさず、ちびちび消費することの多い欧米のビール消費と大きく異なる点である。

(18) しばしば「香竄」の「竄」は「鼠」と誤解されているが、改竄《かいざん》の「竄」である。字義に「香などがしみこむ」という意味があるので、おそらく「香りを付加したワイン」という意味だろう。この出所には諸説があるが、あとで述べるように甘味葡萄酒の一種として「香竄葡萄酒」という項目があることから、当時ある種の香りが香竄と認知されていたと思われる。

(19) 注6で示したように、ポートワインとは、ポルトガル産の甘口ワインである。甘口ワインにも白と赤があるが、甘口赤ワインでもっとも高い知名度と名声をもつのが、ポートワインである。ポルトガルの海港都市ポルトの内陸地、ドウロ川沿いの広大な丘陵地帯で生産され、ポルトから積み出されるため、ポルトといわれる。ポートは英語風の発音である。17世紀以来、イギリス人がこのワインを愛好したため、英語風に呼ばれることが多い。ヒュー・ジョンソン著、小林章夫訳、『ワイン物語 中』、「第22章 ポートワインと政治」、平凡社ライブラリー、２００８年（原著１９８９年）、148-168頁。

(20) 女性を使ったポスターは、これ以前からビールや日本酒にも数多くあった。サカツコーポレーション編、田島奈都子解説、『明治・大正・昭和 お酒の広告グラフィティ サカツ・コレクションの世界』、国書刊行会、２００６年。しかし、ヌードはじめてで、それが世間の注目を集めた理由だった。本文中に提示したポスターは上記著作から取られている。なお、モデルは「寿屋」が自社製品宣伝のために結成した楽劇団のプリマドンナだった松島栄美子である。はじめてのヌードポスターということで、松島を説得するのに大変苦労したという話もある。

(21) 当時の日本の酒税は造石税であり、ウイスキーも作られたその年に課税された。ウイスキーは最低でも５年樽熟成を行うのが普通であり、課税されたあとに販売まで数年を要するウイスキー作りには莫大な資金が必要だった。この造石税は、その年に作った酒をその年に売りさばくのが基本である日本酒（清酒）が長年唯一の課税対象アルコール飲料だったために作られた制度である。本章の視点からみれば、こうした税制も日本酒で培われたアルコール飲料に関する社会的表象の産物だといえるだろう。

（22）関連して指摘しておきたいのは、ワインが明治20年代に甘味葡萄酒へと変容されて受容されたあと、1970年以降の度重なるワインブームによって、外国産の本格ワインが大量に輸入されるにおよんで、国産ワインも甘口から脱却し本格化したのとは対照的に、いったんほぼそのままのかたちで受容され、長きにわたって多くの人々に愛飲されてきたビールが、1990年代後半になって発泡酒と第三のビール（「新ジャンル」）等の変容した形態を生んでいることである。とはいえ、発泡酒や第三のビールがビールの味と変わらない点を売りにしていることも忘れてはならない。そこに本格ワインと甘味葡萄酒ほどの差はない。発泡酒も第三のビールもビールの類似品として受容され、消費されているのが実態である。そもそも、第三のビールという命名がすでに象徴的である。

（23）麻井宇介、『日本のワイン・誕生と揺籃時代　本邦葡萄酒産業史論攷』（前掲）、177‐178頁。

（24）小出昌洋、「編後贅言」、森銑三著、小出昌洋編、『風俗往来』、中公文庫、2008年、275頁。

（25）森銑三、『明治東京逸聞史　1』、平凡社、1969年、11頁。

（26）同書、44頁。

（27）同書、353頁。

（28）当時、東京は当時15区、芝区は昭和22年（1947年）に麻布区と赤坂区とともに現在の港区となる。

（29）森銑三、『明治東京逸聞史　2』、平凡社、1969年、9頁。

（30）歴史家の前坊洋は、その著書『明治西洋料理起源』で、明治期の法学者の妻と、漢学者の日記を詳細に検討し、明治を代表する高級官僚と文化人の2つの事例において、日本料理と西洋料理が当時から使い分けられていたことを明らかにしている。男性だけの公的性格の強い宴会では日本料理店が、妻や家族をともなった比較的親密な会長では西洋料理店が用いられていた。前坊洋、『明治西洋料理起源』、「第五章　日記のなかの西洋料理」、岩波書店、2000年、191‐253頁。また、このような使い分けがもたらす結果については、本書「第五章　日本におけるワインの受容と変容―西洋文化とジェンダー化―」、および以下の拙著の該当章を参照。福田育弘、『新・ワイン学入門』、「第六章 新しいライフスタイルとしてのワイン」、集英社インターナショナル、2015年、183‐217頁。

（31）ピエール・ロティ著、村上菊一郎、吉氷清訳、『秋の日本』、角川文庫、1953年（原著1889年）

年、66頁。
（32）同書、67頁。ただし、原文に当たり、シャンパーニュワインに関する部分を、一部、現代の慣習にしたがって改変した。準拠した原著は次のものである。Pierre Loti, *Japoneries d'automne*, 1889, Paris, Calmann Lévy, 1889, p. 97.
（33）森銑三、『明治東京逸聞史 2』（前掲）、350頁。
（34）同書、308-309頁。
（35）古川緑派、『ロッパ食談 完全版』、河出文庫、2014年（初出 1957年）、208頁。
（36）同書、267-268頁。
（37）吉田健一、『酒肴酒』、光文社文庫、2006年、36頁。
（38）週刊朝日編、『値段の明治大正昭和風俗史 下』、朝日文庫、1987年、29頁。
（39）キナはアカネ科キナ属の常緑高木の総称。キナの樹皮を乾燥させたものは、健胃薬として用いられるほか、この乾燥樹皮からマラリアの特効薬キニーネがえられる。このようなキナ皮を思わせる規那葡萄酒が広く普通名詞化していたことにも、甘味葡萄酒が薬用として受容され消費された当時の現実がかいまみえる。
（40）「株式会社ルミエール」の前社長で虎馬之介の孫に当たる塚本俊彦（1931-2019）の以下の著作に詳しい。塚本俊彦、『ワインの愉しみ』、NTT出版、2003年、132-140頁。
（41）このワイン産業揺籃期の貴重な史料については、「株式会社ルミエール」の前会長、塚本俊彦氏の令夫人、塚本レイ子氏の好意で同社に保管されている号（全体の約6割）をすべて閲覧することができた。創刊は大正12年（1923年）1月、昭和5年（1930年）から『大東京洋酒新聞』と名称が変更され、昭和10年（1935年）まで刊行された。原則として月刊で15日が刊行日だった。この国立国会図書館にも所蔵されていない史料を閲覧させていただいた塚本レイ子氏に、この場をかりて心からお礼を申し述べたい。
（42）麻井宇介、「洋酒国産化にみる異文化受容」、石毛直道編、『論集 酒と飲酒の文化』（前掲）、499-500頁。
（43）戒刺格［ジョン・ロック］著、岩男三郎訳、『佛國釀酒方』、農務局蔵版、有隣堂、1882年、見開き内表紙の次の頁記載のない頁。
(44)同書、503頁。
(45)リュシアン・フェーヴル著、小倉孝誠訳、「歴史学と心理学」、リュシアン・フェーヴル、ジョルジュ・デュビィ、アラン・コルバン著、小倉孝誠編、大久保康明、小倉孝誠、坂口哲啓訳、『感性の歴史』、藤原書店、1997〔原論文刊行年 1939‐1983年〕、32頁。
(46)現・山梨県甲州市南西部の日川左岸地区。
(47)上野晴朗、『山梨のワイン発達史 勝沼・ワイン100年の歩み』、1977年、山梨県東山梨郡勝沼町役場、107‐111頁に、この甲斐産葡萄酒の長文広告の全文が掲載されている。
(48)『時事新報』、明治30年(1897年)4月10日。
(49)同紙、明治30年(1897年)4月8日。
(50)村井弦斉、『食道楽』上、岩波文庫、2005年(初出1903年)、11頁。
(51)増田太二郎、『引札繪ビラ風俗史』、青蛙社、1981年、211頁。
(52)たとえば、経済に強い新聞として知られた『時事新報』の明治23(1890年)5月5日付け16面の広告と、同新聞の明治30年(1897年)4月6日付け12面の広告。
(53)「ルミエール」の前会長、塚本俊彦は、祖父の降矢虎馬之甫が、事業不振で自殺しようと靖國神社の境内をさまよっていたときに、のちに陸軍大臣となる大島健一中将と偶然出会い、陸軍省に葡萄酒の販路をみつけたエピソードを、自身の著書で語っている。塚本俊彦、『ワインの愉しみ』(前掲)、2003年、136‐137頁。
(54)たとえば、以下の著作を参照。柳田國男、『明治文化史 13 風俗編』、洋々社、1954年。『食物と心臓』、『柳田國男全集 17』、ちくま文庫、1990年に収録(『食物と心臓』の初刊行は1940年)。宮本常一、『宮本常一著作集 24 食生活雑考』、未來社、1977年(収録諸論文は昭和20年から昭和50年代に発表された)。
(55)雑穀や芋の混じった糅飯(かてめし)はパサついているので、箸ですくうことは難しく、茶碗に口を近づけてかっ込むしかなかった。いまでもご飯をかき込むような食べ方が下品とされるのは、そうした食べ方が貧しい家庭の食べ方だったからである。

(56)ジルベール・ガリエ著、八木尚子訳、『ワインの文化史』、筑摩書房、２００４年〔原著１９９８年〕年、363-368頁。

(57)麒麟麦酒株式会社社史編纂委員会編、『ビールと日本人　明治・大正・昭和ビール普及史』、「第二章　文明開化の波に乗って」、「６軍人とビール」、キリンビール、１９８３年（１９８４年・三省堂、１９８８年・河出文庫）、122-129頁。

(58)この点は日本人の著作がほとんどふれていない。こうしたワインが健康をもたらすという社会的表象の歴史的検討については、以下の著作の関連部分を参照のこと。ジルベール・ガリエ著、前掲書、「Ⅳ万人の渇きを癒すワイン」、「第７章　酩酊とアルコール中毒の間で」（とくに「４〈ワインこそ健康の源〉」、「５健康をもたらすワイン」）、201-389頁。

(59)ジルベール・ガリエ著、前掲書（邦訳）、377頁。

(60)同書（邦訳）、377-381頁。

(61)ロジェ・ディオン著、福田育弘・三宅京子・小倉博之訳、『フランスワイン文化史全書　ぶどう畑とワインの歴史』、国書刊行会、２０００年〔原著１９５９年〕、570-571頁。

(62)ジルベール・ガリエ著、前掲書（邦訳）、382-389頁。

(63)柳田國男、『明治文化史13 風俗編』、洋々社、１９５４年、61-62頁。

(64)金井道夫、『砂糖消費の経済分析』、明文書房、１９８６年、123頁。ちなみに、砂糖年度とは、ある年の10月から翌年９月までをいう。

(65)木下謙次郎、『美味求真』、五月書房、２０１２年（初刊行１９２５年）、107-108頁。

(66)波多野承五郎著、犬養智子編、『食味の真髄を探る』、新人物往来社、１９７７年（初刊行１９２９年）、54頁。

(67)同書、208頁。

(68)ロラン・バルト著、石川美子訳、『ロラン・バルト著作集７記号の国』、みすず書房、２００４年〔原著１９７０年〕、34-38頁。

(69)坂口謹一郎、『日本の酒』、岩波文庫、2003年(初出1964年)、56頁。
(70)坂口謹一郎、『坂口謹一郎酒学集成 3』、岩波書店、1998年に収録されている。
(71)佐野宏明編、『浪漫図案 明治・大正・昭和の商業デザイン』、光村推古院、2010年。「お菓子」の項目(122-131頁)の冒頭には、和装姿の女性と少女が洋菓子店で買い物する姿を描いた明治期の「西盛堂」の引札(ちらし広告)が掲載されている(122頁)。
(72)サカツコーポレーション編、田島奈都子解説、『明治・大正・昭和 お酒の広告グラフィティ サカツ・コレクションの世界』、国書刊行会、2006年。
(73)柳田國男、『明治文化史13 風俗編』、洋々社、1954年、62頁。
(74)阿部泰郎、伊藤信博編、『『酒飯論絵巻』の世界 日仏共同研究』、2014年、勉誠出版。この研究書からわかるように、もともとは酒と餅ではなく、酒と飯の優劣論争である。それを柳田が、酒と餅ととらえたのは、柳田が『木綿以前のこと』(1939年)や『食物と心臓』(1940年)に収録された諸論分で、ともに日本人の主食である米から手間暇をかけて加工された酒と餅の日本社会における重要性を強調しているからだろう。
(75)この貴重な折りたたみ式の広告は、山梨県甲州市にある「シャトーメルシャン 勝沼ワイナリー」の元工場長の上野昇氏のご厚意で、他の多くの資料とともに閲覧コピーし、ここに掲載することが可能となった。この場をかりて、上野昇氏にあらためてお礼を述べたい。
(76)大黒葡萄酒は、本章の4でふれた日本初のワイナリー、「祝村葡萄酒会社」(正式名称「大日本山梨葡萄酒会社」)にも関係した宮崎光太郎が、この会社の解散後、会社の機材を引き継いで設立した「甲斐産葡萄酒」を前身としている。広告が「最古の伝統」というのは、この会社のこのような沿革にもとづいている。この広告の下方には、「大黒ブドー酒」と商品名が大書されており、その上に「最高の品質 最古のポートワイン」とある。宮崎光太郎を創業者とする「大黒葡萄酒株式会社」は設立当初、本格ワインである「生葡萄酒」をおもな商品としていたが、ここではその後発売した甘口ワインである「ポート」の歴史性を前面に出している。いかに甘味葡萄酒が日本のワインを支えてきたか、その歴史がかいまみえる。

コラム　自然派ワインへの温度差

一章二章でも述べたように、日本はフランスをはじめとした自然派ワインの一大輸入国であり、自然派ワインを愛好する人が多い。

フランスでも自然派ワインを愛好する人はおり、徐々にその支持が広がっていることは、おもにパリで自然派ワインだけをあつかうワイン店（カーヴ）やワインバー、ビストロが増えていることからもわかる。

しかし、最近渡仏してほぼ2週間のヴァカンスをパリで過ごした、わたしの知り合いの自然派ワイン愛好家の日本人は、「パリで自然派ワイン関連のお店に行ったが、大したことなかった」と述べるように、日本の大都市、とくに東京や広島、札幌における自然派ワイン関連のショップやバーの目を見張る広がりにくらべれば、たしかに「大したことはない」といえるかもしれない。

もちろん、日本の場合、自然派ワインを売りにしていても、自然派ワインブームにあてこんで、じつは有機栽培のビオワインや、それにも該当しない自然派っぽいワインをあつかっているお店やワインバーもあるので、ちょっと用心したほうがいいことは確かだ。

ところで、渡仏したわたしの知り合いは、広島在住でほぼ自然派ワインしか飲まないというかなりディープな自然派ワインファンだ。仕事の都合でよく出張で東京にやって来るが、もちろん行くのはちゃんとした自然派をあつかうワインバーだ。
一度自然派ワインにハマると、多くの人が自然派ワイン以外のワインを飲まなくなる、あるいは飲めなくなることが多い。だから、わたしの友人の症状はけっして例外ではない。それほど本当の自然派ワインの洗礼は強烈で、その自然な味わいに慣れると、普通のワインにもどれなくなる。

一章に登場した、フランスで10年以上自然派ワインを作り、いま日本の岡山で自然派ワイン作りに取り組む大岡弘武も、自然派ワインしか飲めないそうだ。自然派ワインがないレストランやワインバーでは、ビールを飲むという。

「本当の自然派ワイン」と書いたのは、たんに栽培が有機だったり、ビオディナミ（シュタイナー思想にもとづいたより厳しい有機栽培法）であったりするワインが、しばしば自然派ワインとされているからだ。これはショップレベルでも、飲食店レベルでもしばしばみかける。

そもそも自然派ワインの定義があいまいで、フランスでも2019年にようやく自然派ワインの認証ができたものの、その認証を受けていない自然派ワインの作り手も多いということは、二章で述べたとおりである。

ただ、本当の自然派ワイン、よくできた自然派ワインの魅力と影響力は、とても大きい。
これも事実である。
では、なぜ自然派ワインはフランスより日本でより受けているのか。

それはワイン文化の長さと刷り込みの強度の違いだ。

フランスではワインは日常的な飲み物だ。基本的に食卓にはワインがある。食事の一部だからだ。学食にもワインがあるし、病院でも一部の内蔵系の疾患をもつ患者をのぞいて食事では、水とビールとワインが選べる。

アルコールへの禁忌が強いプロテスタントの国の人びと、たとえばアメリカ人が聞いたら、あるいはアメリカの影響を強く受けた日本人の医者が知ったら卒倒しそうな事実である。

なにせ、1974年にはドクター・モーリーというれっきとした大病院の医師が『ワインによって治療しましょう』Docteur Maury, *Soignez-vous par vin*, Éditions Nil, 2011［1974年版の再版］という著作を書いてベストセラーになっているお国柄なのだ。モーリー先生は疾病ごとに、しかじかの地域のしかじかのワインをあげて、食事時にグラス2杯飲むことが治療になると、ワイン療法を勧めている。ワイン好きには、まことにありがたい療法である。

その後、フランスでも、ワインもアルコール飲料であり、健康を害するものだという主張が研究者たちによって展開されるが、それを受けるかたちで2019年に複数の医師の論文を集めて刊行された『ワインと健康 医者たちはどう考える?』(*Vin & santé Qu'en pensent les médecins ?*, Éditions France Agricole, 2019) での結論は、「グラス2杯のワインを毎日飲むのは、健康にいいだけでなく、糖尿病や心臓疾患に関して明白な効用がある」というものだった。

いやはや、ワインは健康にいいという思いは学者や政府関係者たちの反論を経ても医者たちの主張に生きているのだ。さすが、痛風もちのルイ14世にブルゴーニュのワインがいいか、シャンパーニュのワインがいいか、侍医たちが議論した国だけのことはある。

さて、日常的に飲まれるワイン文化の長い伝統があるそんなフランスでは、ワインの味の刷り込みは深く強い。せいぜい2000年代に広がりをみせる自然派のワインの、特徴のあるある味、場合によっては酸化防止剤未使用ないし醸造後の微量添加のため、フェノレ系の香りが強く、揮発酸が感じられるワインへの忌避感は強い。

もちろん、1960年代に栽培での化学物質の使用が広がる前、さらに1970年代になって醸造でも人工的に培養された酵母が手軽に使えるようになる以前のワインは、マルセル・ラピエールが述べているように、基本的に有機栽培と野生酵母による自然派に近いワインだった。

しかし、1950年生まれのマルセルは青少年時代にそうしたかつてのワインを知っていても、そうした人はもうこの世にほとんどいない（アルコール飲料摂取の年齢を制限する法律はフランスをはじめとするワイン産国には基本的になく、15歳ぐらいになると家で食事のさいにワインをグラス1杯ぐらい飲むようになる。フランスにあるのは16歳以下にアルコールを販売していけないという法律だけである。日本の多くのサイト情報では、この販売制限を飲用制限と勘違いしている。日本文化の常識からフランスのワイン文化を判断するためだ）。

つまり、いまのフランスでは、自然派風に作られていたかつてのワインを飲んできた人はまずいないということだ。ほとんどのフランス人は、1970年代以降、急速に広まる、多かれ少なかれ工業的な手法で作られたワインに親しんできたのだ。

これが自然派ワインがフランスであまり広まらない理由である。ワイン文化の根深さと強度が自然派ワインを、一部の周縁的なカウンターカルチャーにしているのだ。

これにたいして、日本ではワインは日常品ではなく、嗜好品であり、贅沢品でさえあった。それが1970年代のいわゆる「第一次ワインブーム」のあとの、何次かのワインブームを経て、ワインは日常的なものになりつつある。すくなくとも、週末やちょっとしたときに飲む、プチハレ的な飲み物になっている。

嗜好品だからこそ、世代別にワインの好みも違ってくる。食事の変容や関税などの影響で、時代ごとに日本に入ってきたワインが異なるという事情も関係している。

たとえば、有名シャトーもふくめ基本的に数十ヘクタールのぶどう畑を所有し、生産量も数十万本が普通というボルドーと、小規模家族経営が多く、数ヘクタールの畑からせいぜい数万本、しかも畑をあちこちに所有しているので、ワインの銘柄ごとの生産量が数千本単位となるブルゴーニュとでは、日本に入ってくる量が違う。そもそも、ブルゴーニュの上質のワインが日本にそれなりの量で入ってきたのは、1980年代以降のことである。

辻調理師学校の校長だった辻静雄は、1967年に刊行された『たのしいフランス料理』(婦人画報社)の料理に合うワインの話が語られると思わせる「第5章 料理とワイン」で、いかにも素気なく「日本に輸入されているワインなど、少数の例外を除いて、まともな銘柄のものなど微々たるものなので、どんなワインを欲しいといったところで、まず、すぐ手に入る可能性はありません」と述べている。「たのしいフランス料理」というタイトルの割には、あまり「たのしくない」話だ。

たとえ料理に合うワインが見つかってもべらぼうに高価だった。だから、ワインは弁護士や医者という裕福であり、かつ文化への関心がある人びとによって、貴重な嗜好品として賞味されてきたのだ。

とくに生産量の少ない上質のブルゴーニュは貴重だった。

だから、「サントリー」の社長でありながら、１９５９年に３カ月以上にわたって欧米の酒の産地を訪ねた佐治敬三（1919-1999）は、その視察旅行を語った『洋酒天国 世界の酒の探訪記』（文藝春秋社、１９６０年）で、パリのＩＮＡＯ本部を訪れたさい、「ボルドーかブルゴーニュのいずれを喇くや」という、まことにうれしい申し出に、「ブルゴーニュは日本では珍しいので」と、極上のブルゴーニュを味わっている。

そんなわけで、日本におけるワインの嗜好は、米から作るためにうま味と甘味をもつ日本酒との親近性から、糖分を残した作り方をするドイツの白ワインがまず愛好され、これがやがてフランスの白ワインに代表される「辛口」白への嗜好に変わり、さらに食事の洋食化を受けてボルドーの赤が好まれだし、さらに１９８０年代以降のフレンチやイタリアンの広まりのなかで、ブルゴーニュの赤ワインの愛好者が増えていく。

嗜好品だからこそ、世代ごとに嗜好が徐々に変化してきたのだ。ただし、その変化にともなって、ワインがハレの飲み物からプチハレ的なな飲み物へと次第に日常の飲み物になってきたのも事実である。

そのワイン嗜好の変化の最前線が自然派ワインなのだ。だから、自然派ワインの愛好家には20代や30代の若い世代の人が多い。

一章で話題にした2022年7月25日に早稲田大学で開かれたシンポジウム「自然派ワインの果て」でも、220名を超える参加者の三分の一が30代以下であった。

若者向けの雑誌『BRUTUS』の2022年6月号が「ナチュラルワイン、どう選ぶ?」という自然派ワインの特集を組み、これまでの号のなかでもよく売れているという。表紙は、自然派ワイン好きを公言しているモデルで女優の佐々木希が、明らかに濁りがあって微発泡という、自然派ワインのグラスを傾けている写真である。佐々木希は若者に多くのファンをもつタレントで、若い世代が自然派ワインを愛好していることを象徴している。

これまでのオールドワイン愛好家にも自然派ワイン好きはいなくはないが、それほど多くない。あのわかりやすい果実味と新鮮かつ柔らかい味わいに慣れていないからだ。若い世代のように、それを素直に美味しいと思えないのは、これまでのワイン、しかも通であればあるほど伝統的な作りの高級ワインに慣れているからと考えられる。

自然派ワインは、同じシャルドネやソーヴィニョン・ブラン、ピノやメルロから作られたそれまでのワインとは、かなり味わいを異にする。

しかも、いままで貯えてきたワインに関する知識や蘊蓄《うんちく》、つまり旧来のワイン文化資本を披露することもできない。なぜなら、多くの自然派ワインはそれまで各地で典型とされた味わいから逸脱するからだ。「自然派と品種の再発見」のコラムで述べたように、自然派は従来無視されてきたマイナーな品種を重視するからなおさらだ。

しかし、日本では、嗜好品だったワインは世代を経て日常化している。つまり、若い世代ほどワインを日常的に消費しているということだ。そんな若い層がもっとも自然派ワインを好んで飲んでいる。ワイン通のおじさん（おばさん）は置いてけぼりだ。

こんなふうに考えると、自然派ワインは、フランスのようにワインのカウンターカルチャーではなく、日本ではワインに関する正当なハイカルチャーとはいわないまでも、むしろメジャーなワインカルチャーではないだろうか。すくなくともマイナーなカルチャーではない。

わたしは自然派ワインを輸入している「BMO」が直営する恵比寿にあるワインショップ「トロワ・ザムール」でよくワインを買う。そのさい、店の若い店員におすすめのワインや気になるワインの味わいについて訊ね、それを参考に購入している。地域や品種といった従来の知識があまり役に立たないから、飲んだことのある人に聞くのが手っ取り早い。

そんな彼らのほとんどは、デジタル・ネイティヴならぬナチュール・ネイティヴである。つまり、はじめから自然派ワインを美味しいと思ってワインを飲みはじめた世代なのだ。

逆に、そんな彼らは、わたしが長年のワイン愛好家であることを知っていて、しかじかの産地やしかじかの品種の伝統的な個性、つまりワインの「伝統的な典型性」について質問してくる。

これはこれで興味深いワインをとおしたコミュニケーションだ。一方的な蘊蓄の披歴ではない、双方向のコミュニケーションで、発見と驚きがあってとても楽しい。

おそらくこの発見と驚きは、伝統的ワインへの愛好と比例して大きくなるように思う。ただし、これは、自然派ワインを1、2回飲んで、「これはダメ」と拒否しない開かれた味覚をもつ場合だ。

というのも、初期の自然派ワインにはかなり醸造に問題があって酢酸化したワインもあったからだ。酸化防止剤をほとんど添加せず、さらに培養酵母を使わないため、こうした問題が多くなるのは、ある意味仕方ない。しかし、経験を積むと、こうした点は改善されていく。いまでは、かなり上手に作られており、伝統的なワイン愛好家でも美味しいと思える自然派ワインが増えている。

たとえば、恵比寿にあるワイン専門店「ラ・ヴィネ」には、マコンの自然派ワインの作り手「ドメーヌ・フィリップ・ヴァレット」のいくつかのワインが売られている。

この「ラ・ヴィネ」は、恵比寿にあったレストラン「タイユヴァン・ロブション」が開業したワインショップを日本人スタッフが引き継いだもので、フランスワインに特化した店としては、フランス全土のワインを幅広くそろえており、わたしのようにコルシカのワインとか、南西地方のワインをときに飲みたくなる人間にはとてもありがたい。

スタッフ全員がソムリエの資格をもち、知識と経験のレベルが非常に高く、専門的な込み入った質問にも的確な答えが返ってくる。そんな彼らが担当地域を決めてフランスを回ってワインを買いつけている。

もちろん、ここは伝統的に高品質なワインを売る店だから、瓶詰め時にもいっさい酸化防止剤を入れずにピュアなワインを作る「ドメーヌ・フィリップ・ヴァレット」のワインも自然派ワインとして紹介されているわけではない。美味しい高級ワインとして売られている。

わたしの家では、ちょっと価格の高いヴァレットのワインは、ここ2、3年、正月用のハレのワインである。そのきれいな酸が日本食によく合うからだ。

長年の知り合いで、優良ワインをリーズナブルな価格で販売している「銀座屋酒店」当主、小泉銀治郎が、面白いエピソードを語ってくれた。ローヌ地方で見事なワインを作っている、第一世代の自然派に属する「ドメーヌ・ダール・エ・リボー」の当主ルネ・ジャン・ダールが、自然派ワインの幅広い品ぞろえで有名な銀座のワインバーにやってきたときのことだ。

このお店、日本を訪れた自然派ワインの作り手がよく立ち寄る店で、店主が「あなたのところの古いヴィンテージがあるから飲まないか」と問いかけると、「いや、いいよ」と断ったという。「昔のはあまり出来がよくないから」というのが理由である。

わたしも、「ダール・エ・リボー」の比較的新しいヴィンテージのAOCクローズ・エルミタージュの赤と白を飲んだが、とくに白はピュアさがありながら複雑な果実味があって素晴らしい。これまで2本飲み、さらに1本が自宅の冷蔵庫型カーヴで熟成中だ。

自然派ワインは、すくなくともわたしにはワインの新しい味覚を拓いてくれているようだ。

そのひとつは、日本の食事全般に合うという点だ。

その指導力と長年外交官を務めた国際感覚で戦後の日本の舵取りをにない、国葬になった首相、吉田茂の長男で、英文学者で食通としても有名だった吉田健一は1970年代のエセーで「西洋の酒でどんな料理にでも合うのはシャンパンだけである」と述べている（『酒肴酒』、光文社文庫、2006年）。

たしかに、シャンパーニュ（シャンパンは英語）は日本料理にも合ってくれる。香りも味も繊細で複雑、フランス料理やイタリア料理のように味と香りが強くない和食を邪魔せず、しかもダシによるはんなりとした旨味に負けることなく、しっかりと寄り添ってくれる。吉田健一は西洋ではアペリティフ（食前酒）であるシェリーの食卓での汎用性も語っている。

わたしは1980年代後半の3年間のパリでの留学生活で、ある女性のソムリエからニョクマムと呼ばれる魚醤を使う料理にジュラのワインを合わせるパリのベトナム料理店（「キム・アン」、現在の同名の店とは異なる）を教わって、その店の料理の質の高さとジュラのワインとの相性の良さに驚き、たびたび通った。

その経験から、ジュラのワインを同じアジアの料理で発酵調味料を使う日本食とも合わせるようになった。香りが派手でなく、酸化熟成させているため、よく似た手法のシェリーをより凝縮させたジュラのワインの香りと味わいは、味噌や醤油を使い、ダシをきかした和食によく合ってくれる。

吉田健一があまり知られていないジュラのワインを飲んでいたら、きっと同じ感想をもったと思う。

つとに日本のワイン生産者の多くが日本ワインはその優しくしとやかな味わいの点で日本の食事に合うと喧伝し、さらに、「ドメーヌ・タカヒコ」の曽我貴彦のように、自然派ワインは発酵食品の多い和食との相性がいいと述べている。

自然派のワインは、新大陸のワインによくみられる際立った香りや鮮烈な味わいではなく、しっとりとした風味をもち、それでいて柔らかい複雑な果実味を特徴としている。そんなワインは、いわゆる日本化した西洋料理である洋食にも、味噌や醤油といった発酵調味料をベースにし、ときにダシの旨味で食材を引き立てる伝統的な和食にもやさしく寄り添ってくれる。

最近、京都市のカウンター懐石「じき宮ざわ」で、隣の常連らしき30代の女性の2人組が、酒のリストにはないアルザスの自然派の作り手、クリスチャン・ビネールのロゼワイン「シ・ローズ」をグラスでたのみ飲んでいるのをみて、日本酒を飲んでいた妻とわたしも同じものを所望した。品種は独特の強い香りと苦みをもつ個性豊かな味わいで知られるゲヴルツトラミネールだ。その個性の強さゆえに、繊細な和食とはまず合わない品種である。しかし、なんと驚くべきことに、そのやさしく複雑な味わいが上品で質の高い和食に見事にマッチする。

30代とおぼしき店主にたずねると、自分が好きで自然派ワインをおいているという。自然派ワインを置いてある理由を尋ねると、「自然派ワインが一番和食に合うと思うんですがね」とのこと。最後のニュアンスは、おそらく、日本酒よりワインの方が、いや自然派ワインの方が和食に合うということだろう。

次回も店主の選んだ自然派ワインを、この店の斬新な工夫が随所にみられる料理にぜひ合わせてみようと思った。

フランス料理のように、アントレ（前菜）・プラ（メイン）・チーズ・デザートが順番に出てくるのではなく、多くの料理が一度に食卓に並び、それらを適宜食するアジア的な食べ方に、自然派ワインはどれともそれなりに合ってくれる。しかも、1品ずつ出される高級和食にもマッチする。

自然派ワインが日本で、食卓で飲まれる食中酒になりやすい所以だ。

第五章　現代日本におけるワインの受容と変容

――西洋文化とジェンダー化――

一　ワインは日常の飲み物になりつつある

日本では、ワインはだれがどのような場面で飲んでいるのだろうか。

この一見すると、いかにも単純にみえる問いかけは、西洋の飲食文化が日本でどのように受容されているかを考えるうえで、意外と重要な鍵をあたえてくれる。この問いに答えることは、ワインの日本の飲食の場における役割やワインが受容されるさいのイメージや価値観、つまり社会的表象に焦点をあてながら考えることになるからである。(1)

ワインの受容と消費をめぐる実情は、ここ十数年大きな変化のときを迎えている。

現在、ワインはコンビニでも売られ、居酒屋でもビールやチューハイとともにアルコール飲料の選択肢となっている。かねてよりのワイン産国であるフランスやイタリアからだけでなく、アメリカや、チリをはじめとした南米のほか、オーストラリアやニュージーランドといったワイン業界でいういわゆるニューワールド（新大陸）から、多くの比較的安価なワインがたくさん輸入されその飲用が広まりつつあるからだ。

日本の大手ワインメーカー、「メルシャン」が毎年、国税庁やその他機関のデータをもとに集計しネット上で公表している「ワイン資料　2022」によれば、2020年の日本の「ワイン消費量」は34万7710キロリットルで2012年来高水準を維持している。これは15

年前の2005年のなんと約1・5倍である。

日本に輸入されたワインを国別にみると（2021年までの経年データ）、あいかわらずフランスがトップで輸入ワイン全体の30・3％におよんでいるが税法上別計上されるスティルワイン（非発泡性ワイン）とスパークリングワインの合計15年間で、なんと15・2ポイントも下がっている。それにたいして大きく輸入量を伸ばしているのが南米のチリで、2015年にはスティルワインの国別シェアで長年1位だったフランスを抜いて1位となり、2020年には日本の輸入スティルワインの30％を占めている。ただし、2021年にはフランスが第1位に返り咲いている。

しかし、いずれにしろチリワインが日本市場で急速に伸びていることは事実だ。チリのワインの特質は濃厚な味わいで値段が手頃な点にある。ワインの新たな受容の立役者である
さらに、「国産ワイン」も着実に増えつづけており、2020年度は12万6064キロリットルで全体のワイン課税数量のおよそ3分の1を超えている。ただし、これらの「国産ワイン」の多くはバルク（大樽）で輸入したワインや濃縮ぶどう果汁をもとに日本国内で醸造したものが大部分を占め、それらは安価で手頃なワインとして出回っている。厳密にいえば、国内生産ワインではないが、これが手頃な国産ワインの大半と考えていい。

それをよく示すデータが長年ワイン「製成」で神奈川県がトップであることだ。(2) もちろん、ぶどう生産では山梨と長野県が他県を引き離しており、神奈川県はぶどう産県ではない。(3)

なのに、なぜ神奈川県がワイン「製成」で日本のトップなのか。それは海に面した立地と大きな海港の存在が、海外からのワインや果汁の輸入に適しており、輸入したワインや果汁を使ってその場でワインが「製成」できるからである。

コンビニに行けば、こうした安価な「国産ワイン」のほか、チリをはじめとしたニューワールドのワインが1000円前後あるいは1000円をきる値段で売られており、さらに1000円台のフランスやイタリア、スペインのワインも見つけることができる。さすがにフランスのワインで1000円を切る例はめずらしいが、イタリアやスペインのワインならコンビニや大手安売り酒店に1000円以下のワインいくつもあるし、フランス産でもみつけることは不可能ではない。それほど安いワインは日本人の日常生活に溢れているのだ。

二　ワイン表象の変化

もともとヨーロッパのワイン産国では、ワインは日常の食事に欠かせないもので、たとえ消費量が全般的に減少傾向にあるといっても[4]、ワインは多くの人が日常的に飲むものである。

よくワインは嗜好品といわれるが、それはワイン文化のない日本での話であって、毎日の食卓にワインがあるヨーロッパのワイン産国ではワインは日常の食料品である。事実、二章で述べたように、スペインでは2003年に法律でワインを「食品」と規定している。

そんなワイン産国にくらべ、日本では、明治以降、本格的なワインがビールやウイスキーなどの他の洋酒とともに導入され、明治初期に早くもビールと同じように日本国内でもワイン生産がはじまった。それにもかかわらず、これまで日本ではワインは西洋のもので、基本的に高級で高尚なもの、どこか近づきがたく勉強すべき対象であるという印象が強かった。

これはビールが明治期に生産においていち早く国産化に成功し、イメージと価値観の点で、つまり社会的表象という意味で国産化したのとは好対照である。

たとえば、ビールがどのように表現されているかについて、ビールの本場ともいうべきドイツに明治期に留学した、軍医であり作家でもあった森鷗外や作曲家の山田耕筰の作品やエセーなどでの記述を検討した、日本文学の研究者、真鍋正宏は、「由来からすればビールは歴然たる洋酒の一種である」と来歴を確認したあと、「同じ洋酒の中でも、ワインやウイスキー、ブランデーや各種カクテルなどに比べ、日本の食事の中に早くから違和感なく取り込まれたことも事実である(5)」と述べている。

ビールはいち早く「日本化」し、日本のものになったのである。いま「洋酒」といわれて、ビールを思い浮かべる人はまずいないだろう。そんなビールの日本化は明治時代にすでに完了していた。

いやそれどころか、真鍋は山田耕筰が大正時代のエセーに「ビールはもとはドイツのものであるが、しかし今日では私の経験では日本のビールが世界で最も優秀なものになつてゐると思ふ」と断言し、「ドイツのビールそのまゝのものではない」「日本ビール独特の味を持つてゐる」と日本のビールを評価していることに注目している[6]。

日本のビールはいち早く独自の味をそなえ、当時まだめずらしかった本場を知る知識人に本場をしのぐ味として認知されている。

では、ワインはどうだろうか。ワインはあいかわらず「洋酒」の代表、しかも「舶来」の「高級な洋酒」の最たるものではないだろうか。ビール同様、明治初期に国産化がはじまったワインだが、現代において日本のワインが本場フランスのワインにくらべて美味しいと断言できる人はそうはいないはずである。

しかし、すでにふれたように、現状はこのように社会的に共有されたワインの高級イメージをくつがえすように、多くの安価なワインが流入し消費されている。その象徴がいまやすべての世代の日本人の生活に欠かせない存在となったコンビニでの、安価で手頃なワインの出現である。

三　ワインの日常性を強調するワインガイド

そうした手頃な価格のワインの広まりと呼応して、２０１０年以降、手頃なワインを紹介するワイン関連の雑誌や著作がいくつも刊行されている。

たとえば、2010年の11月に刊行された季刊のワイン専門誌『ワイナート』の別冊12月号『安くておいしい1000円ワインが買える本』が、こうした身近な日常ワイン（いわゆる業界でいう「デイリーワイン」）への受容に先鞭をつけたあと、2012年12月には同じくワイン専門誌の『ワイン王国』が2013年1月号で「最強！〝コンビニワイン〟109本！」という特集を組んでいる。コンビニで売っているワインなので、価格帯は1000円前後、さらに1000円以下のワインも何種類か紹介されていて、批評の対象が日本で売られているワインとしてはほぼ最低の価格帯にまでいたったという感じである。

ワインや料理の関連本に多くみられる雑誌に類する図鑑仕立ての大型本では、2013年7月に『安くて旨い！ ワイン図鑑』がワールドフォトプレスから、2014年2月に柳忠之監修の『ワインスタイル デイリーワインの王座決定！』が日本経済新聞出版社の「日経ムック」の1冊として刊行されている。前者は、3000円以下、後者は2000円台のワインが中心なので、ともに同じ価格帯の美味しいワインの紹介である。

ここに示されている1000円から3000円以内というのは、フランスの日常ワインの価格に近い。フランスではカーヴ cave とよばれるワイン店（ワインを中心にアルコール類を売る店）に行くと、店頭には10ユーロ以下の赤白ロゼのさまざまな産地の多様なワインが並んでいる。為替相場の変動はあるが、だいたい1ユーロは110円から150円の間で推移しているので、こうしたフランスの日常ワインは日本円に換算するとおおむね700円から1500円である。

ただ、輸送費や税金の関係でフランスのワインは大体日本で2倍から3倍になるので、日本で1000円というと、フランスでの小売価格は3～5ユーロということになる。フランスにおける日常ワインの最低価格帯である。したがって、より人件費や原料費などの生産コストが低く物価の安いスペインやイタリア、チリやオセアニアのワインが、日本ではこうしたセレクションで選ばれる傾向が強くなる。

しかし、いずれにしろ日常消費用のワインが雑誌で選ばれていることはたしかである。それは「気軽に、楽しく飲みたい 365日、ワイン宣言！」という『安くて旨い！ ワイン図鑑』の宣伝文句によく示されている。

こうした安価なワインの広がりと、それらを選択して紹介するワイン本のあいつぐ刊行を考えると、いまやワインは消費面において日常的なものへと移行しつつあるといえるだろう。ただし、それは、事実においてそうである以上に、ワインへのイメージと価値観、つまり社会的表象の点でそうだといえそうである。

というのも、度重なるワインブームでワイン消費が伸びたとはいえ（2001年から2021年で約48％増加）2021年現在、1人年間3リットルで、これを1日に換算すると、わずか8・2ミリリットルにすぎず、1960年以来減りつづけているフランスの1人46・9リットル、1日128ミリリットルに遠くおよばないからだ。

数多い雑誌や著作のあいつぐ刊行は、現状に合わせているというより、ワイン業界の意向にそって現状を誘導するイメージと価値観を創出しているという側面が強い。

事実、国税庁の統計をもとにワインのアルコール飲料全体の消費比率を計算すると、1970年以降基本的にコンスタントに伸びているとはいえ、まだわずか4・44%（2020年）にすぎないからである。

ワインの日常化はイメージ先行で進んでいるといえるだろう。そして、このイメージ先行が、あとでみるように、西洋から移入された嗜好品の特徴ともいえるのだ。

四　学生のワイン受容の変化

ワインをめぐるイメージの変化は確実に進行している。

たとえば、2008年より担当している『複合文化学特論19 味覚というメディア、ワインという思想』という講義では、ワインの話に入る前に受講者に「ワインに対してどんな個人的なイメージをもっていますか」という内容の記述式のアンケートを毎年おこなっている。受講者は毎年70名から130名で、回答率は80%ほどである。回答率が意外と高いのは回答が出席点になるためだ。

当然予想されるように、これまでの16年間一貫して、「高級」「おしゃれ」「高価」という回答をはじめ、「知識を要するもの」「勉強しないとわからないもの」「大人の飲み物」と答える者が多く、その割合は7割前後におよんでいる。現代の大学生にとって、ワインはあいかわらず明治以来の「高級な舶来の洋酒」であることがわかる。

ただ、このアンケートにはもうひとつ問いがあって、それは「ワインは西洋においては日常的な飲み物であると同時に特権的な飲み物です。どのような点が日常的で特権的なのだと思いますか」というものだ。この問いに、フランスをはじめとするヨーロッパのワイン産国ではワインが毎日の食卓で飲まれるから日常的と答えるものが7割近くおり、特権的なのは価格帯がピンからキリまであるからという理由がもっとも多い。

事実、毎年回答者のなかにはフランスやイタリアのほかスペインやギリシャを旅行で訪れたり、そうした国々に留学した学生がいて、それらのワイン産国で昼からレストランやカフェでワインが食事とともにごく普通に飲まれている場面に出会い、その実体験からワインの日常消費と日常的な食卓の飲み物というイメージを説明する回答がかならずいくつかみられる。

また、こうした海外での実体験と並行して、日本でも居酒屋や学生にもアクセス可能な気軽なイタリアンにワインが手の届く値段でおいてあり、そうしたワインにふれる機会の増加によって、ワインの日常的なイメージが日本でも拡がりつつあることを示す回答もここ数年増えている。

つまり、学生たちは実体験として、日本ではいまだに特別な価値をもつワインも、フランスや他のワイン産国では日常的に飲まれるものであることをしっかり認知しているのだ。日本での高級イメージを抱く同じ7割がフランスでは日常的な飲み物とイメージしているのである。

実際、ここ数年、家で両親がワインを愛飲するためわりと素直に受け入れていると回答する学生が毎年数人いる。2013年度と2014年度からそうした回答をひとつずつ紹介しておこう。

ちなみに、最初の回答者は男性、2つ目は女性である。

「我が家では母親がワイン（特に白）が好きで、私がお酒を好きになってからは家で一緒に飲むことが多い。そのため、幼い頃にテレビで見た「ワイングラスを持って回す」のようなワインの高貴さの誇張解釈は今は持っておらず、（さすがにレストランなどで高価なワインをいただくときは少し背筋が伸びるが）比較的身近で、一番好きなお酒である。」

「父がワインエキスパートの免許を持っているので、普段からワインをよく飲みます。また父の話を聞いているので、ワインはとても面白い飲み物だと思います。なぜ日常的なのかは、価格と親しみだと思います。特にヨーロッパではワインは日本ほど高い飲み物ではありませんし（ピンキリですが）幼い頃からワインを口にしているそうですね。特権的なのは、ワインがとても複雑で、だからこそ面白いからだと思います。保存状態・デキャンタの仕方・酸化・グラスの形状・当たり年・合う食べ物などたくさんの種類のワインがある上に、同じワインでもほんの些細なことで味が変わったりします。とても難しいからこそ、文化資本として認められているし、学ぶ人にとっては飽くなき対象として面白い分野なのだと思います。」

「文化資本」などというブルデュー社会学の概念が登場するのは、わたしが別の講義でフランスの社会学者ブルデューの概念とその思想の成り立ちを解説していることによる。文化学的分析に有効だと考えているからだ。

そんなブルデュー社会学の用語をふくむ2つ目の回答の後半でワインが「日常的」で「特権的」である点を説明しているのは、すでに述べたように、わたしの質問がその2点を考えるようにうながしているためだ。

ここに展開されている説明の細部については、あとで少し検討することにして、とりあえず、このように普段の家庭の食卓でワイン摂取が可能になるためには、手頃なワインが広く流通する必要があるし、またワインが日常的な食卓の飲み物だという認知がなければならない。多くの学生が抱く高級・高尚・高価という三高イメージと並行として、こうした日常的な飲み物というイメージが見られるようになったのが、ここ10年の特徴だといえるだろう。

五　ワイン表象の二重性

明治以後に数多く日本に導入された西洋の文物は、舶来品がイコール高級品を示しているように、つねに高級なものとして社会的に表象されてきた。その背景には、もっぱら西洋の文化や文物のうちとくに高級なものが日本に紹介されてきたという事情がある。文学しかり、音楽しかり、絵画しかり、大衆的なものはあまり入っていない。とくに、ワインや料理はそうした傾向が顕著だった。

フランス料理には家庭料理も庶民の料理もあることは、少し考えればだれにでもわかるのだが、日本では豪華なコース料理が富裕層の公式の宴会料理として導入された。

こうして、これらの文化や文物に関する表象は「高級」という一面だけから形成される、いってみれば単層表象構造となる。これにたいして、本国フランスのワインへの表象は日常的であり特別でもあるという「2つの面」から形成される。単層にたいして二重表象構造あるいは重層表象構造といえるだろう。

たとえば、日本人の場合、お茶や日本酒を考えればわかるだろう。

100グラム数百円の日常用の番茶もあれば、100グラム数千円の玉露もあるし、紙パック入りで1升（1・8リットル）数百円の日本酒もあれば、4合瓶（720ミリリットル）で数千円以上の（銘柄によっては1万円を超える）純米大吟醸もある。これらの日常品でもありつつ嗜好品的性格を合わせもつ物品の場合、本来の文化では日常的でありつつ、特権的であるのが普通だ。いや飲食物にはそうしたものが結構多い。

もちろん、キャビアやトリュフ、ウニやマツタケのように本質的に稀少かつ高価で高級イメージだけのものもあるが、同じモノが日常性と特権性の両面をもつことも少なくない。

つまり、学生たちのワインへの2つの異なるイメージは、本来ワインがもつ表象の二重性を彼らが感じていることを示している。

そんな補助線を引いてみると、日常的に消費可能なワインが市場に並び、それを選択して紹介したワイン本に一定の需要があるということは、日本のワインの社会的表象が単層構造から二重構造に移りつつあることを示している。

ここでビールが明治期に比較的早く日本の日常的な食卓に溶けこんだことの意味もみえてくる。

ワインと異なり、ビールはもともと日常的なアルコール飲料であった。ワインには1本数百円のものから数十万、あるいは貴重な高級ワインの古いヴィンテージならそれを超えて数百万数千万円の単位でオークションの対象となるものもあるが、ビールにはそうしたことは起こりえない。

もちろん、この背景には果実酒と穀物酒という製造法の物理的な違い、歴史的に形成されてきた文化的な表象の違い（ワインは砂漠的な地中海性気候での水の美味な代替物、古代ギリシア・ローマの文明的な飲み物、キリスト教で宗教的に価値づけられた祭儀に必要不可欠な飲み物である）が大きく作用しているが、(7) ここで確認しておきたいのは、ビールがいち早く日本の社会に溶けこんだ理由が、本来ビールが本場でももっていた日常性という受容の形態にあり、ワインは本場でも日常と高級という二重の受容があり、日本では高級な受容だけが先行したため、多くの消費者は高級・高価・高尚という三高イメージによってワインをみずから遠ざけ、いまようやく世界各地の安価な日常ワインの流入によって、日常的な受容が喚起されつつあるという事実である。

六　それでも、いやそれだからワインはむずかしい

すでに述べた日常ワインを選択して紹介するワイン本でもうひとつ注目すべき共通点は、それぞれの雑誌や著作で選ばれているワインのアイテムの多さである。これもワインの特質であり、ビールにはあまりないワインの独自性である。

安い手頃なワインだからこそ、世界的にみればその生産者は数多く、彼らが生産するワインは千差万別である。それはワインが世界各地で古くから作られている飲み物であり、土地に合わせておそらく果実のなかでもっとも多様で多彩な品種が作りだされてきたからである。

「〝コンビニワイン〟109本」(『ワイン王国』2013年1月号)の惹句が示すように安価なコンビニワインでさえ109本が選ばれている。もちろん、他の雑誌や著作で選ばれているワインはさらに多い。

フランスやイタリアでは、地元のワインを飲むことが普通で、毎日の生活のなかで地元のワインを中心に好みのワインやときどきの料理に合うワインの味を味覚に刷り込んでいく。[8]ワインというと日本では知識が必要で、ワインと料理の相性など蘊蓄《うんちく》とみなされるが、ワインの味の違いとワインと料理の相性は、ワインが食事の一部であるフランスやイタリアなどのワイン産国では、学ぶべき知識でも蘊蓄でもなく、身についた慣習、日常の行動を導く身体化したソフトウェア、言い換えれば生活の知恵なのだ。

ブルデュー社会学の概念を借りれば、日々の慣習的な行動である〈プラティック〉によって形成される身体的習慣としての〈ハビトゥス〉であり、そうして形成された〈ハビトゥス〉が今度は日々の料理に合わせたワイン摂取という〈プラティック〉を導くのである。[9]

ところが、日本ではいくら日常的に受容するようになったとはいっても、多くの人が大人になってからワインを嗜みだす。それもビールにチューハイ、焼酎に日本酒、ウイスキーにブランデーと酒の種類自体が豊富な日本で、ワインは選択肢のひとつでしかない。いやビールやチューハイにくらべ、かなり自覚的に選択すべき飲み物である。

毎年、7割前後の受講生がワインのイメージとして高級で知識が必要と述べる回答が、そうした自覚的選択なくしてワインの消費がありえないことをよく示している。子どものときから毎日の食卓にワインがあるヨーロッパのワイン産国とは、おのずと事情は異なっている。

しかも、もともと世界のモノが溢れる日本であることも忘れてはならない。フランスやイタリアなどのワイン産国では、基本は自国のワインである。外国のワインもあるが、関税がかかり輸送費もかさむので、その点でも自国のワインが中心となる。

さらに、ワイン店にいけば、カーヴィスト《カーヴ》（店員）がいて料理に合う多様な価格帯のワインを教えてくれる。ワイン店ではまず「どういう料理と合わせるのですか」と尋ねられる。このような質問が最初に発せられるということが、ワインと料理の相性は基本的に知識の披瀝としての蘊蓄ではけっしてなく、生活に欠かせない実践的なノウハウであることを示している。

レストランに行って、膨大なワインリストに困惑すれば、ソムリエが客の希望する価格帯で適切なワインを勧めてくれる。これも格式張った儀式や秘伝の伝授ではなく、食事をより美味しく味わうためのノウハウなのだ。

ワイン産国の人でさえ、ときに助言が必要なのだ。まして、和食を中心に中華や洋食など多様な料理が並ぶ日本の食卓では、助言はなおさら不可欠だ。[10]

日本には世界の多様な価格帯のワインが氾濫している。さらに、1980年代以降、品質を上げている日本ワインもあり、[11] 選択は容易ではない。知識とお勉強が必要になる所以だ。

それが全体としてのワイン本の隆盛を生み、さらにワインの日常的なイメージと結びついた日常的な消費志向によって、安くて美味いワインを紹介する雑誌や著作のあいつぐ刊行となっていると考えられる。

見方を変えれば、高級な特別ワインはむしろ簡単ともいえる。高いお金を出せばおおむね美味しいワインに出会えるからだ。

たしかに、高級ワインでも若すぎて渋さと濃さだけが目立ったり、年代物の場合、日本では保存が悪く傷んでいたりというリスクは高まるが、まともなワインにありつける確率は高い。

フランスで19世紀から法整備がはじまり1935年にいまのかたちになる原産地名称制度、いわゆるAOC制度は、結果としてそうした価格に見合った品質を原則として保証する制度となっている。

ただし、価格帯が手頃だからこそ、自国志向、地元志向のフランスやイタリアと異なり、日本では多様なワインの選択に手掛りや助言が必要となるのである。

いやはや、日本ではワインはどこまでいってもお勉強する対象なのだ。

そもそも自覚的な選択や受容により、さらなる積極的受容を生むという構図がワインにはある。わたしがワインの特権性を学生に問いかけるのも、そうしたワインのいわゆる「奥深さ」のイメージを歴史的文化的に解明するにあたって、ワインの表象の重層的な特徴に気づいてほしいからだ。

毎年ワインをあつかう外食店（イタリア料理店やワインバー）でアルバイトをしている学生

が複数いて、彼らはそれなりにワインに親しんでいるが、ワインの品種ごとの違いや産地の特質について最低限の知識を店の責任者から教えられ、そのような違いをワインを飲んで実感するらしく、むしろ彼らこそワインの「奥の深さ」を語る傾向にある。次にあげるのは、2014年度のある男子学生の回答である。

「私はBARで働いているので、多少はほかの学生より多くのワインに触れることができる。その中で感じるのは、いかなる果実酒であろうと、またそのほかの日本酒やウイスキーをもってしても、ワインの品種による味の違いに勝るものはないと感じる。」

こうした点からみると、さきほど引用した2名の学生の回答にみられた、「さすがにレストランなどで高価なワインをいただくときは少し背筋が伸びる」とか、「ワインがとても複雑で、だからこそ面白い」といった補足の意味がわかってくる。

後者の回答では、さらに「保存状態・デキャンタの仕方・酸化・グラスの形状・当たり年・合う食べ物などたくさんの種類のワインがある上に、同じワインでもほんの些細なことで味が変わったりします」とワインの多様性が積極的に評価され、「とても難しいからこそ、文化資本として認められているし、学ぶ人にとっては飽くなき対象として面白い分野なのだと思います」と結論づけられている。

家庭での日常的な受容があるからこそ、ワインの多様な姿をイメージできるのだ。

日常的なワイン受容は、さらなるワインの積極的選択と自覚的受容を要求する。そう、ワインは、文化的商品として拡大再消費を誘うのだ。ここに産地や品種が多様で、収穫年と熟成によって多様に変化する、世界でもっとも広く生産され受容されている果実酒としてのワインの多様性と、それにともなうその多様性を積極的な価値とするワインのイメージ、つまりワインの社会的表象の大きな役割があるといえるだろう。

このように自覚的に学び、知識を身体化させていかねばならないからこそ、ある層には受けるのではないだろうか。そうした生活を豊かにする学びには、自分磨きを重ねることもできる。ここに、自分の生活の質の向上を求め、そうした自己形成にアイデンティティを感じる人々にワインが積極的に受容されていく深い理由があるように思われる。

七　日本人女性はワインを積極的に学んでいる

だれが、どのように、自覚的にワインを受容しているのか。

そんな問いに答えるため、まず2つのデータを見てみよう。

ひとつ目は、日本におけるソムリエをはじめとしたワイン関連の資格保有者数と受験者数の経年データだ。これは国家資格ではなく、一般社団法人「日本ソムリエ協会」が毎年認定定試験を実施し、その合格者にあたえられる資格である。毎年、過去7年の年ごとの受験者数・合格者数と合格率および各年での累計がホームページに掲載されている。

興味深いことに、毎年のデータには括弧で女性の数が明記されており、それをもとに代表的な資格である「ソムリエ」「ワインエキスパート」の2つについて、年ごとの資格者の男女別内訳と2022年度時点での累計を示したものが表1である。

資格	2016	2017	2018	2019	2020	2021	2022	累計
ソムリエ	1,658	1,299	1,389	1,353	1,634	1,901	1,132	39,149
男性	1,012	736	768	771	907	1,085	581	22,536
女性	646	563	621	582	727	816	551	16,613
ワインエキスパート	1,238	1,051	1,054	1,437	1,390	1,421	1,143	21,064
男性	582	489	508	718	685	731	579	9,078
女性	656	562	546	719	705	690	564	11,986

表1　資格者数（各年の男女別合格者と試験開始からの累計）

資格	2016	2017	2018	2019	2020	2021	2022
ソムリエ	29	23.5	26.5	29.8	37.9	42.1	30.1
男性	26	20.1	22.8	33.5	33.6	39.3	26.2
女性	35.5	30.3	33.3	45	44.9	46.4	35.7
ワインエキスパート	38.2	33.1	32.8	44.2	43.3	40.7	32.9
男性	36.4	30.1	30.3	49.1	40.6	49.4	42.2
女性	40.1	36.2	35.6	45.7	46.2	42.2	33.8

表2　各年の男女の合格率（%）

ちなみに、ソムリエの受験資格は酒類に関わる職務を「通算3年以上経験し、開催年度（8月31日）においても従事し、月90時間以上勤務している方」（会員だと2年以上の会員歴と2年以上の酒関連の職務歴）となっており、酒関連の分野で実際に働きワインにかかわる職業に従事している人を対象としている。「ソムリエ」が職業としてワインをあつかう人を対象にしているのにたいして、「ワインエキスパート」は20歳以上のだれにでも受験可能であり、より広くワイン愛好家を対象にしている。

つまり、2つの資格ともワインの知識とワイン飲用の経験が問われるが、ソムリエがより情報の発信側に立つワインのプロだとすれば、ワインエキスパートはワインに積極的に興味を示す愛好者だといえるだろう。

まず注目すべき点は、女性の多さである。2022年現在、ソムリエの有資格者3万9149名中女性は1万6613名で、女性の割合は42・4％である。ワインエキスパートでは2万1064名中なんと1万1986名が女性であることから、半数を超える56・9％に達している。

ソムリエの有資格者の半数近くが女性で、いかに多くの女性がワインに関する職務に従事し、具体的な消費の場面でワイン受容をうながしているかがわかる。

しかし、さらに驚くべき数字は、ワインに関するかなり高度な知識をもったワインエキスパートの半数以上が女性であることだ。すでに述べたように、ワインエキスパートの資格は広く一般人が対象なので、このデータからはソムリエのように職業としてワインのサービスに関わるわけではないのに、資格をもっている女性がたくさんいることがわかる。

また、こうした傾向は過去を遡ってみてもほぼ一定しており、ワイン関連の職業やワイン受容は、女性が大きな役割をはたす分野であることが明らかになる。

フランスやイタリアでワイン販売もふくめワイン関連分野が伝統的に男性の領域であるのとは好対照である。

とくに現場で働くソムリエは圧倒的に男性が多く(12)、わたしの過去30数年の経験（うち4年半は滞仏）でも出会った女性ソムリエの数は数えるほどである。さらに、家庭でワインを選び、ワインをサーヴするのは伝統的に男性の役割であり、レストランでも男性がワインを選ぶのが普通である。

つまり、日本での日本酒やウイスキーのように、フランスでのワイン受容で前面に立つのは男性なのだ。ところが、これらのデータは、日本でのワイン受容の中心が女性であることを示している。

ソムリエ協会は各年の各資格の合格者の女性の人数も公表しており、女性の受験者数が明示されているので、この表をもとに男女別の各年の合格率を計算することが可能だ。

計算してみると、この2つの資格については（とくにソムリエについて）、ほぼ毎回女性が男性の合格率をかなり上回っていることがわかる。多くの場合、差は10ポイント前後におよび、2022年はソムリエ試験で男性の合格率が26・2％にたいし、女性の合格率は35・7％で、男女差は9・5ポイントに達している（全体の合格率は30・1％）。

女性がいかにワインの受容に時間と情熱をそそぎ、ワインを自覚的に消費しているか伝わってくる数字である。

八　ワインを愛しているのも日本人女性だ

このような職業を超えて拡がる女性のワインへの熱い思いは、女性のワイン好きを説明する。

それを具体的に示すのが、次に紹介する2つ目のデータ、「NHK放送文化研究所」が行った全国調査の結果である。(13) 2007年のもので少し古いが、こうした大々的な男女別データはほかになく、現状を知る手がかりにはなる（あるいは2007年当時すでにこれから検討する傾向があったともいえる）。以下の表3に示すのは、その調査データのうち「好きな酒類」をたずねた複数回答可能でえた男女別・年齢階層別の数字だ。

じつはこの統計では、明治以来の酒税法上の分類から本来ワインに分類されるべきスパークリングワインとシェリーが別項目となっていて、これらをすべてワインに算入した。

◎全体

順位	種 類	%
1	ビール	50
2	ワイン（含スパークリング）、シェリー	36
3	果実酒（梅酒など）	32
4	焼酎	27
4	清酒	24
6	発泡酒	19
7	カクテル	19
8	サワー	14
9	ウイスキー	13
10	ブランデー	9
11	泡盛	4
12	ジン	3
12	紹興酒	3
12	ウォッカ	3
12	どぶろく	3
12	ラム	3

この統計をみていくと、非常に興味深い傾向に気づく。

なんといっても各年齢層でワインを好んでいるのは男性より女性である。16～29歳の若年層では、ワイン好きの男性は20％で全体の6位であるのにたいして、女性では35％で3位に食い込んでいる。

すでにわたしがアンケートを実施している大学生の年齢で、女性はワインに親

表３　NHK 放送文化研究所が行った全国調査のデータ　好きなお酒（補正版）（%）

◎男性 16 ～ 29 歳

順位	種　類	%
1	ビール	55
2	焼酎	35
3	カクテル	26
4	発泡酒	22
5	果実酒（梅酒など）	21
6	ワイン（含スパークリング）	20
7	サワー	15
8	清酒	15
9	ウイスキー	12
10	泡盛	10
10	ブランデー	10

◎女性 16 ～ 29 歳

順位	種　類	%
1	カクテル	52
2	果実酒（梅酒など）	49
3	ワイン（含スパークリング）	35
4	サワー	32
4	ビール	32
6	発泡酒	14
7	焼酎	13
8	ジン	8
9	ウイスキー	5
9	清酒	5

◎男性 30 ～ 59 歳

順位	種　類	%
1	ビール	72
2	焼酎	48
3	清酒	29
4	発泡酒	29
5	ワイン（含スパークリング）	26
6	ウイスキー	24
7	果実酒（梅酒など）	23
8	カクテル	17
9	ブランデー	16
10	サワー	14

◎女性 30 ～ 59 歳

順位	種　類	%
1	ワイン（含スパークリング）	44
2	ビール	40
3	果実酒（梅酒など）	37
4	カクテル	26
4	サワー	20
6	発泡酒	15
7	焼酎	15
8	清酒	13
9	ウイスキー	6

◎男性 60 歳以上

順位	種　類	%
1	ビール	58
2	清酒	50
3	焼酎	41
4	果実酒（梅酒など）	27
5	発泡酒	24
6	ウイスキー	23
7	ワイン（含スパークリング）	19
8	ブランデー	15
9	どぶろく	7
10	紹興酒	7

◎女性 60 歳以上

順位	種　類	%
1	果実酒（梅酒など）	36
2	ビール	33
3	ワイン（含スパークリング）	29
4	清酒	22
4	焼酎	10
6	発泡酒	8
7	カクテル	7
8	サワー	5
9	ウイスキー	5
10	ブランデー	4

しみだしている。これはワインに興味を示したり、ワインをよく飲むと答える学生が女性に多いという、わたしの経験とも一致する。

さらに、30歳から59歳の女性では、ワインはなんと44％で1位となる。ワインこそ、中年の女性がもっとも好む飲み物なのだ。60歳以上の高年層でもこの傾向は同じで、29％とややポイントは落ちるが、やはりワインは3番目に好きなアルコール飲料である。

これらのデータからは、思いのほか多くのことが読み取れる。

まず、男女の全体でもワインは36％で、ビールの50％についで堂々の2位である。それは女性のワイン好きが大きな原動力となって生じた結果である。

さらに、細かい数字からは、高年層の女性が甘い果実酒を好むとか、女性若年層と女性中年層でスパークリングワインが好まれているといった傾向もみえてくる（補正前のもとの統計ではスパークリングワインはそれぞれ18％で5位、15％で6位）。

おそらくその背景には、日本独特の甘いワインへの嗜好が残っているとか、ビールや発泡酒への嗜好がスパークリングワイン受容の下地を作っている、あるいはハレの場で飲まれるスパークリングワインのイメージが女性の消費をうながしているといった、日本独自のワイン受容があるのだろう。

だが、ここではなによりも女性がワイン好きで、男性との差は中年層でもっとも大きいということを確認しておきたい。

ワインが外から入ってきた日本では、ワインの味はそう簡単に馴染めるものではない。だから、好きになるのも比較的経験を積んだ30歳以後になるのだろう。そして、自覚的受容をおこなってきた女性と、そうではない男性との差が中年になって広がるのである。

また、ワインは手頃なものが広く出回りだしたといっても、他のアルコール飲料よりも相対的に価格が高く、しかもフレンチやイタリアンで欠かせない飲み物であり、本格的な店になればなるほど料理やワインを賞味する経験と知識のほか、当然ながらお金もかかる。経済的に一定程度余裕のある30歳以上の女性に好まれる大きな理由だろう。

いずれにしろ、日本ではワインは女性によってプラスの意味と価値をもって受容されていることがわかる。もちろん、「好き」というプラスの受容は、そのまま消費につながるとはかぎらない。しかし、プラスの受容が潜在的な消費を意味していることも、また事実である。

ここで、さきほど確認したワイン関連資格の保有者に女性が多いという実態を想い起こそう。

そもそも、ワインエキスパートやソムリエの資格を取得するには、たんに好きとか、好きで飲むというだけではなく、なるべく多くの異なる種類のワインを自覚的に飲むという経験と訓練が必要になる。これらの試験には、筆記試験のほか、複数のワインのブラインドテイスティングの試験がある。愛好する気持ちから漫然と消費するのではなく、自覚的で積極的な受容が要求されているのだ。

つまり、女性のワイン愛好は、しばしばワインの自覚的で持続的な消費、すなわち消費がさらなる消費を生む拡大再消費へとつながっているのである。

その証拠に、ここ30年で非常に数が増えたワインスクール、たとえば、老舗といっていい「アカデミー・デュ・ヴァン」（1987年開校）のほか、「田崎真也ワイン・サロン」（1996年開設）、「ワイン&ワインマーケティング・スクール」（2005年開校）などの関連サイトや資料を調べると、なんと受講生の約7割が女性であることがわかる。多様なワインを積極的に味わい、ワインの地域による違いや品種の特性を学んでいるのは女性たちなのだ。

ワインについての文化資本（教養や感性）[14]は女性が蓄積し、発信しているのである。ワインへの愛がワイン文化への尊重を介してワインの学びにつながり、それがワイン消費をうながしている構図がみえてくる。

事実、男性が自宅でワインの選択と管理をおこなうフランスやイタリアと異なり、日本ではワインの購入の現場で主導権を握っているのも女性たちである。

ワイン産地の北海道十勝地方の池田町で生まれ育ち、池田町でのワイン生産に尽力した元町長で参議院議員も務めた丸谷金保（1919-2014）を父にもつ、ワインスクール代表の田辺由美は、2014年から日本人の女性170人が日本もふくめた世界のワインを審査する「サクラワインアワード」を開催している。

審査員はソムリエやデパートの販売員で、女性だけである。その開催にあたって、田辺のインタヴューをまとめた『朝日新聞』の記事に、女性審査員だけにかぎった理由が以下のように説明されている。

「欧米では男性が購入するワインを決める。でも、日本のデパートで主導権を握るのはもっぱら女性なので、審査員は女性だけに。[15]」

ワイン関連の資格を多くの女性がもち、ワインを愛好している以上、購買の場で女性が主導権を握るのは当然である。

こうしたデータや事実から鮮明になってくるのは、日本のワイン文化を支えているのはいまや女性であるという現実である。

では、こうした女性のワイン好きは、何を意味するのか、より広い文脈で考えてみよう。

九　男女が棲み分ける日本の飲食空間

ワインの受容と消費の社会的な文脈と背景とは、どのようなものだろうか。

「日本政策投資銀行新潟支店」の酒類に関する消費者動向の詳細な調査によると、[16]ワインは他のアルコールに比べ「家飲み」より「外飲み」の比率が高いことがわかっている。

2010年の酒量全体の家飲み比率が51・0%であるなか、清酒（日本酒）は69・7%、焼酎は57・5%、ビールは47・6%、発泡酒・新ジャンル酒は49・3%、ワインは41・3%で、ワインの家飲み率が調査された5種類のアルコール飲料のなかで最低である。日常的な手頃な価格帯のワインのコンビニやスーパーでの販売、毎日飲む美味しいワインの雑誌や著作での紹介にもかかわらず、多くは外食で飲まれているのだ。

では、どんな外食店だろうか。ワインが付きもののフレンチやイタリアンであると容易に想像がつく。日本で30年以上恒常的にフランス料理店やイタリア料理店でしばしば食事をするわたしの経験から、そうしたお店の客は昼だと8割、夜でも6割以上は確実に女性である。研究者の悲しい性《さが》でこうした店に入るとついついお客の男女比を確認しているので、まず大きくまちがってはいないと思う。

ちなみに、ネットで少し知られたフレンチやイタリアンの店名を入れて、そこにアップされた会食写真を検索してみるといい。主流が女性客で、とくに女性同士のグループが多いことに気づくはずだ。これは西洋にはみられない日本のフレンチやイタリアンの大きな特徴である。昼のスーツ姿でのビジネスランチをのぞけば、欧米では夜は男女のカップルが外食するさいの基本だからだ。

では、世の男性諸氏はどこへ行ってくつろいでいるのだろうか。

そう、居酒屋である。居酒屋は男性中心の外食空間なのだ。

こちらもネットで居酒屋と入れて画像を検索すると、ビールや焼酎で盛り上がる男性たちの姿が目立つ。もちろん、居酒屋にも女性はいるが、フレンチやイタリアンに男性がさほど多くないように、主流は今も昔も男性客である。

こうした飲食空間での男女の棲み分けは、欧米にはあまりみられない日本の外食の大きな特質である。

たとえば、2008年ごろからあちこちで耳にし目にするようになった「女子会」は、「女子」だけをターゲットにした女性だけの独自な宴会形式であり、日本における飲食空間のジェンダー的棲み分けという現実をよく示している。

「女子会」用の料理に重きを置いた割安のセットメニューの設定は居酒屋系の飲食店がはじめたもので、飲食空間のジェンダー的棲み分けのなかで、女性客を取り込もうというお店の戦略がみてとれる。

こうした女性だけの宴会形式は、いまではエスニック料理のレストランや中華料理店、さらにはイタリアンやフレンチの一部までに広がり、そこでは女性に受けるオシャレでヘルシーな食材や料理がメニューに組み込まれている。

たとえば、アボカドである。鮮やかな緑色で視覚的に美しく独特な食感をもつアボカドは、当初「珍果」としてあつかわれたり、醤油をつけてそのまま食べられたりしていたが、1990年代以降のイタリアンやフレンチでの使用によって料理をオシャレに演出する食材とイメージされるようになり、いまでは女子会メニューには欠かせないもののひとつとなっている。

飲み物も酔いを目的とした宴会ではないため、見た目の美しいカクテル類やノン・アルコール飲料が重視されている。そこで多くの場合、組み込まれている飲み物が、スパークリングワインをふくめたワインである。

一〇 関東大震災を抜けると、そこは男女棲み分けの飲食空間だった

じつは歴史的にみると、明治以降に本格的に日本に入ってきた西洋料理の受容主体も、多くは女性だった。いや、西洋料理での会食が女性も参入できる飲食行為であり空間だったといったほうが、より適切だろう。

歴史家の前坊洋はその著書『明治西洋料理起源』で、明治期の法学者の妻と漢学者の日記を詳細に検討し、日本料理と西洋料理が当時から使い分けられており、男性だけの公的性格の強い宴会では日本料理店が、妻や家族をともなった比較的親密な宴席では西洋料理店が用いられていたことを明らかにしている(17)。

つまり、高級料亭に代表される日本料理は男性だけの飲食空間だったのにたいして、西洋料理店は当初から女性が参入できる比較的家族的な飲食空間だった。

こうした飲食空間の男女による棲み分けを強化したのが、1923年に起こった関東大震災後の復興期だった。(18)

復興後、銀座をはじめとする繁華街では、カフェが急増する。カフェは復興前は洋食も提供する一種のレストランとして機能していたが、もともと女給が給仕するという日本独自の形態を採っていたため、震災後はアルコール飲料のほろ酔いが客のかたわらでサービスをする女性給仕との疑似恋愛を助長する男性中心の飲酒空間に変貌する。

これにたいして、百貨店の食堂は、女性や家族連れ、とくに子どもを連れた女性が安心して飲食できる外食空間として人気を呼ぶようになっていく。事実、日本の百貨店はすでに震災前から食堂を店内に併設し、洋食に力を入れていた。

こうした百貨店で出されていたのが、カレーライスやトンカツ、オムライスといったご飯とともに出されるお馴染の料理であり、これらの料理は、当時コースで出され「定食」と呼ばれた本格的な西洋料理にたいして「一品洋食」と呼ばれていた。もともと日本的なアレンジをくわえた日本風西洋料理である洋食は明治中期から大正期に発明されたものだが、それを女性にまで広めたのがおもに百貨店の食堂だった。

この時代は俸給、つまり月決めの給料で生活する会社員(いまでいうサラリーマン)や公務員を軸に、新たに「新中間層」と呼ばれる近代社会をになう中間階級が都市で形成された時代だった。そうした層の男性がカフェの顧客となり、その配偶者の女性は百貨店の食堂や、それにならって展開した多くの洋食店で外食を楽しんでいたのである。

女性が伝統的な和食を出す料亭より洋食店を好んだのは、伝統的な料亭では仲居と呼ばれる女性が給仕を務め、客は多くの場合、芸者を呼んで遊行するのがつねで、基本的に男性向けの飲食空間だったからだ。この伝統的な料亭も、震災後、より簡便で比較的安価なカフェの隆盛によって衰退し、カフェが男性中心の飲食空間の主流となっていく。

こうして関東大震災後になると、現在にまでつづく外食における男女の棲み分け構造の基本が形成される。これ以後、飲食をめぐる男女の棲み分け構造は、以下の3つのレベルで観察できるようになる。
1．飲食物レベル（フランス料理と料亭料理、オシャレなアボカドと豪快な焼肉）、2．外食空間レベル（百貨店の食堂・フレンチとカフェ・居酒屋）、3．都市空間レベル（家族用繁華街と男性用繁華街）の3つである。
いずれにしろ、こうしたそれぞれ同心円的に拡がる三重の男女別棲み分け構造が、西洋の食事の導入とそれを日本化するドメスティケーション[19]によってもたらされたのである。

その後、日本で西洋料理とひとまとめにくくられていたフランス料理が、フランス料理として区別されるようになるのは1970年代からで、本格的な展開はフランス帰りの一群の若いシェフたちが多くのレストランやビストロを開店する1980年代のことである。[20]このとき「フレンチ」という言い方も広まり、さらに1990年代になると「イタリアン」ブームが起こる。そして、こうしたフレンチやイタリアンを支えたのが、以前から西洋料理に親近感を抱いていた女性たちだった。

もちろん、フレンチでもイタリアンでも、食事にワインはつきものであり、こうしてワインは女性と結びつくようになっていく。

二　ワインは日本の食事様式をも変えている

ワインの女性主導による受容は、外食だけでなく、日本の食事様式をも変えている。日本では長い間、アルコールといえば日本酒であり、日本酒がイコール酒であった。もともと日本酒業界では、「清酒」という表現を用い、税制上の区分も「清酒」である。「日本酒」という呼称は、明治期にビールやワインなどの多様な外国産のアルコール飲料が入って以降、それと区別して用いられるようになった表現でしかない。

そのため、「酒」という単語は、日本ではいまでも日本酒を意味するだけでなくアルコール一般をさしている。

日本の食事はご飯が中心である。お米が主食といわれるのもそのためだ。一品洋食にみられるアレンジも、ご飯に合うかどうかが決め手となっている。

ところで、ワインがぶどうという果実から作られるのと異なり、日本酒は本来ご飯となるお米を使って作られる。そのため、江戸時代には飢饉があるたびに、「日本酒を作ってはならぬ」という酒造制限が幕府から出されていた。(21)

日本酒は主食である米を原料として作られているという忘れられがちなこの事実がいくつもの興味深い帰結をもたらすことになる。ひとつは、食事において日本酒とご飯は等しい価値をもつということだ。つまり、米のご飯が出るとお酒を飲むことは終わるという慣行(プラティック)である。

表4は、わたしの飲食関連の講義(「複合文化学の建築物I 知覚のメタモルフォーゼ」という総題の3名の教員によるリレー講義でそのうちの「食卓の変容」と題された福田担当の全5回)で2007年の開講以来、学生を対象に実施しているアンケート結果の経年データの一部である。

表4は「食事でとくに日本酒・ビール・焼酎を飲むさい、お米のご飯があって、料理が広い意味で和風だった場合、おかずだけでなく、ご飯ともいっしょに飲みますか」という問いに表にある4つの回答(選択肢)から学生に選ばせた結果である。つねに半数近い学生の家庭が「飲まない」と答えている。

この問い自体が、明治以降、食卓のアルコール飲料が多様化したためかなり苦しい聞き方になっているが、昔なら酒イコール日本酒(清酒)なので、「お米のご飯を食べながら日本酒を飲みますか」と質問もシンプルになったろうし、答えも「飲まない」が圧倒的に多数にな

＊2016年は研究休暇のためデータがない

回答	2008	2009	2010	2011	2012	2013	2014	2015	2017	2018	2019	2020	2021	2022
飲む	22.9	22.4	24.3	22	24	20.3	15.4	17.5	16.4	21.3	17.7	19	21	19
飲むことも飲まないこともある	22.9	29.1	29.7	34	26.6	28.5	32.7	34.9	22.4	26.9	22.6	23	32	30
飲まない	49.5	46.3	43.2	42	46.1	47.6	51.9	45.2	59.9	45.4	59.7	54	40	49
その他（含む未選択）	2.8	1.5	0.7	2	3.2	4.1	0	0	0.7	2.8	0	2	4	2

表4　日本酒をはじめとしたアルコール飲料をお米のご飯といっしょに飲みますか

ったと思われる。

　このような態度の理由は明白である。同じ米から作られる日本酒はご飯と等価で、バッティングするからだ[22]。よくちょっと高級な料理を懐石風に順番に一品ずつ出すような和食店で「お食事をおもちしてもよろしいですか」と質問されることがある。これはご飯のついたお膳（ご飯と味噌汁と漬物）をおもちするので、「お酒はもう止めますね」という確認である。

　もちろん、このような理由は意識されていない。当たり前の文化的慣習行動（プラティック）は、当たり前ゆえにその背景や理由が意識されないことが多い（つまり身体化されハビトゥスになっている）。フランスでワインは料理と合わせるのが当たり前で、カーヴではいの一番に「どんな料理と合わせるのですか」と聞かれるのに似ている。

　こうして、主食となる貴重なお米をお酒にするがゆえに、酒を飲むときは酒が中心となる。日本人が「おつまみ」とか「あて」といわれる酒の肴を酒を飲むさいにほぼかならず食べるのは、それらが酒の味を引き立てるからだ。だからこそ、いろんな種類の少量の料理が必要となる。それぞれの料理が違ったふうに酒の味を引き立てるのだ。

これを西洋風に前菜の連続とみてはいけない。あくまで酒の味を愛でるための飲酒様式なのだ。もちろん、日本酒イコールご飯だから、酒の「肴」はそのままおかずの「菜《さい》」にもなって、ご飯ともよく合ってくれる。ご飯が来れば酒をやめる理由もここにある。

戦後英文学者・作家として活躍した吉田健一は、東西の食文化に通じた無類の酒好きとしても有名で、酒のエセーを数多く遺しており、三章でも少し引用したそのひとつで以下のように記している。


「西洋の酒でどんな料理でも合うのはシャンパンだけであるが、日本酒というのはその点でも非常な工夫がしてあって日本の料理である限りどんなものでも味さえよければそれで飲めるようになっている。（……）途中で酒を変えれば、厳密にいえば、色調を乱すことになり、樽で来た極上の菊正宗で飲み始め、食べ始めたならば、終わりまでその菊正宗で行くのでなければ折角の気分が壊される。[23]」


酒通・食通の吉田は日本の飲食文化における酒と料理の伝統的な関係を的確に述べている。酒を変えずに、料理を変えるのが正しい飲み方なのだ。

ところが、ワインが、このように酒がある場合、酒（飲）が主で料理（食）が従となる日本的な食事様式とその背後にある日本的な飲食の感性を深く変化させているのだ。すなわち、ワインは食事の一部という考え方であり、そのような考えを示す飲食行動の広まりである。

たとえば、わたしがフィールドワークした事例を3件だけ紹介しよう。

まず、西早稲田で明治元年から創業し、現在50代の5代目が6代目の息子とともにすしを握る「八幡鮨」だ。5代目が店を任されてからは、日本酒を複数そろえ、客が求めればすしのネタに合わせて酒を変えてくれる。

わたしがかつては日本酒はこんなに置いてなかったのではと問いかけると、たしかに4代目のころは酒は上物と並の2種類で、ともにお燗をして出していたという。

2つ目は、渋谷の自宅の近くに2010年に開店したカウンター主体の京懐石の店「粋京《いっきょう》」で、経営者兼料理長は京都の老舗料亭で12年余修業した福島出身の40代の男性である。

ここでも基本的に客が求めれば、料理ごとに日本酒を変えて合わせてくれる。「粋京」のネット上のホームページには「お飲みものはこちら」という表記のすぐ下に、「日本料理に合う日本酒を季節により取りそろえています(24)」と明記されている。日本酒と料理の相性がお店のセールスポイントとして発信されている(25)。

最後は、「八幡鮨」のあるビルの地下にある「焼鳥はちまん」だ。オーナー料理人は「八幡鮨」の現オーナーの弟で、西日本を中心に多種多様な日本酒を豊富にそろえ、たのめば好みに合わせながら、焼き鳥ごとにうまく調和する日本酒を選んでくれる。従業員全員、日本酒通で、店においてある日本酒については、基本的に蔵元を訪れて買いつけている。いくつかの蔵元で仕込みも手伝っているほどだ。

なぜ、西日本の酒かというと、北の酒は酒の味が強く、酒自体を楽しむ作りであることが多いのにたいして、西日本の酒は基本的に料理に寄り添うようにできているからだという。

しかも、ここには燗酒のプロがいて、酒に合わせて器具を変えて加熱するという芸の細かさで、あらためて燗酒の旨さとその料理との相性の良さを再発見できるのもうれしい。

このように日本酒と料理を合わせる慣行は、わたしのほかの和食系の飲食店での経験からもいろいろな場面で浸透しつつあることは確実だ。

まさに日本酒のワイン化であり、食事のフランス化である。料理にあわせて酒を変え、酒は料理の一部なのだ。吉田健一が知ったらなんというだろうか。

2019年の『朝日新聞』にも「日本酒をもっとおいしく」という記事が掲載され、そのリード部分に「味や香り 料理に合わせて(26)」とある。日本酒を飲む容器も、酒の種類によって、伝統的なお猪口やぐい呑みのほかに、いろいろなかたちのワイングラスがイラスト付きで推奨されている。ワイン的な飲み方と自覚されているかどうかはともかく、これは明らかにワインの影響と考えていいだろう。

では、このワインによる食事様式の変化が女性のワイン摂取とどうからむのか。もう一度、女性と酒の問題にもどろう。

さきほど料理に酒を合わせる慣行の広まりを日本酒のワイン化ととらえたが、これは表4のデータにも表れている。もともと酒のあいだご飯を食べなかった日本人の半数近くが、酒を飲みながらご飯を食べているからだ。そう、数字を逆にみれば、食卓の変化を表現しているともとれるのだ。

そして、こうした食事様式全体の変化には、ワインを軸にした女性の飲酒シーンへの参加がおそらく関わっているものと思われる。

かつて酒を飲むのは、多くの場合、男性に限られていた。女性が飲酒することはあまり好ましいものとは思われていなかった。

たしかに、さきほどのアンケートでも、食事でアルコール類を「ほぼ毎回」あるいは「ときどき飲む」が父親では60％台で推移しているのにたいして、母親では両者あわせて40％弱である（表5、次頁）。ただ、確実に家庭の食事でアルコール飲料を飲む母親が増えていることもわかる。とくに注目したいのは、毎日飲む母親の増加だ（２００８年の11％から２０２２年の17％へと6ポイントの増加）。

これはＮＨＫの調査を補足するデータとなるが、家庭では、つまり「家飲み」では、すでにワインがビールについで第2位のアルコール飲料になっている。表6（次頁）は同じアンケートの「食事のときにどういうアルコール飲料を飲みますか」という問いへの回答をまとめたものである。ワインは、不動の1位であるビールについで、２０１０年、２０１３年、２０２１年

表5　あなたの家（両親や家族のいる家）では、食事のとき、とくに夕食のときに、アルコール飲料を飲みますか（%）

＊ 2016 年は研究休暇のためデータがない

◎学生

回答	2008	2009	2010	2011	2012	2013	2014	2015	2017	2018	2019	2020	2021	2022
ほぼ毎回飲む	6.4	5.2	3.4	7.3	4.5	2.4	1.0	2.4	3.9	1.9	1.6	0	0	13
ときどき飲む	18.3	14.9	17.6	12.7	20.1	19.5	13.5	19	13.2	17.6	14.5	9	4	25
ほとんど飲まない	26.6	21.6	22.3	24.7	16.2	23.6	14.4	11.1	11.8	23.1	15.3	11	9	38
まず飲まない	48.6	58.2	56.1	55.3	59.1	54.5	70.2	67.5	71.1	56.5	67.7	79	84	13

＊ 飲酒率が低いのは、1年の選択必修科目で履修生の大半が未成年のため

◎父親

回答	2008	2009	2010	2011	2012	2013	2014	2015	2017	2018	2019	2020	2021	2022
ほぼ毎回飲む	38.5	39.6	39.9	48.7	43.5	40.7	30.8	38.1	42.1	45.4	40.3	44	42	38
ときどき飲む	30.3	21.6	20.9	25.3	22.7	26	34.6	22	17.1	24.1	16.9	23	26	19
ほとんど飲まない	10.1	11.9	10.8	11.3	9.7	5.7	6.7	9.5	9.9	3.7	12.1	9	9	17
まず飲まない	19.3	22.4	20.9	11.3	18.2	20.3	25	23	27.6	18.5	22.6	16	18	21

◎母親

回答	2008	2009	2010	2011	2012	2013	2014	2015	2017	2018	2019	2020	2021	2022
ほぼ毎回飲む	11	11.2	12.2	18.7	9.7	14.6	13.5	11.9	23.7	15.7	16.1	16	17	17
ときどき飲む	25.7	26.9	22.3	20	31.2	22	25	27.8	21.7	23.1	21.8	23	35	21
ほとんど飲まない	18.3	23.1	16.9	24	18.2	16.3	19.2	19.8	17.1	17.6	14.5	26	17	25
まず飲まない	45	37.3	47.3	37.3	40.3	43.9	42.3	40.5	36.8	41.7	43.5	33	27	35

表6　食事のときにどういうアルコール飲料を飲みますか（%）

種類	2008	2009	2010	2011	2012	2013	2014	2015	2017	2018	2019	2021	2022
ビール（系）	79.8	76.9	75	82	77.3	70.7	67.3	69.8	57.9	68.5	56.5	74	67
日本酒	29.1	23.1	18.2	23.3	24.7	26.8	12.5	15.9	16.4	19.4	14.5	32	26
焼酎	25.7	20.9	15.5	20.7	25.3	23.6	15.4	21	16.4	16.7	14.5	21	18
ウイスキー	8.3	9.7	7.4	13.3	12.3	10.6	4.8	11.9	5.9	8.3	11.3	16	11
ワイン	28.4	26.1	26.4	23.3	33.1	30.1	24	24.6	27.3	24.1	24.2	44	31
チューハイ類	31.2	31.3	25.7	28.8	35.1	27.6	29.8	31	30.3	30.6	29	35	33
その他	3.7	0.7	1.4	2.7	0	1.6	1	1	3.3	0.9	1.6	1	2
飲まない	–	–	–	–	–	–	25	19	28.3	20.4	23.4	19	21

＊ 2016 年は研究休暇、2020 年は単一選択のためデータがない

＊「その他」「飲まない」は 2013 年まで選択肢がなかった

には、なんと第2位となっている。(27)

おそらくこれまでのデータや統計を総合して判断すると、このように女性によって食中酒として飲まれているアルコールのひとつがワインであると予想できる。

食事の一部であるワインは、女性の飲酒への社会的な規制を和らげ、女性のアルコール摂取への抵抗をなくすと同時に、日本の食事様式を深いところで変化させているといえるだろう。

一二 西洋料理による自己発信と自己形成

ワインが女性の飲酒を可能にし、それによってワインはどうなったか。

最後にこの点について、女性にとって西洋料理がはたした社会的役割と、それを引きつぐかたちでワインが女性の社会的な自己確認の役割をもつようになった概略を跡づけておこう。

近代の料理書の歴史をひもといてみると、料理本は伝統的に男性によるもので、明治後期、19世紀末になってようやく女性の著者による料理本が刊行されていることがわかる。

明治3年(1870年)から第二次世界大戦前(1930年)までに刊行されたほぼすべての料理書を検討して、そのうち主要な100点を解説した家政学者、江原絢子と東四柳《ひがしよつやなぎ》祥子による共著『近代料理書の世界』によると、(28)女性による最初の料理書は実践女子大学の創設者、下田歌子（1854-1936）によって明治末の1898年に刊行されている。[29]

その下田の『料理手引草』では、和食だけでなく洋食にも多くの頁が割かれている。その後、女子の中等教育の普及にともなって「割烹」（現在の「家庭科」）の授業が女学校で行われるようになると、しばしば女性の教員が「割烹」の授業を担当し、そのうちの何人かは教科書や解説書を刊行している。

表7は上記『近代料理書の世界』で解説された主要料理書100冊（左欄）と同書巻末に収録された著者たちが検討した当時刊行されたすべての料理書800余冊（右欄）を、著者たちによる分類にしたがって、4つの時代と12のジャンルごとに著者の男女数を筆者がまとめたものである。

どのジャンル、どの時代でも、基本的に男性著者が優位だが、西洋料理書の分野では女性の著者が次第に増えていることが確認できる。

主要料理書100冊についてみれば、2に分類された西洋料理書の女性執筆者の割合は出版数そのものが少ない8～12のジャンルをのぞいた主要な料理書中で最高の48％に達している。800余冊全体でみても、西洋料理書は依然として39％とほぼ4割が女性筆者である。また、やや出版点数自体が少ないが、11の教科書も主要100冊で60％、全体で51％と過半数が女性執筆者である。

ただ、現在の女性の洋菓子人気とパティシエに女性（フランス語なので女性形はパティシエー

表7 『近代料理書の世界』の収集した100冊、800余冊の料理書の執筆者の男女別統計

（Ⅰ 1870-1900年、Ⅱ 1901-1910年、Ⅲ 1911-1920年、Ⅳ 1921-1930年）

◎主要料理書100冊

ジャンル	分類	Ⅰ	Ⅱ	Ⅲ	Ⅳ	計	女性(%)
1	一般(和洋中)	5	15	6	14	40	
	うち女性	1	4	1	4	10	25
2	西洋料理	8	9	2	6	25	
	うち女性	2	5	1	4	12	48
3	中国・台湾料理	0	1	0	2	3	
	うち女性	0	1	0	0	1	33
4	素材別料理	1	4	2	5	12	
	うち女性	0	1	1	0	2	17
5	飯・すし	0	1	3	0	4	
	うち女性	0	0	0	0	0	0
6	漬物	0	0	1	0	1	
	うち女性	0	0	0	0	0	0
7	菓子・パン	1	3	2	0	6	
	うち女性	0	1	0	0	1	17
8	行事・儀礼食	0	0	1	0	1	
	うち女性	0	0	1	0	1	100
9	食事作法	0	0	0	1	1	
	うち女性	0	0	0	1	1	100
10	食事療法	0	0	0	0	0	
	うち女性	0	0	0	0	0	0
11	教科書	1	1	1	2	5	
	うち女性	1	0	1	1	3	60
12	食のエッセイ・小説類	0	2	0	0	2	
	うち女性	0	1	0	0	1	50
	合計					100	
	女性合計					32	32

◎すべての料理書800冊

ジャンル	分類	Ⅰ	Ⅱ	Ⅲ	Ⅳ	計	女性(%)
1	一般(和洋中)	36	75	92	155	358	
	うち女性	1	22	28	57	108	30
2	西洋料理	21	26	13	40	100	
	うち女性	7	8	6	18	39	39
3	中国・台湾料理	1	2	3	20	26	
	うち女性	0	1	0	4	5	19
4	素材別料理	13	26	31	37	107	
	うち女性	0	1	5	6	12	11
5	飯・すし	0	1	12	7	20	
	うち女性	0	0	1	0	1	5
6	漬物	5	4	9	13	31	
	うち女性	0	1	2	3	6	19
7	菓子・パン	7	24	25	26	82	
	うち女性	0	2	2	3	7	9
8	行事・儀礼食	1	0	3	2	6	
	うち女性	0	0	1	0	1	17
9	食事作法	3	0	0	10	13	
	うち女性	0	0	0	6	6	46
10	食事療法	0	1	6	5	12	
	うち女性	0	1	1	1	3	25
11	教科書	3	8	6	18	35	
	うち女性	3	4	2	9	18	51
12	食のエッセイ・小説類	0	6	2	2	10	
	うち女性	0	2	1	0	3	30
	追記	0	5	4	6	15	
	うち編著女性	0	1	0	0	1	7
	合計					815	
	女性合計					210	26

ル）が多いことを考えると意外なのは、７の菓子・パンでは女性が17％と９％と、ともに少ないことである。当時、菓子やパンはまだ女性が作る側に回っていない分野だったことがわかる。

内容まで検討してみると、こうした料理書は洋食中心で、栄養学的観点を考えて女性が家庭で料理することの重要性が強調されている。

それは当時、中流以上の家庭では、家庭の料理が女中や使用人にまかされていたからである。現代のジェンダー的な見方とはやや異なって、料理は女性が家庭内で自分の役割とする新しい領域であり、この表からもわかるように、とくに西洋料理は女性も語ることが許された分野だった。

あえていえば西洋風の合理的な料理によって女性は家庭内で自分の役割を見出し、自己を表現していったとみてもいいだろう。そんな意識と感性が、女性による西洋料理書の増加に認めることができる。

こうした傾向は文学作品にも見出すことができる。

女性が西洋料理に目覚めて、そこに自己の表現を見出していく姿を、女性作家の三宅艶子（1912-1994）が『ハイカラ食いしんぼう記』のなかですがすがしい筆致で描いている。

三宅艶子は、大正時代に女性作家として活躍した三宅やす子（1890-1932）を母にもち、若くして洋画家と結婚したのち、みずからも作家として小説や評論を遺している。

『ハイカラ食いしんぼう記』は、大正から昭和初期にかけて少女から大人になっていくみずみずしい感性を、飲食の記憶を軸に描いた一種の自叙伝である。ここで言及される料理はすべて西洋料理で、その西洋料理が自己形成の核になっていることが読みとれる。

それはカツレツ(いまのトンカツ)やカレーライス、海老フライやビフテキ(ビーフステーキ)といった「よく大人たちがカツレツ洋食屋と呼んでいた[30]」店で出される、当時すでに大衆化していた洋食ではなく、たとえばフランスパンやオートミール、ワッフルやプディング、あるいはビーツだけのサラダやコンソメスープ、仔牛のエスカロップやブイヤベースといった、当時まだ非常にめずらしかった(いやいまでもめずらしい)本格的な西洋料理である。こうした新奇な味覚が、それが食べられる料理店の洗練された雰囲気とともに、若い作者の感性を刺激し、豊かな感受性を養っていく。

たとえば、少女時代の同じ敷地で暮らしていた隣の叔父(「国粋主義」の思想家として有名な三宅雪嶺[1860-1945])の家でのフランスパン体験だ。

「うちでもごくたまの日曜日パンを食べることはあったが、それは食パンで、おじさまのところのと違う。おとなりのパンは丸いフランスパンで、天火で温めたのか火鉢で焼いたのか小さい私は考えたこともなかったけれど、温かくて、真中を二つに割ると中が白くて、これがとてもおいしかった。そのパンにバタをつけると一層おいしいことも判った。[31]」

さらに、女学校時代に男友達と入った西洋料理店は次のように描かれている。

「初めてその店にはいったのは、外から見た感じがなんとも言えず気持がよかったからであった。ボーイフレンドと映画を見た帰りに、ふらっとそこでごはん食べることにした。（……）そこは名前のように扉を開けると、全体が白と赤に統一されていた。壁は白。卓子と椅子は木の部分が白、シートは赤い革、食卓には赤い花が白い花瓶にいけてある。灰皿も白い陶器に赤い細い縁《ふち》がとってあった。その赤の色が、ほんの少し朱がかったヴァーミリオンという色で、赤いどぎつさがない。室内の色がなんていいのだろうと感心してしまった。

私たちは仔牛のエスカロップを食べたような気がする。（……）メニューもフランス式の横文字で書いてある。ヴァーミリオンの縁の白い陶器のドゥミタッスで食後の珈琲を飲む頃には「パリに来たみたい」な気分になり、うっとりしていた。[32]」

たしかに、経済的に余裕のある恵まれた知的雰囲気のなかで育った三宅艶子は、当時の庶民の感覚とはずれていたにちがいない。しかし、西洋料理の教育に携わった女性たちもそれなりに恵まれた環境に育っている。貧富の差が大きく義務教育が小学校までだった時代に、経済的余裕があり、中等教育以上の教育を受けて、外国の文化に親しめた女性たちが、西洋文化を自分のものにして発信していったのは当然の成り行きだった。

こうして彼女たちが発信したイメージや価値観、つまり表象が社会的に認知され、その後の西洋料理や西洋文化をより多くの女性たちが受けいれる素地を作っていったことも、また否定できない事実である。

アメリカの社会学者ヴェブレン（1857-1929）は19世紀後半に資本主義文化をいち早く開花させたアメリカ社会を分析し、上流階級の文化的規範が強制的に社会秩序の最下層にまでおよぶメカニズムを詳細に分析したが[33]、ヴェブレンの主張を文化学的にみると、そのさいそうした文化に参与する人々が作りだす社会的な表象こそが、より広い受容を喚起する不可欠な仲介項となるということが、三宅艶子の事例からよくわかる。

すでにみたように、明治以降、西洋の文化が日本に入ってくると、西洋文化、とくに西洋料理は次第に女性が参入できる領域となっていく。西洋文化の習得は、男性中心主義の見方から脱却して自己を表現する手段であり、自己を開花させうる領域でもあった。とくに、女性がになう領分としての西洋料理では、それが顕著だった。

西洋料理を自分のものとして家庭での役割を確立し、料理書や料理教育を通して社会的にも活動をはじめた女性たち。さらに、そうした女性が参加できる西洋料理を受容の面から自己形成の糧とした女性たち。

伝統的な男性優位の価値体系が支配する領域から相対的に自立した新しい分野だったからこそ、西洋料理の発信と受容は女性の自己形成の領分となり、自己表現の手段ともなりえたのである。

そもそも、日本では文化資本、つまり文化的な教養はおもに女性がになう傾向が強いと、社会学者の片岡栄美はブルデューにならって詳細なデータを分析して結論づけている。(34) とくに、こうした傾向は西洋関連の文化に強く見出される。たとえば、子どものときピアノやバレエを学んだことのある女性は多いのではないだろうか。

さらに、近代の日本の男性作家は飲食をあまり描こうとしてこなかった。大変な食いしんぼうで、飲食をテーマにした小説やエセーをいくつも遺した作家の開高健（1930-1989）はエセー集『最後の晩餐』で、多くの作家たちは「食をあげつらうことはいやしいことだ」として作品に描かないと指摘し、「私生活ではこなれのいいものを食べ」、有名店にいったことをせいぜい日記や随筆に書くだけだと嘆いている。(35)

日本の近代文学において、人間の欲望である恋愛は実にしつこく描かれながら、結果としてもうひとつの欲望である飲食は行為として貶められ、表現としてはさらに貶められてきたのである。

そんななか、小説やエセーで飲食を自己表現の手段とし、そこに自己形成の大きな要素を認めてきたのは、多くは女性の作家たちだった。現代でも、江國香織や山本文緒など、複数の作家がすぐに思いうかぶ。

江國香織や山本文緒をはじめとする現代の女性作家も伝統的な食材や料理よりも、西洋的な食べ物や料理を取りあげることが多い。伝統の重みはそのまま男性優位の価値観を内包し、そのように表象されているから、そうでないものが女性作家によって好まれるのは当然といえるだろう。

西洋料理は、発信と受容においても、また表現においても、女性の自己形成を可能にし、自己のアイデンティティを社会へ向けて発信し確認していくことを可能にする表現上の空間、つまり女性主導であることが可能な表象空間をかたち作っているのである。

一三　西洋料理からワインへ

かつての女性の自己形成とアイデンティティの確保という役割をになってきた西洋料理を現代において受けつぐのは、もちろんすでに素描したように、1970年代以後のフランス料理であり、さらに時代が下って1990年代以降にフランス料理と共通性をもちつつより近づきやすい形で表象されだしたイタリア料理である。

そして、フランス料理やイタリア料理と結びついたワインは現代におけるこうした女性の自己表現の最終手段ともいえる側面をもっている。そのことを、いまも刊行されているワインに特化した『ヴィノテーク』と『ワイナート』という2つの雑誌の執筆者の性別調査から跡づけてみよう。

『ヴィノテーク』は日本で最初に刊行されたワイン専門の月刊誌で、創刊は1980年4月である。

一方、『ワイナート』の方は、かなり後発で、ヴィノテークの創刊からほぼ20年たった1998年12月に創刊され、一時期隔月刊だったが、基本は季刊で、1年に4冊刊行されている。

発行部数は、老舗の『ヴィノテーク』が1万部、後発の『ワイナート』が7万部（ともに2021年度の数字）で読者への影響力という点では、『ワイナート』がより大きな存在である。[36]

その理由の一端は、これから分析するように、雑誌のコンセプトの違いに由来する。

図1のグラフは『ヴィノテーク』の最初の3年間と、続く30年間を10年間隔で執筆者を男女別に計算した推移である。不明は男女が特定できないイニシャルや無署名の記事である。

当初、男性筆者が大半で、徐々に女性筆者が増加し、2010年にその数が拮抗していることがわかる。[37] このグラフでは、同じ筆者がいくつもの記事を書いている場合（そうした事例が多いのだが）、1人として集計している。いわば雑誌に参加している実際の執筆者の男女別推移である。

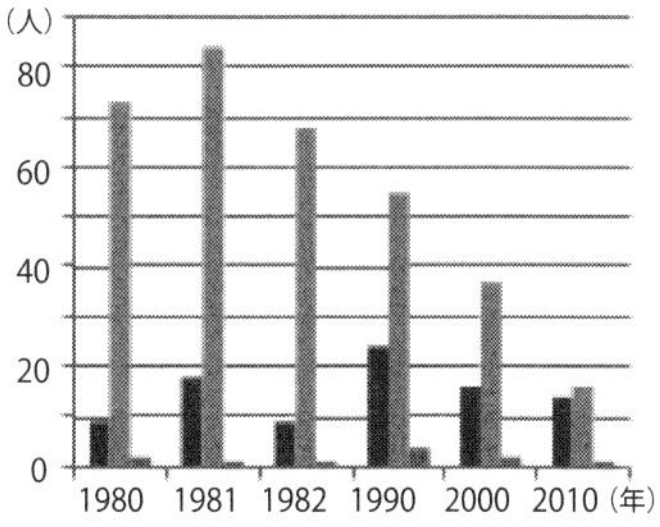

図１『ヴィノテーク』執筆者の男女別推移

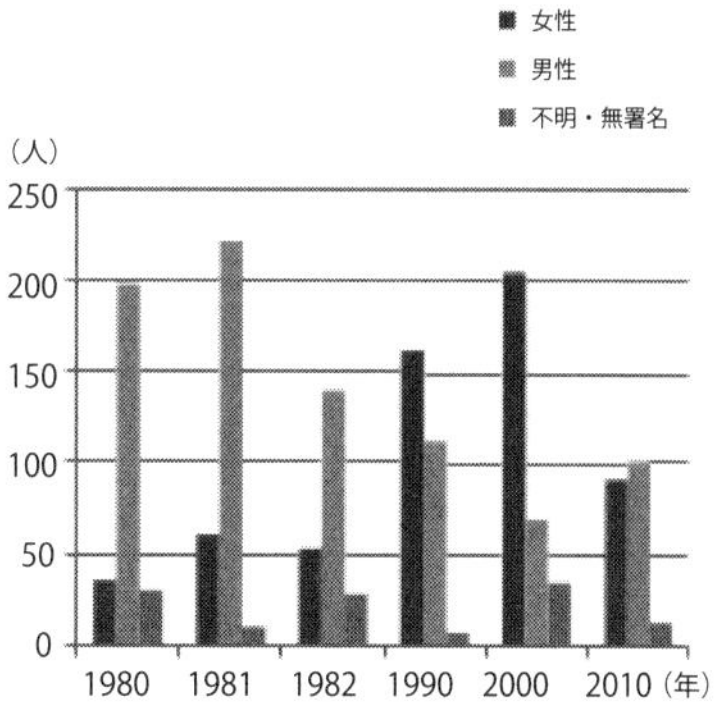

図２『ヴィノテーク』執筆者のべ人数の男女別推移

これを同じ『ヴィノテーク』について、のべ人数で計算したのが図2である。ここでは同じ筆者が2本の記事を書いている場合、2人とカウントしている。これは雑誌という紙面にのべ何人の男女が関わっているかを示した数値といえるだろう。つまり、紙面という空間での男女の人口比率である。

ここでも男性優位だった紙面に次第に女性が進出し、1990年の時点で男女が逆転し、2000年には1980年の創刊当初とはまったく逆に圧倒的に女性優位となり、また男女差が縮まっている経緯がわかる[38]。

では、同じことを『ワイナート』でもやってみよう。月刊の『ヴィノテーク』にくらべ季刊ということで、より細かく検討するため、ここでは最初の3年間とその後は5年おきに集計してみた。『ワイナート』の場合、執筆者は創刊以来現在

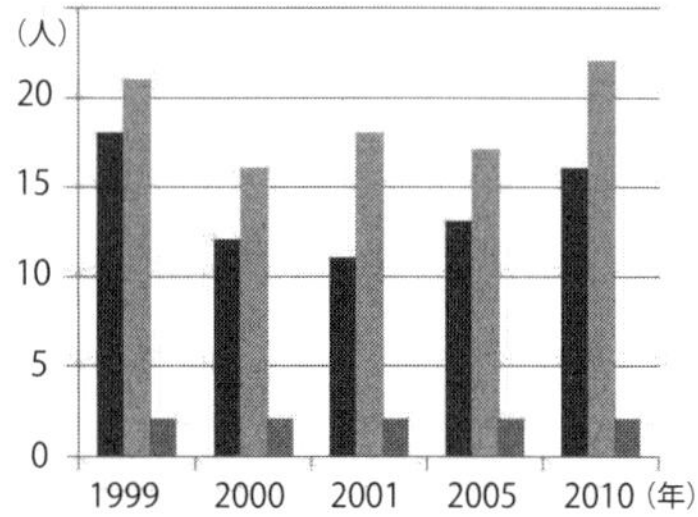

図3『ワイナート』執筆者の男女別推移

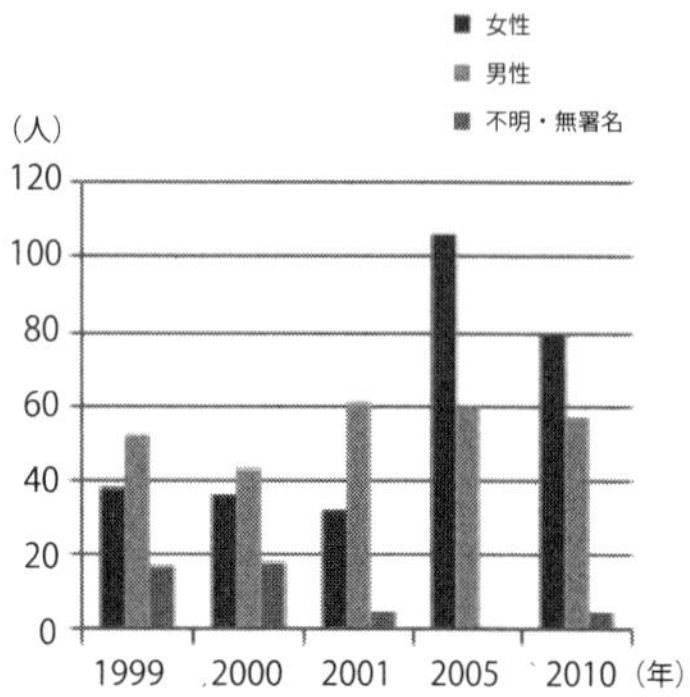

図4『ワイナート』執筆者のべ人数の男女別推移

にいたるまで男性優位である。ただ、男女差はさほど大きくない（図3）。しかし、のべ人数でみると、状況は一変する。最初の3年間こそ、のべ人数で男性が女性をかろうじて上回っているが、その差はわずかであり、2005年には女性が男性を大きく上回り、女性優位がつづいている（図4）。

こうしたワイン雑誌の記事は、試飲したワインの紹介と評価、ワイン産地のルポルタージュ、ワイン産地の歴史や文化の紹介、その他のコラム的記事とに大別されるが、ワイン産地のルポルタージュには現地での試飲をともなったワイン紹介があることがほとんどで、さらに歴史や文化の紹介をともなうことも多く、ワインの記事がいかに文化的教養、つまり文化資本と切り離せないかを示している。

本章の最初に紹介した、いくら以下で美味しいワインという雑誌で取りあげられる消費に直結したカタログ的記事と同類のワイン雑誌で定番になっている試飲したワインの紹介と評価をのぞけば、ワイン関連の記事は多かれ少なかれワインにまつわる文化的イメージ、つまり社会的表象を発信しているといえるだろう。

さらにいえば、試飲したワインの紹介記事にも、ブルゴーニュとしてこの値段なら美味しいとか、チリのワインとしては値段の割に洗練されているといった評価がまま見受けられるため、ここでもブルゴーニュやチリワインついて一定の共通理解、つまり文化資本と表象の共有が前提とされている。

つまるところ、ワイン関連の記事（言説）は、社会的な表象を離れては原則的に存在しないといえるだろう。社会的表象を言語化することは、文化資本へのアクセスを要求し、ワインの場合、その発信の主体を女性がになっているのだ。

一四　ワインを中心とした新しいライフスタイルの提示へ

こうした女性のワイン分野への進出は、2つの雑誌の執筆者の職業の変化にも現れている。『ヴィノテーク』では、当初ワインメーカーやワイン販売会社の関係者が多く、そのほとんどは男性で、記事を書いているソムリエも男性が多く、ワイン通の文化人や有名人の男性もしばしば寄稿している。やがて、2000年代以降になると、ワイン関連の女性ライターが数多く登場するようになる。

これにたいして、後発の『ワイナート』では、当初から女性の執筆者が多く、その職業もワインライターやワインアドバイザーという肩書きが多い。ワインを味わい、ワインを論評し、ワインの消費をうながす女性たちだ。これは明らかに生産から、受容と消費へのシフトである。

そうした生産から消費への軸足の変化は2つの雑誌の性格の違いにも現れている。『ヴィノテーク』があくまでワインを中心に、ワインのあるべき姿を伝えるのにたいし、『ワイナート』はつねにヴィジュアル中心でワインの消費行動を描く。『ヴィノテーク』は教育し、『ワイナート』は提示する、ともいえるだろう。

しかも、『ワイナート』で提示されるのは、ワインや食の情報だけでなく、食器やグラス、ファッションやインテリア、小間物や雑貨などで、それらがワインを軸にヴィジュアル的に表現される。さらに、「アーティストの食卓」という連載があり、フランスやイタリアの芸術家の食卓も紹介されている。

つまり、『ワイナート』では、ワイン自体についての知識や教養だけでなく、ワインを中心にした日本人にとって新しいライフスタイルが提示されているのだ。「アーティストの食卓」のような連載は、まさにライフスタイルの提示だといえるだろう。

ちなみに、『ワイナート』の出版元は美術出版社で、もともと美術関連の著作や雑誌を刊行している会社である。[39] だから、ヴィジュアルが得意なのは当然ともいえる。つねにアルファベットで表記されるタイトル Winart に端的に示されているように、ワイン wine をアート art としてとらえているのだ（この視点は一章で紹介したワイン作りを芸術ととらえる小山田幸紀の見方と重なる）。

ただし、両誌には大きな共通点もある。ともに編集長は女性で、歴代の編集者の割合は、圧倒的に女性が優位であることだ。『ヴィノテーク』のこれまでのスタッフ41名中35名が女性で、女性率は85％にのぼる。『ワイナート』でも編集に携わった27名中19名が女性で70％が女性だ（2014年時点の数字だが、男女比率はいまもさほど変わっていないと思われる）。『ワイナート』の女性率がやや低いのは、すでに指摘した単独執筆者数での男性優位と同じく、より大手の出版社で男性中心の傾向が強いからだと考えられる。ただし、いずれにしろ女性が編集の主体であることに変わりはない。

女性の執筆者の経歴を追っていくと、そうした女性編集者たちが執筆者となり署名入りで記事を書くように育っていった場合と、ワイン関連会社に勤めていた女性がワインライターやワインコンサルタントとして自立して記事を書くようになる事例の多いことがわかる。また、読者の投稿やいくつかの記事の内容までふくめて検討すると、その背後に、ワインに魅せられてワイン関連の職業についた女性が1990年代以後、徐々に増えていったという事実もみえてくる。

日本におけるワインに関する言語表現、つまりワイン言説はいまや女性が主流といってまちがいないだろう。ワインの社会的表象を作りだしているのは、ワインに魅せられてワインを語り、さらにそうしたワイン語り（言説）を編集する女性たちなのだ。

明治以後、西洋料理を味わい、作り、語ることが女性の自己表現であり、自己実現だったとすれば、いまそれらはワインを軸に再編成されつつあるといえるだろう。ワインを語ることは、女性が社会的に自己を表現する手段となったのだ。

ただ、最後に少し否定的な部分にも光を当てておこう。

ワイン業界になぜ女性が多いのかという事実の社会的な背景である。

わたしは個人的に何人もワインライターの女性を知っているが、彼女たちはこぞって原稿料の安さを嘆いている。これは専従の編集スタッフも同じである。

ワイン好きが昂じて会社を辞めてフランスで2年間ワインの研修をしたあと、数年間編集者として働いたわたしの友人のNさんがワインバーの店長に転職したのも、給料の安さが原因のひとつだった。とても「家族を養える」収入ではないのだという。

それでも彼女たちが情熱をもってワインを語るのは、そこに自身のアイデンティティを求めることができるからにほかならない。

老舗とはいえ経営規模の小さい出版社では、給与も原稿料も安いことは容易に予想できる。ワインに魅せられた女性にしかできない仕事といっても過言ではない。それでも過去の編集スタッフの変遷をたどると、2年から4年でやめていく編集者が多いことに気づかされる。

「世界経済フォーラム」（本部ジュネーヴ）が発表した2022年の「男女平等（ジェンダー・ギャップ）指数ランキング」の国別順位を発表したが、日本は欧米諸国どころか、アジア諸国（フィリピン19位、韓国99位）より下回り、146カ国中最下方の116位である。この指数は「政治への参加」「職場への進出」「教育」「健康の度合い」で評価され、日本は「教育」が1位に輝き（女性の大学進学率が50％を超えているのでうなずける）、「健康度合い」が63位である点（これは世界に冠たる長寿国なので当然だ）をのぞけば、あとは「政治への参加」、「職場への進出」がともに100位以下で、多くの日本人が思う以上に低迷している。

ワインへの情熱とワインを社会へ向けて語ることへのこだわりは、こうした女性に厳しい社会状況のなかで、女性に許された数少ない選択肢のひとつというべきなのかもしれない。

西洋料理やワインは、西洋文化や西洋的文物への憧憬ともいえる肯定的価値とイメージ、つまり西洋社会全般にたいする社会的表象をぬきに考えられない。明治から現代までの社会の実際の進展を、そうした実際の進展にともなってかたち作られつつ、その一方で実際の進展を導きもした社会的な表象空間の形成という点に焦点をあてて考えると、[40]女性主導の西洋料理やワインに関する社会的表象の形成は、男性が遺棄したり回避したりした分野を女性が自己形成と自己表現へと活用したことによって生じたものといえるかもしれない。

『ワイナート』の提示するワインのある伸びやかで優雅なライフスタイルの裏には、多くの普通の女性が直面している、あまり伸びやかでも優雅でもない現実があるようだ。

□注

（1）ここで依拠しているのは、表象芸術という意味での狭い表象ではなく、「人はモノやコトに対するときつねに表象を通して認知する」という広い意味での表象概念である。アラン・コルバン、小倉孝誠、野村正人、小倉和子訳、『時間・欲望・恐怖 歴史学と感覚の人類学』、藤原書店、1993年〔原著1991年〕、335-336頁。この表象が社会で多かれ少なかれ共有され、それによってモノやコトが認知され判断される場合が、ここでいう「社会的表象」である。

（2）国税庁が毎年公開する「国税庁統計年報書」の「酒税関係総括表」の令和2年度版によれば、「果実酒」の「製成量」の第1位は4万9131キロリットルの神奈川県、第2位は山梨県で2万5622キロリットル、第3位は山梨県で2万233キロリットルである。これ以外の県は数千キロリットルの「製成」にとどまっている。日本の税制では「ワイン」の単独項目はなく、「果実酒」にワインがふくまれている。ただし、現在では実質上「果実酒」として課税される飲料のほとんどはワインなので、この数字はほぼそのままワインの「製成量」とみていいだろう。日本で明治初期にいち早くワイン生産をはじめた山梨県がワイン生産量で神奈川県に大きく水をあけられているのは、神奈川県で大規模に行われている輸入ワインや輸入果汁によるワイン「製成」のためである。

（3）農林水産省がネット上で公開している統計「令和2年 県別ぶどう生産量」によれば、ぶどうの収穫量第1位は3万5000トンで山梨、次いで3万2300トンの長野県、第3位が1万5599トンの山形県、第4位が1万3900トンの岡山県となっている。これ以外の県は1万トン以下の収穫量である。ただし、これらのぶどうの多くは生食用であり、一部がワイン醸造用となる。ちなみに、神奈川県は515トンで35位である。

（4）たとえば、France Agri Mer（国立農水産物機構）のデータによると、フランスでは総人口でみた1人当たりのワイン消費は、第二次世界大戦後最大となった1960年以降基本的に減り続けており、1960年の1人年間130リットル強だったワイン消費は、2020年には46リットルと約50年で3分の1に減少している。これは旧来のワイン産国全般に見られる傾向である。

（5）真鍋正宏、『食通小説の記号学』、双文社出版、2007年、153頁。

（6）同書、156頁。引用文は、真鍋の著作にならって旧字旧かな。

（7）筆者である福田が講義内のアンケートでワインの日常性と特権性について学生に考えさせているのは、括弧内に示したような歴史的文化的に構築されてきた西洋のワイン表象の説明を導入するためである。この問題はここでの議論と直接関わらないので、これ以上立ち入らない。

（8）フランスやイタリアなどのカトリック系のワイン産国の多くでは、ワインをふくんだアルコール飲料の摂取を年齢で禁止する法律はない。フランスでは16歳以下にアルコール飲料を販売してはいけないという法律があるだけである。各家庭ではおおむね14〜15歳から食事のさいに少しずつワインに馴染ませていく。そもそも、ワインはアルコールだと表象されていない。その証拠に、ワインには酒税がかからず、付加価値税（日本の消費税）のみの課税であり、また消費する者は少ないとはいえ学生食堂や社員食堂にもワインがある。もっとも驚くのは、病院食にワインが出ることである。一部の内臓疾患を有する患者にはワインは出されないが、そうでない場合、入院患者の病院食にもワインが出る。この背景には、医者もふくめてワイン、とくに赤ワインが身体にいいという伝統的な根強い思い込み、つまり社会的な表象がある。

（9）ピエール・ブルデュー、石井洋二郎訳、『ディスタンクシオン』、Ⅰ、Ⅱ、藤原書店、1990年（原著1979年）。

（10）日本のワイン本でも、どのような料理に合うかがコメントされることが増えている。もちろん、フランスやイタリアほどワインと料理の相性の伝統がなく（後段の第11節参照）、筆者自身それらの助言を実際ためしてみて思うのは、日本食に合わせるワインはまだ模索中だということだ。ワインと日本食の組み合わせを考えるには、日本食をよく知り、ワインを熟知し、さらにその組み合わせを自覚的に実行し蓄積していく長い経験とその意識化が必要である。福田育弘、「日本食とワイン」、『TASC MONTHLY』、No.441, 2012.09、公益法人たばこ総合研究センター、2012年、3頁。

(11) 2003年に醸造免許を取得し、同年より長野県東御市にワイナリー「ヴィラデスト・ガーデンファーム・アンド・ワイナリー」を立ちあげワイン作りに励む作家の玉村豊男は、1980年以降品質が向上し日本独自の特徴をもちはじめた日本のワインを、フランスワインやイタリアワインと同じように、「日本ワイン」と呼ぶべきだと主張している。玉村豊男、『千曲川ワインバレー』、集英社新書、2013年、55-56頁。

(12) フランスやイタリアなどの伝統的なワイン産国には日本のソムリエ資格にあたる資格がなくはないが、あくまで現場での経験が重視されており、日本のような広汎な人々を対象としたワイン関連の資格はない。

(13) NHK放送文化研究所世論調査部編、『日本人の好きなもの データで読む嗜好と価値観』、NHK出版、生活人新書、31-32頁。以下が調査方法である。「【調査方法】 1. 調査時期 2007年3月3日(土)~11日(日) 2. 調査相手 全国の16歳以上の国民 3600人(12人×300地点) 3. 調査方法 配布回収法 4. 回答数(率) 2384人(66・5%)」(同書巻末のi頁)。

(14) ピエール・ブルデュー、前掲書。

(15) 『朝日新聞』、東京版、2014年1月7日、朝刊、2面。

(16) 株式会社日本政策投資銀行新潟支店、「酒類業界の現状と将来展望(国内市場)《(前編)データ分析編》―清酒を中心に―」、2012年。「家飲み」「外飲み」については、「(出所) 総務省「家計調査年報」「国勢調査」、国税庁 HP「酒税課税関係統計資料」、キリンビール HP「種類市場データ」、財務省「貿易統計」より「(株) 日本政策投資銀行試算」(45頁)とあるように国の機関による統計をはじめとした、日本全国を対象とした各種統計データをもとに割出したもの。

(17) 前坊洋、『明治西洋料理起源』、「第五章 日記のなかの西洋料理」、岩波書店、2000年、191-253頁。

(18) 以下の2つの拙論に詳しい。Ikuhiro Fukuda, « Modernisation et popularisation : la transformation des pratiques et des sensibilités alimentaires après le désastre en 1923», *Géographie et cultures, n.86, numéro spécial : Désastres et alimentation: le défi japonais*, Sous la direction de Nicolas Baumert et Sylvie Guichard-Anguis, L'Harmattan, 2014, pp. 13–29. 福田育弘、「外食の大衆化と飲食空間のジェンダー化―関東大震災後の飲食場の再編性―」、早稲田大学教育・総合科学学術院、『学術研究―人文科学・社会科学編―』、第62号、2014年、289-306頁。

(19) ジョーゼフ・J・トービン、武田徹訳、『文化加工装置ニッポン「リ＝メイド・イン・ジャパン」とは何か』、時事通信社、1995年（原著1992年）。外国文化を自文化に調和させることで、違和感のない独特の文化へと変容させる過程を、文化人類学者のトービンは「ドメスティケーション」と定義した。ドメスティケーションという概念には、日本の近代化を一面的に西洋の模倣ととらえるのではなく、西洋の文化を日本の側から変化させて再創造（リメイク）しているという視点がある。これはマーケティング業界でいう「ローカライズ」の概念に近い。ただし、ローカライズがグローバル展開する企業の側からの現地に合わせた商品作りをさすのにたいして、ドメスティケーションは受容者・使用者の側からの変容とその変容過程をより重視する。

(20) 福田育弘、「西洋料理からフレンチへ―飲食場の空間論的転回―」、早稲田大学教育・総合科学学術院、『学術研究―人文科学・社会科学編―』、第61号、2013年、339-370頁。

(21) おもに以下の2つの著作を参照のこと。吉田元、『江戸の酒 その技術・経済・文化』、朝日選書、1997年。吉田元、『日本の食と酒』、人文書院、1991年。

(22) 福田育弘、『「飲食」というレッスン』、「3章 食卓にアルコール飲料は欠かせない 食べながら飲むか、飲みながら食べるか 日本におけるワインの受容と変容―西洋文化とジェンダー化―（福田）」、三修社、2007年、103-139頁。

(23) 吉田健一、『酒肴酒』、光文社文庫、2006年（初刊行1974年）、203頁。

(24) フランス料理をはじめとした西洋料理とくらべた日本料理の最大の特質は、「旬」の概念に集約される「季節感」である。このホームページの一文では本来料理で重視される季節感が日本酒にも投影されている。たしかに、日本酒には従来からその年に消費することを基本として新酒を尊ぶ伝統がある。しかし、日本酒は、本来、旬があまり語られてこなかった飲料である。このような日本酒観が「自然に」受け入れられるとしたら、それは「季節感」や「旬」といったイメージと価値観(表象)がより広く日本酒にも適用されだしたことを意味するのではないだろうか。

(25)「粋京」は2018年5月に銀座に移転し、本文で紹介した文章はネットにはない。しかし、もちろん多数そろえた上質の日本酒が置いてあり、たのめば料理に合わせて出してくれる。

(26)『朝日新聞』、東京版、2014年10月20日、朝刊。

(27)すでに紹介した「株式会社 日本政策投資銀行新潟支店」による調査では、ワインは「家飲み」より「外飲み」の割合が多いというデータが出ている。この調査は全国データにもとづいており、万遍なく都会から地方までをふくむ点が、東京と東京近郊の首都圏に住む家庭の学生が約70%をしめる早稲田大学の学生を対象としたアンケートとの違いである。地方までふくめると、ワインは「外飲み」が多くなり、都会、とくに東京ではワインは「家飲み」も多いということだろう。ちなみに、国税庁の統計によると、ワインは戦後一貫して東京でもっとも消費されている。おおむね東京の毎年の消費量は約30%、首都圏(神奈川、埼玉、千葉)をくわえると50%弱、さらに大阪をくわえると55%前後となる。ワインの大半は大都市圏で消費されているのである。おそらく「外飲み」と「家飲み」の両方で。

(28)江原絢子、東四柳祥子、『近代料理書の世界』、ドメス出版、2008年。

(29)同書、64-65頁。

(30)三宅艶子、『ハイカラ食いしんぼう記』、中公文庫、1984年〔初刊行1980年〕、73頁。「カツレツ洋食屋」は本章の「第10節」で出てきた「一品洋食」を出す店の別の総称である。ともに本格的な西洋料理と異なる日本でドメスティケートされた料理を出す店ないしドメスティケートされた料理そのものをさす。そして、三宅艶子の記述からはのちにトンカツと呼ばれる料理が当時日本化した洋食の代表だったことがわかる。カツレツがトンカツとなり、関東大震災後に「とんかつ」と表記され、いち早く日本料理として認知される理由はこのあたりにあるのだろう(古川緑波、『ロッパ食談』、河出文庫、2014年〔初出1953‐1957年〕159‐160頁も参照)。
(31)同書、18頁。
(32)同書、209‐212頁。
(33)ソースティン・ヴェブレン、高哲男訳、『有閑階級の理論』、ちくま学芸文庫、1998年、98‐99頁〔原著1899年〕。この資本主義社会を鋭く分析した原著の刊行が19世紀末であることは驚くべき事実である。ヴェブレンはブルデューにつながる思想家として再評価されている。
(34)片岡栄美、「「大衆文化社会」の文化的再生産 階層再生産、文化的再生産とジェンダー構造のリンケージ」、宮島喬、石井洋二郎編、『文化の権力 反射するブルデュー』、藤原書店、2003年、101‐135頁。
(35)開高健、『最後の晩餐』、「日本の作家たちの食欲」、文春文庫、1982年〔初刊行1972年〕、129頁。
(36)ちなみに、すでに冒頭でも紹介したもうひとつのワインに特化した『ワイン王国』は1999年に別の雑誌の別冊としてスタートしており、3誌中もっとも後発であるが、発行部数は5万部で両誌の中間に位置する。
(37)無署名の記事は編集スタッフが書いている場合が多いと考えられる。あとで述べるように、編集スタッフは両誌とも圧倒的に女性が多く、無署名記事が女性の編集者の手になるものとすると、男女差はさらに縮まり、場合によっては逆転するだろう。
(38)2010年にわずかに男性執筆者が女性を上回っているのは、この年に創立者で発行人の有坂芙美子が第一線から退き、運営者兼編集者が男性ソムリエとして有名な田崎真也に代わり、テイスターに田崎関係の男性が増えたからだと推測できる。その後の男女別推移は今後の調査課題である。
(39)早稲田大学図書館には『ヴィノテーク』も『ワイン王国』も所蔵されていない。他の食の雑誌も同じく所蔵対象となっていない。しかし、『ワイナート』は創刊号から全巻そろっている。これはこの雑誌が美術系の出版社から刊行されており、出版社名から所蔵されるべき文化的芸術的価値があると判断されたことによるようだ。このような早稲田大学図書館の蔵書基準からも、飲食がまともな学問研究の対象とみなされていないことがみえてくる。また、だからこそ女性が自己実現を社会的に達成する分野にも手段にもなりえるのである。

（40）事実と表象の相互関連において、西洋から移入された西洋料理やワインは表象が主導的役割をはたしていると思われる。これはフランスの文化地理学者ベルクが「通態性」trajectivitéという概念でとらえているものと重なる。「通態性」については、オギュスタン・ベルク著、篠田勝英訳、『風土の日本　自然と文化の通態』、ちくま学芸文庫、1992年〔原著1986年〕を参照（とくに「第四章　野生の自然、構築された自然」の「19 通態性の概念」181-191頁）。

おわりに

わたしの文化学研究は、ワインからはじまった。

昭和世代のわたしが本格的にワインと出会ったのは、ワインの本場フランスだった。

ただし、ワインとの最初の出会いは、コラムのひとつに書いたように、わたしが高校生のときで、それは甘味葡萄酒だった。

2人の同級生とともに、海辺でキャンプをしたさいに、近くの酒屋でビールのほかに、ワイン（甘味葡萄酒）を1本買い、3人でそれらを全部飲み干した。案の定、慣れていないうえに、甘ったるいワインに悪酔いし、嘔吐したのを覚えている。

それ以後、1970年代にフランス文学専攻の文学部の学生となったわたしは、フランスの小説によく登場するワインを飲んでみようと、何度か手頃なフランスの赤ワイン、多くの場合ネゴシアンもののボルドーを飲んだ。東京でひとり暮らしをしていたこともあり、食事と合わせるということもなく、ただアルコール飲料として飲み、その渋さに、これが本当のワインなんだと感じたように思う。

その後、学部の3年生のおりに、夏休みの2カ月、パリで語学研修を受けて、パリの大学都市に滞在した。学生食堂にワインの小瓶やビールが売られていると知り、そういうものなんだと思って、夕食時にそれらのワインやビールを飲んだ。さらに、ワインが安いのを知り、近くのスーパーでよく1本200円ほどの安いワインを買い、パンにチーズやハム、パテなどを合わせて食べながらひとりでワインを飲んだ。

とくに、豚肉をベースにしたリエットやグリュエールチーズが好きになり、バゲットにはさんでワインとともに食べた。あいかわらずワインは渋くて酸っぱいと感じたが、ハムやリエットと合わせると、それがあまり気にならないと感じていたように思う。

大学院まで進学してフランス文学を学び、やがて大学院の時代に、20世紀の小説を研究対象としていたので、そこで描かれる日常生活を知ることが不可欠だと思い、留学しようと決心、2回の失敗のあと、博士課程の2年目にようやく「フランス政府給費留学生」の試験に受かり、3年の奨学金をえて、パリ第3大学の文学部の博士課程に留学することになった。

こうして3年間、フランスで暮らして、フランスの飲食文化にどっぷりつかるとともに、その飲食文化の底力とでもいうべきものに、とくに多様な味わいのワインに魅了された。フランスの食文化の強みは、食材の豊富さや料理の洗練だけでなく、料理をワインと合わせる点にあることを体感し納得した。日本の飲食文化との微妙でいて大きな違いである。

とくに、そのとき地理学者ロジェ・ディオンのワインの歴史本に出合ったことが止めを刺した。ワイン文化を歴史的に解明する深い思考に感銘し、その後、フランス文学における食事場面の分析から（たとえば最初の拙著『ワインと書物でフランスめぐり』はその成果）、次第に範囲を日本文学にまで広げ、やがて飲食自体の文化学的研究へと傾倒していった。

わたしが文化学において文化的な当たり前の考察にこだわるのは、このフランスでのワインとの出会いのためだ。日本ではあいかわらず嗜好品とされるワインも、フランスでは日常の食卓にかならずといっていいほどある飲み物である。つまり、ワインの当たり前が根本的に異なるのだ。これが、わたしの文化学研究の原点である。

今回も、ワインに詳しく、ワインの風味の違いに敏感な妻の美紀子が大いに記憶装置としてわたしを助けてくれた。わたしより味覚がはるかに鋭く、記憶力もいいからだ。

本書も前著同様、教育評論社の小山香里さんが編集作業にあたってくれた。わたし以上に日本ワインにハマり、本書で紹介した優良生産者のワインをいろいろと購入しては賞味している。そうした自然派ワインが結びつける人同士の輪なくして、本書は成立しなかった。取材に応じてくれた日仏のワイン生産者の方々（とくにマルセル・ラピエールと奥様のマリー）、本書が作った輪をなす人々に、この場を借りて、心からお礼を申しあげたいと思う。

2023年2月10日　雪の降る東京で

福田育弘

◎初出一覧

＊加筆修正をしたうえで掲載しています。

第一章：「日本的文化変容が日本的独自性になる過程――甘味葡萄酒から自然派ワインへ――」早稲田大学教育・総合科学学術院 学術研究（人文科学・社会科学編）第71号、209-236頁、2023年3月。

第二章：「飲食における「再自然化」――有機ワインから自然ワインへ――」早稲田大学 教育・総合科学学術院 学術研究（人文科学・社会科学編）第70号、281-308頁、2022年3月。

第三章：「葡萄酒と薬用葡萄酒の両義的な関係――明治期におけるワインの受容と変容――」早稲田大学 教育・総合科学学術院 学術研究（人文科学・社会科学編）第65号、243-271頁、2017年3月。

第四章：「近代日本における飲食の表象空間考察への助走――ワインとビールの受容と変容――」早稲田大学教育・総合科学学術院 学術研究（人文科学・社会科学編）第64号、283-310頁、2016年3月。

第五章：「日本におけるワインの受容と変容——西洋文化とジェンダー化——」
早稲田大学教育・総合科学学術院 学術研究（人文科学・社会科学編）第63号、281-309頁、2015年3月。

〈著者略歴〉

福田育弘（ふくだ・いくひろ）

早稲田大学教育・総合科学学術院教育学部複合文化学科教授。

1955年名古屋市生まれ。早稲田大学大学院文学研究科フランス文学専攻博士後期課程中退。1985年から88年まで、フランス政府給費留学生としてパリ第3大学博士課程に留学。1991年流通経済大学専任講師、1993年同助教授を経て、1995年早稲田大学教育学部専任講師、1996年同助教授、2002年より同教授。その間、2000年から2001年に南仏のエクス－マルセーユ大学で在外研究。2016年4月から6月、パリ第4大学（ソルボンヌ大学）で在外研究、地理学科飲食のマスターコースでおもに日本の飲食文化についての講義を担当。

専門は、文化学（飲食表象論）、フランス文化・文学。

著書に、『ワインと書物でフランスめぐり』（国書刊行会）、『「飲食」というレッスン』（三修社）、『新・ワイン学入門』（集英社インターナショナル）、『ともに食べるということ』（教育評論社）。訳書に、ラシッド・ブージェドラ『離縁』（国書刊行会）、ロジェ・ディオン『ワインと風土』（人文書院）、ミシェル・ビュトール『即興演奏』（河出書房新社、共訳）、アブデルケビール・ハティビ『マグレブ　複数文化のトポス』（青土社、共訳）、ロジェ・ディオン『フランスワイン文化史全書』（国書刊行会、共訳）など多数。

自然派ワインを求めて　日本ワインの文化学

2023年4月22日 初版第1刷発行

編著者　福田育弘
発行者　阿部黄瀬
発行所　株式会社 教育評論社
〒103-0027
東京都中央区日本橋3-9-1 日本橋三丁目スクエア
Tel. 03-3241-3485
Fax. 03-3241-3486
https://www.kyohyo.co.jp
印刷製本　株式会社シナノパブリッシングプレス

定価はカバーに表示してあります。

落丁本・乱丁本はお取り替え致します。

ISBN 978-4-86624-078-7